全国高等农林院校"十一五"规划教材

酶 工 程

王金胜 主编

中国农业出版社

内容简介

本教材是作者根据传统的酶工程体系和内容并结合国内外酶工程的新进展,以及作者的教学实践和科研成果编写而成。本教材共分为十章,分别介绍酶学基础知识、微生物发酵产酶、细胞工程产酶、现代分子技术产酶、酶的分离纯化、酶分子的化学修饰、固定化酶与固定化细胞、酶在有机介质中的催化作用、酶反应器和酶传感器、酶的应用。

本书可供高等院校生物类各专业、食品类各专业以及轻工类有关专业的本科生作为教材使用,也可供有关专业的研究生、教学工作者、科学工作者和工程技术人员参考使用。

主　编　王金胜（山西农业大学）

副主编　陈　光（吉林农业大学）

编　者（按姓氏笔画排序）

　　　　王金胜（山西农业大学）

　　　　邓林伟（湖南农业大学）

　　　　杨国宇（河南农业大学）

　　　　陈　光（吉林农业大学）

　　　　陈书明（山西农业大学）

　　　　陈红漫（沈阳农业大学）

　　　　高向阳（华南农业大学）

　　　　曾晓雄（南京农业大学）

前　言

酶工程是研究酶的生产和应用的技术性学科，是生物工程的主要内容之一。具体地讲，酶工程是从应用的目的出发研究和生产酶，在一定生物反应装置中利用酶的催化性质将相应的原料转化为产品或利用酶的特殊性质进行成分检测的技术；同时包括为了充分发挥酶的催化作用，对酶的结构、状态以及催化条件进行改造等内容。随着生物技术的研究和应用深入和发展，酶工程越来越受到人们的广泛重视。在生物类、食品类以及其他有关专业的教学中，酶工程已经成为一门主要课程。

为了能尽快反映酶工程发展的面貌和水平，将新进展、新成果通过教材及时介绍给学生，我们组织了编写小组，集中讨论制定了编写大纲，根据各人学术上的专长，分别编写有关章节。编写本教材总的指导思想是，根据生物类、食品类以及其他有关专业对酶工程的要求，结合本学科的最新成就，内容既要有学生必须掌握的基础知识、基本理论和基本技能，又要尽可能地反映酶工程的新成果、新进展；既要使本教材的内容成为一个完整的丰富的体系，又要兼顾学科之间的相互交叉和相互渗透。目的是使学生既能掌握酶工程的基本内容，又能开拓其思路和知识领域。

本教材共分十章。第一章是酶学基础；第二章至第五章是酶的生产，包括微生物发酵产酶、细胞工程产酶、现代分子技术产酶和酶的分离纯化；第六章至第八章是酶的改造，包括酶的化学修饰、酶及细胞的固定化和酶在有机介质中的催化；第九章和第十章是酶的应用，包括酶反应器和传感器、酶在各个行业中的应用。全教材内容从酶工程的上游和下游，系统、全面地介绍了酶工程的体系内容。为了便于学生学习，各章末附有复习思考题和主要参考文献。

本教材是根据酶工程的发展，结合参编院校的教学实践，吸取国内主要院校的教学经验的基础上编写的。可作为高等院校生物类各专业、食品类各专业以及轻工类有关专业的本科生教材，也可供有关专业的本科生、研究生、教学工作者、科学工作者和工程技术人员参考使用。

由于时间仓促，加之编者的水平有限，书中定有不少的缺点和错误，恳请读者予以批评指正。

编　者

2007 年 8 月

目　　录

前言

第一章　酶学基础知识 ………………………………………………… 1

第一节　概述 …………………………………………………………… 1
一、酶的概念和作为生物催化剂的特点 ………………………………… 1
二、酶的化学组成、结构和催化机理 …………………………………… 3
三、酶的分类与命名 ……………………………………………………… 9

第二节　酶促反应动力学 ……………………………………………… 11
一、底物反应动力学 ……………………………………………………… 11
二、抑制反应动力学 ……………………………………………………… 15

第三节　酶稳定性的基本原理 ………………………………………… 20
一、酶稳定性的因素 ……………………………………………………… 20
二、酶失活的因素和机理 ………………………………………………… 21
三、酶的稳定化 …………………………………………………………… 23

第四节　酶活力测定 …………………………………………………… 24
一、酶活力与酶活力单位 ………………………………………………… 24
二、酶的转换数与比活力 ………………………………………………… 25
三、酶活力测定的方法 …………………………………………………… 25
四、酶活力测定的条件与应注意的问题 ………………………………… 26

复习思考题 ………………………………………………………………… 27
主要参考文献 ……………………………………………………………… 27

第二章　微生物发酵产酶 …………………………………………… 28

第一节　生产酶的菌种 ………………………………………………… 29
一、产酶微生物的要求 …………………………………………………… 29
二、产酶的菌种 …………………………………………………………… 29
三、菌种的筛选、扩种与保存 …………………………………………… 30

第二节　产酶的发酵技术 ……………………………………………… 33
一、微生物产酶的生产流程 ……………………………………………… 33

二、培养基的营养成分 …………………………………………… 34
　　三、发酵条件的控制 ……………………………………………… 36
　　四、发酵方法 ……………………………………………………… 41
　　五、提高酶产量的方法 …………………………………………… 43
第三节　酶发酵动力学 ………………………………………………… 46
　　一、酶生物合成的模式 …………………………………………… 46
　　二、细胞生长动力学 ……………………………………………… 47
　　三、产酶动力学 …………………………………………………… 48
第四节　酶发酵生产实例 ……………………………………………… 49
　　一、纤维素酶的生产 ……………………………………………… 49
　　二、蛋白酶的生产 ………………………………………………… 51
复习思考题 ……………………………………………………………… 53
主要参考文献 …………………………………………………………… 53

第三章　细胞工程产酶 ………………………………………………… 55

第一节　植物细胞培养产酶 …………………………………………… 55
　　一、植物细胞及其培养的特点 …………………………………… 56
　　二、植物细胞培养的工艺流程 …………………………………… 57
第二节　动物细胞培养产酶 …………………………………………… 62
　　一、动物细胞的特性 ……………………………………………… 63
　　二、动物细胞培养的特点 ………………………………………… 63
　　三、动物细胞培养准备 …………………………………………… 64
　　四、动物细胞的培养方式 ………………………………………… 68
第三节　细胞工程产酶实例 …………………………………………… 69
　　一、植物细胞培养产酶实例 ……………………………………… 69
　　二、动物细胞培养产酶实例 ……………………………………… 70
复习思考题 ……………………………………………………………… 71
主要参考文献 …………………………………………………………… 71

第四章　现代分子技术产酶 …………………………………………… 73

第一节　生物工程酶 …………………………………………………… 73
　　一、克隆酶 ………………………………………………………… 73
　　二、突变酶 ………………………………………………………… 78
　　三、进化酶 ………………………………………………………… 80

四、抗体酶 ……………………………………………………… 83
　　五、核酸酶 ……………………………………………………… 85
　　六、杂合酶 ……………………………………………………… 87
　　七、超自然的酶——新酶 ……………………………………… 90
第二节　化学人工酶 ………………………………………………… 91
　　一、人工全合成酶 ……………………………………………… 92
　　二、人工半合成酶 ……………………………………………… 92
　　三、印迹酶 ……………………………………………………… 94
复习思考题 …………………………………………………………… 97
主要参考文献 ………………………………………………………… 97

第五章　酶的分离纯化 ……………………………………………… 98

第一节　酶分离纯化的基本策略 …………………………………… 98
　　一、酶分离纯化的基本过程 …………………………………… 98
　　二、酶分离纯化方法的选择 …………………………………… 99
　　三、影响酶分离纯化的因素 …………………………………… 100
　　四、酶分离纯化过程的评价 …………………………………… 101
第二节　粗酶液制备 ………………………………………………… 101
　　一、原材料的选择、预处理及破碎细胞 ……………………… 101
　　二、粗酶液的抽提 ……………………………………………… 104
　　三、粗酶液的净化与脱色 ……………………………………… 106
　　四、粗酶液的浓缩 ……………………………………………… 107
第三节　沉淀分离 …………………………………………………… 108
　　一、盐析法 ……………………………………………………… 108
　　二、有机溶剂沉淀法 …………………………………………… 111
　　三、等电点沉淀法 ……………………………………………… 113
　　四、复合沉淀法 ………………………………………………… 113
　　五、选择性沉淀法 ……………………………………………… 114
　　六、变性沉淀法 ………………………………………………… 114
第四节　过滤分离 …………………………………………………… 115
　　一、非膜过滤 …………………………………………………… 115
　　二、膜过滤 ……………………………………………………… 116
第五节　离心分离 …………………………………………………… 119
　　一、离心原理 …………………………………………………… 119

二、离心设备 121
　　三、离心技术 121
第六节　萃取分离 123
　　一、有机溶剂萃取 123
　　二、双水相萃取 124
　　三、超临界流体萃取 125
　　四、反胶束萃取 126
第七节　层析分离 127
　　一、柱层析的基本装置与过程 127
　　二、常用层析方法 130
　　三、聚焦层析 132
　　四、蛋白质的高效液相色谱分离分析法简介 133
第八节　电泳分离 133
　　一、电泳基本原理 133
　　二、常用电泳方法 134
　　三、高效毛细管电泳 135
　　四、亲和电泳 136
第九节　酶制剂工艺 136
　　一、酶的浓缩与干燥 136
　　二、酶的结晶 138
　　三、酶的制剂与保存 139
复习思考题 140
主要参考文献 140

第六章　酶分子的化学修饰 141

第一节　酶分子化学修饰的基本原理和要求 141
　　一、酶分子化学修饰的基本原理 141
　　二、酶分子化学修饰的要求 142
第二节　酶分子修饰的原则 143
　　一、修饰反应专一性的控制 143
　　二、修饰程度和修饰部位的测定 145
第三节　酶分子的修饰方法 148
　　一、酶蛋白侧链的修饰 148
　　二、大分子结合化学修饰 154

三、金属离子置换修饰 156
第四节　化学修饰酶的性质 157
　　一、化学修饰酶的热稳定性 157
　　二、化学修饰酶的抗原性 159
　　三、化学修饰酶在体内的半衰期 159
　　四、化学修饰酶的最适 pH 160
　　五、化学修饰酶 K_m 的变化 161
　　六、蛋白质化学修饰的局限性 161
第五节　酶化学修饰的应用 162
　　一、在酶学研究方面的应用 162
　　二、在医药领域中的应用 164
　　三、在工业方面的应用 166
　　四、在抗体酶研究开发方面的应用 168
　　五、在有机介质酶催化反应中的应用 168
复习思考题 169
主要参考文献 169

第七章　固定化酶与固定化细胞 170
第一节　酶的固定化 170
　　一、固定化酶的制备原则 171
　　二、酶的固定化方法 171
　　三、影响固定化酶反应动力学的因素 181
　　四、固定化酶的性质及评价指标 182
　　五、辅因子的固定化 185
第二节　细胞的固定化 187
　　一、细胞的固定化方法 188
　　二、固定化微生物细胞 189
　　三、固定化植物细胞 190
　　四、固定化动物细胞 190
　　五、固定化原生质体 192
第三节　固定化技术的应用 193
　　一、固定化酶的应用 193
　　二、固定化细胞的应用 196
复习思考题 198

主要参考文献 ··· 199

第八章 酶在有机介质中的催化作用 ································· 200

第一节 有机介质与其中的水对酶催化反应的影响 ········· 201
一、有机介质反应体系 ··· 201
二、水对有机介质中酶反应催化的影响 ·························· 204
三、有机溶剂对酶催化的影响 ······································ 208

第二节 酶在有机介质中的催化特性 ······························· 211
一、有机介质中酶分子的结构特点 ································ 211
二、酶在有机介质中的催化特性 ··································· 213

第三节 有机介质中酶催化反应的条件及其控制 ·············· 216
一、有机介质中酶催化反应的类型 ································ 216
二、有机介质中酶催化反应的条件及其控制 ···················· 218

第四节 有机介质中酶催化反应的应用 ··························· 221
一、有机介质中酶的应用形式 ······································ 221
二、有机介质中酶催化反应的应用 ································ 224

复习思考题 ··· 230
主要参考文献 ··· 230

第九章 酶反应器和酶传感器 ·· 232

第一节 酶反应器 ·· 232
一、酶反应器的类型及特点 ··· 232
二、酶反应器的选择 ·· 240
三、酶反应器的操作 ·· 242

第二节 酶传感器 ·· 246
一、生物传感器概述 ·· 246
二、酶传感器的结构与工作原理 ··································· 248
三、酶传感器的应用 ·· 253

复习思考题 ··· 256
主要参考文献 ··· 256

第十章 酶的应用 ·· 258

第一节 酶在生物技术中的应用 ····································· 258
一、酶在去除细胞壁方面的应用 ··································· 258

目　录

　　二、酶在生物大分子切割方面的应用 …………………………………… 258
　　三、酶在分子拼接方面的应用 …………………………………………… 259
第二节　酶在食品工业中的应用 ………………………………………………… 259
　　一、酶在食品保鲜中的应用 ……………………………………………… 260
　　二、酶在食品生产中的应用 ……………………………………………… 261
　　三、酶制剂在果汁加工中的应用 ………………………………………… 262
　　四、酶在食品质量控制中的应用 ………………………………………… 263
　　五、酶在改善食品品质、风味和颜色中的应用 ………………………… 264
第三节　酶在动物饲料中的应用 ………………………………………………… 265
　　一、酶在农副产品和饲料加工中的应用 ………………………………… 265
　　二、饲料用酶的种类和来源 ……………………………………………… 265
　　三、饲用酶制剂的种类、特性和要求 …………………………………… 267
　　四、合理使用酶饲料添加剂 ……………………………………………… 267
第四节　酶在医疗保健方面的应用 ……………………………………………… 268
　　一、酶在疾病诊断中的应用 ……………………………………………… 269
　　二、酶在疾病治疗中的应用 ……………………………………………… 270
　　三、酶在制药中的应用 …………………………………………………… 273
第五节　酶在环境保护中的应用 ………………………………………………… 275
　　一、酶在环境监测中的应用 ……………………………………………… 275
　　二、酶在废水处理中的应用 ……………………………………………… 276
　　三、酶在可生物降解材料开发的应用 …………………………………… 277
第六节　酶在轻化工中的应用 …………………………………………………… 278
　　一、酶在原料处理方面的应用 …………………………………………… 278
　　二、酶在产品制造方面的应用 …………………………………………… 280
　　三、酶在增强产品效能方面的应用 ……………………………………… 282
复习思考题 ………………………………………………………………………… 283
主要参考文献 ……………………………………………………………………… 283

第一章 酶学基础知识

第一节 概 述

一、酶的概念和作为生物催化剂的特点

（一）酶的概念

由生物化学的学习可知，酶是最有效的生物催化剂（biological catalyst）。虽然，有个别报道人工合成了具有生物活性的酶，如 1969 年 Gutte 和 Merrifield 通过化学方法人工合成了有活性的核糖核酸酶，但由于技术、经济等方面的原因，人们现在广泛研究、应用的还是细胞产的酶。所以我们说，酶是活细胞产生的具有高度专一性和极高催化效率的蛋白质。

人们对酶的认识起源于生产和生活实践。我国古代人民很早就知道利用发酵技术进行酿酒、制作饴糖和酱等。凡此种种情况都说明，虽然我们祖先并不知道酶为何物，也无法了解其性质，但根据生产和生活经验的积累，已把酶利用到相当广泛的程度。

真正对酶的大量研究始于 19 世纪。1833 年，Payen 和 Persoz 从麦芽水抽提物中得到一种热不稳定物质，具有将淀粉水解成可溶性糖的功能，被称为 diastase，随后人们开始意识到生物细胞中存在一类类似于催化剂的物质。1878 年，Kuhne 首先把这类物质称为 Enzyme，按希腊文之意，即"在酵母中"。1926 年，Sumner 从刀豆中分离获得了脲酶结晶，并提出酶的化学本质就是蛋白质。后来 Northrop 等分离到了胃蛋白酶、胰蛋白酶和胰凝乳蛋白酶的结晶，进一步证实酶的蛋白质本质。现已发现 2 000 多种酶，都证实其化学本质是蛋白质，并已得到了数百种酶的结晶。现代科学证明，酶是能在体内或体外起同样催化作用的一类具有活性中心和特殊构象的生物大分子。在生物体内，酶参与催化几乎所有的物质转化过程，与生命活动有密切关系；在体外，也可作为催化剂进行工业生产。酶具有催化作用专一，无副反应，便于过程的控制和分离等优点。

（二）酶的催化特性

作为生物催化剂的酶，既有与一般催化剂相同的催化性质，又具有一般催化剂所没有的生物大分子特征。酶与一般催化剂的共同点是：只能催化热力学

所允许的化学反应,缩短达到化学平衡的时间,而不改变平衡点;在化学反应的前后酶本身没有质和量的改变;很少的量就能发挥较大的催化作用;其作用机理都在于降低了反应的活化能(activation energy)。而酶作为生物催化剂,与一般催化剂相比又具有以下明显的特性。

1. 极高的催化效率 一般而言,酶促反应速度比非催化反应高 $10^8 \sim 10^{20}$ 倍,比其他催化反应高 $10^7 \sim 10^{13}$ 倍。例如,过氧化氢酶和铁离子都催化 H_2O_2 的分解($H_2O_2 + H_2O_2 \rightarrow 2H_2O + O_2$),但在相同的条件下,过氧化氢酶要比铁离子的催化效率高 10^{11} 倍。正是由于酶的催化效率极高,故在生物体内酶的含量尽管很低,却可迅速地催化大量底物发生反应,以满足代谢的需求。

2. 高度的专一性 酶对其所催化的底物和反应类型具有严格的选择性,一种酶只作用于一类化合物或一定的化学键,催化一定类型的化学反应,并生成一定的产物,这种现象称为酶的专一性(specificity)或特异性。

不同的酶专一性程度不同,酶对底物的专一性又可分为两种。

(1) 结构专一性 酶对底物的碳架结构的特异要求称为结构专一性,其又分为两种。

①绝对专一性:一种酶只作用于一种底物,发生一定的反应,并产生特定的产物,称为绝对专一性(absolute specificity)。如脲酶(urease),只能催化尿素水解成 NH_3 和 CO_2,而不能催化甲基尿素的水解反应。

②相对专一性:一种酶可作用于一类化合物或一种化学键,这种不太严格的专一性称为相对专一性(relative specificity)。如脂肪酶可水解多种脂肪,而不管脂肪分子是有哪些脂肪酸组成;磷酸酯酶对一般的磷酸酯的水解反应都有作用。

(2) 立体异构专一性 酶对底物的立体构型的特异要求,称为立体专一性(stereo specificity)。如 α-淀粉酶只能催化水解淀粉中 α-1,4-糖苷键,不能催化水解纤维素中的 β-1,4-糖苷键;L-乳酸脱氢酶的底物只能是 L-型乳酸,而不能是 D-型乳酸。

3. 酶活性的可调节性 酶是细胞的组成成分,和体内其他物质一样,在不断地进行新陈代谢,酶的催化活性也受多方面的调控。例如,酶的生物合成的诱导和阻遏、激活物和抑制物的调节作用、代谢物对酶的反馈调节、酶的变构调节及酶的化学修饰等,这些调控作用保证了酶在体内的新陈代谢中发挥其恰如其分的催化作用,使生命活动中的种种化学反应都能够有条不紊、协调一致地进行。

4. 酶的不稳定性 酶的本质是蛋白质,酶促反应要求一定的pH、温度等温和的条件。因此强酸、强碱、有机溶剂、重金属盐、高温、紫外线等任何使蛋白质变性的理化因素都可使酶的活性降低或丧失。

二、酶的化学组成、结构和催化机理

(一) 酶的化学组成

1. 酶的化学本质和化学组成 酶的化学本质是蛋白质，最直接的证据是对所有已经高度纯化和结晶的酶进行一级结构分析，结果都表明酶是蛋白质。

蛋白质根据它的组成成分可分为单纯蛋白质和结合蛋白质两类。酶是具有特殊催化功能的蛋白质，也可根据酶的组成成分，分为单纯酶和结合酶两类。

(1) 单纯酶 单纯酶（simple enzyme）是组成成分仅为氨基酸的一类酶。消化道内催化水解反应的酶（如蛋白酶、淀粉酶、酯酶、核糖核酸酶等）均属于此类酶。这些酶只由氨基酸组成，不含其他成分，其催化活性仅仅决定于它的蛋白质结构。

(2) 结合酶 结合酶（conjugated enzyme）的基本组成成分除蛋白质部分外，还含有非蛋白质的小分子物质。蛋白质部分称酶蛋白（apoenzyme），小分子物质称辅助因子（cofactor），酶蛋白与辅助因子单独存在时，都没有催化活性，只有两者结合成完整的分子时，才具有活性。这种完整的酶分子称为全酶（holoenzyme），即：全酶＝酶蛋白＋辅助因子。

2. 酶的辅助因子 在催化反应中，酶蛋白与辅助因子所起的作用不同，酶反应的专一性取决于酶蛋白本身，而辅助因子则直接对电子、原子或某些化学基团起传递作用，决定反应的性质。酶的辅助因子可以是金属离子，也可以是小分子有机化合物。

常见酶含有的金属离子有 K^+、Na^+、Mg^{2+}、Cu^{2+}、Zn^{2+}、Fe^{2+} 等（表1-1）。它们或者是酶活性中心的组成部分；或者是连接底物和酶分子的桥梁；或者是稳定酶蛋白分子构象所必需的。

表1-1 需要金属离子作为辅助因子的酶类

金属离子	酶种类	金属离子	酶种类
Fe^{2+}/Fe^{3+}	细胞色素氧化酶	Mg^{2+}	激酶
	过氧化氢酶	Mn^{2+}	精氨酸酶
Cu^{2+}/Cu^+	细胞色素氧化酶	Mo^{2+}	黄嘌呤氧化酶
	酪氨酸酶	K^+	丙酮酸激酶（需要 Mg^{2+} 和 Mn^{2+}）
Zn^{2+}	DNA聚合酶	Na^+	质膜ATP酶（需要 K^+ 和 Mg^{2+}）
	羧肽酶	Ni^{2+}	脲酶

生物体内B族维生素几乎都是作为酶的辅助因子，参与细胞的代谢过程（表1-2）。

表 1-2 B 族维生素及其作为辅助因子形式

B 族维生素	辅助因子	酶促反应中的主要作用
硫胺素（维生素 B_1）	硫胺素焦磷酸酯（TPP）	α-酮酸氧化脱羧酮基转换作用
核黄素（维生素 B_2）	黄素单核苷酸（FMN）	氢原子转移
	黄素腺嘌呤二核苷酸（FAD）	氢原子转移
尼克酰胺（维生素 PP）	尼克酰胺腺嘌呤二核苷酸（NAD^+）	氢原子转移
	尼克酰胺腺嘌呤二核苷酸磷酸（$NADP^+$）	氢原子转移
吡哆醇（醛、胺）（维生素 B_6）	磷酸吡哆醛	氨基转移
泛酸	辅酶 A（CoA）	酰基转换作用
叶酸	四氢叶酸	一碳基团转移
生物素（H）	生物素	羧化作用
钴胺素（维生素 B_{12}）	甲基钴胺素	甲基转移
	5′-脱氧腺苷钴胺素	

（二）酶的结构与功能的关系

1. 酶分子的结构特征

（1）酶分子的一级结构 酶蛋白的一级结构是指构成酶蛋白的 20 种基本氨基酸的种类、数目和排列顺序。

组成酶蛋白的氨基酸的数目和种类与其催化的反应性质及酶的来源有关。例如，猪胃蛋白酶，在酸性很强的胃液中起催化作用，其分子中酸性氨基酸的数目远大于碱性氨基酸，这是与其催化的环境相适应的。

来源不同的同一酶或功能相似的酶，氨基酸组成相近，但并不相同，存在生物种间的差异，甚至存在个体、器官、组织间的差异。例如，植物溶菌酶与动物溶菌酶相比，其分子中脯氨酸、酪氨酸和苯丙氨酸含量非常高。狒狒乳汁溶菌酶与人溶菌酶的一级结构之间，有几个氨基酸残基不同，狒狒溶菌酶含精氨酸少，且不含蛋氨酸。

在一级结构中，有些酶的—SH 参与组成酶的活性中心，是活性中心最重要基团之一，有些酶的二硫键对维持酶的活性很重要，或通过—S—S—与—SH 互变表现酶的活性。

（2）酶分子的空间结构 酶分子的空间结构即是维持酶活性中心所必需的构象。酶分子的肽链以 β 折叠结构为主，折叠结构间以 α 螺旋及折叠肽链段相连。β 折叠为酶分子提供了坚固的结构基础，以保持酶分子呈球状或椭圆状。

在酶的二级结构中，结构单元在结合底物过程中，常发生位移或转变。从酶活性中心的柔性特征来看，有人提出 β 折叠结构可能对肽链的构象相对位移有利，这种结构可以把一些空间位置上邻近的肽段固定在一起，以维持稳定的活性构象。

酶分子（或亚基）的三级结构是球状外观。在三级结构构建过程中，β折叠总是沿主肽链方向于右手扭曲，构成圆筒形或马鞍形的结构骨架。α螺旋围绕着β折叠骨架结构的周围或两侧，形成紧密曲折折叠的球状三级结构。由于非极性氨基酸（如苯丙氨酸、亮氨酸、丙氨酸等）在β折叠中出现的几率很大，因此在分子内部形成疏水核心，而表面则多为α螺旋酸性氨基酸残基的亲水侧链所占据。

除少数单体酶外，大多数酶是由多个亚基组成的寡聚体，亚基间的空间排布，即是酶的四级结构。亚基之间缔合状态的不同决定了酶的活性高低。亚基间主要依靠疏水作用缔合，范德华力、盐键、氢键等也具有一定作用。亚基数目以双亚基和四亚基居多。亚基的排布以对称型较多，主要有循环对称（Cn）和三面体对称（Dn）两种类型，但也有不对称排列。在多数情况下，每个亚基有一个活性部位，也有不少例子说明，一个完整的活性部位，是由一个以上亚基共同组成的。对于多功能酶，全酶由多个亚基组成，不同亚基有不同的功能，其中有的亚基含催化活性部位，但各自催化不同的化学反应。如大肠杆菌DNA聚合酶Ⅲ全酶有α、β、γ、δ、δ′、ε、θ、χ、Ψ和τ 10个亚基，其中α、ε和θ构成核心聚合酶，α亚基含有合成作用活性部位，ε亚基的活性部位，则具有$3'\to 5'$外切核酸酶活性，τ亚基的功能是促使核心酶形成二聚体。

（3）酶分子功能部位的划分　酶分子球形结构表面，存在着多种功能性区域。酶分子的主要生物学功能是催化特异的化学反应，因此与催化有关的功能区域（如活性中心）自然是酶学研究的重点。但是，酶除具有催化功能外，还有其他一些生物功能，亦即分子中存在着其他功能部位，如抑制剂、激活剂、别构效应剂结合部位，亚基间相互识别、相互结合部位，与酶在膜上定位和定向有关的区域，以及酶蛋白中相对独立功能的小区（即酶分子模体）等，这些都是与催化功能直接或间接相关的部位。因此，对酶活性中心以外的功能区域的研究，也是酶学研究需重视的内容。

2. 酶的活性中心与必需基团　酶与其他蛋白质的不同之处就在于，酶分子的空间结构上具有特定的有催化功能的区域。对酶分子结构的研究证实，在酶分子上，并不是所有氨基酸残基，而只是少数氨基酸残基与酶的催化活性有关。这些氨基酸残基虽然在一级结构上可能相距很远，但在空间结构上彼此靠近，集中在一起形成具有一定空间结构的区域，该区域与底物相结合并催化底物转化为产物，这一区域称为酶的活性中心（active center）或活性部位（active site）。

单纯酶中，活性中心常由一些极性氨基酸残基的侧链基团所组成，如His的咪唑基、Ser的羟基、Cys的巯基、Lys的ε-氨基、Asp和Glu的羧基等。

而对结合酶,除上述基团以外,辅酶或辅基上的一部分结构往往也是活性中心的组成部分。

酶活性中心内的一些化学基团,是酶发挥催化作用及与底物直接接触的基团,称为活性中心内的必需基团(essential group)。就功能而言,活性中心内的必需基团又可分为两种:与底物结合的必需基团称为结合基团(binding group),催化底物发生化学反应的基团称为催化基团(catalytic group)。结合基团和催化基团并不是各自独立的,而是相互联系的整体。活性中心内有的必需基团可同时具有这两方面的功能。酶的活性中心及其必需基团如图1-1所示。

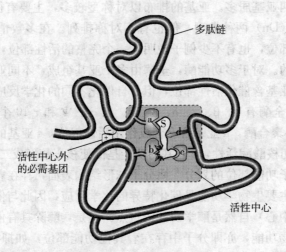

图1-1 酶活性中心和必需基团示意图
S. 底物分子 a、b、c. 结合基团 d. 催化基团

需要说明的是,还有一些酶活性中心以外的基团,虽然不直接参与酶的催化作用,但对维持酶分子的空间构象及酶活性是必需的,称为活性中心以外的必需基团。

具有相似催化作用的酶往往有相似的活性中心。如多种蛋白质水解酶的活性中心均含有Ser和His,处于这两个氨基酸残基附近的氨基酸序列也十分相似。实际上,利用酶活性中心内的氨基酸残基的特征可以模拟酶的作用。例如根据胰凝乳蛋白酶活性中心由His_{57}、Asp_{102}和Ser_{195}组成的特征,设计并合成出接有咪唑基、苯甲酰基和羟基的β环糊精,它也表现出该酶的某些催化特征。

需要说明的是,酶的结构不是固定不变的,而是具有一定的柔性。一些学者认为酶分子的构型与底物原来并非吻合,当底物分子与酶分子相遇时,可诱导酶分子的构象变得能与底物配合，进而催化底物分子发生化学变化，也即所谓酶的诱导契合作用（induced fit）。

（三）酶的催化机理

1. 酶的作用在于降低反应活化能 在任何化学反应中，反应物分子必须超过一定的能阈，成为活化的状态，才能发生变化，形成产物。这种从初始反应物（初态）转化成活化状态（过渡态）所需的能量，称为活化能（energy of activation，E_a）。催化剂的作用，主要是降低反应所需的活化能，以相同的能量能使更多的分子活化，从而加速反应的进行。当然，反应的自由能改变（ΔG）与催化剂存在与否没有关系。图1-2对非催化反应和催化反应的活化能与自由能变化的比较表明，非催化反应的E_a大于催化反应的E_a'，而对其自由能的变化没有影响。酶是生物催化剂，同样能显著地降低反应的活化能，因而表现出极高的催化效率。

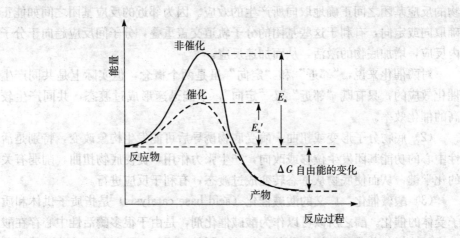

图1-2 非催化反应和酶催化反应活化能的比较
E_a. 活化能 ΔG. 自由能变化

2. 酶促化学反应的中间产物学说 酶之所以能降低活化能，加速化学反应，可以用目前比较公认的中间产物学说来解释。大量实验证明，酶促反应是分两步进行的。酶（E）催化某一反应时，首先与底物（S）结合，生成一个不稳定的过渡态中间复合物——酶-底物复合物（ES），此复合物再进行分解，释放出酶和形成产物（P），酶又可再与底物结合，继续发挥其催化功能。其过程可用下式表示。

$$E+S \rightleftharpoons ES \rightarrow E+P$$

由于E与S结合生成了ES，致使S分子内部某些化学键发生变化，呈不稳定状态或称过渡态，这就大大降低了S的活化能，使反应加速进行。有实验证据表明,酶-底物中间复合物是客观存在的,有些已经分离得到。例如:D-氨基酸氧化酶与D-氨基酸结合而成的复合物已被分离并结晶出来。

3. 酶作用高效率的机理 酶促反应中过渡态中间复合物的形成,导致活化能的降低是反应顺利进行的关键步骤,任何有助于过渡态形成的因素都是酶催化机制的一个重要组成部分。现已证实,至少有以下7种效应包含在酶的催化机理中。

(1) 邻近效应和定向效应 邻近效应(approximation effect)是指底物结合于很小体积的活性中心后,使活性中心的底物浓度得以极大提高,并同时使反应基团之间互相靠近,提高反应速度。在生理条件下,底物浓度一般约为0.001 mol/L,而酶活性中心的底物浓度达100 mol/L,因此在活性中心区域的反应速度必然大为提高。

定向效应(orientation effect)是指底物的反应基团与催化基团之间或底物的反应基团之间正确地取向所产生的效应。因为邻近的反应基团之间如能正确取向或定向,有利于这些基团的分子轨道交盖重叠,分子间反应趋向于分子内反应,增加底物的激活,从而加速反应。

对酶催化来说,"邻近"和"定向"虽是两个概念,但实际上是共同产生催化效应的,只有既"邻近"又"定向",才能迅速形成过渡态,共同产生较高的催化效率。

(2) 底物分子形变或扭曲 酶受底物诱导后可能发生构象改变,特别是活性中心的功能基团发生位移或改向,产生张力作用,促使底物扭曲,削弱有关的化学键,从而使底物从基态转变成过渡态,有利于反应进行。

(3) 酸碱催化 广义的酸碱催化(acid-base catalysis)是指质子供体和质子受体的催化。酶之所以可以作为酸碱催化剂,是由于很多酶活性中心存在酸性或碱性氨基酸残基,例如羧基、氨基、胍基、巯基、酚羟基、咪唑基等。它们在近中性pH范围内,可作为催化性质的质子受体或质子供体,有效地进行酸碱催化。例如,蛋白质分子中His的咪唑基,其$pK_a=6.0$,在生理条件下以酸碱各半形式存在,随时可以接受H^+,速度极快,半衰期仅10^{-10}s,是个活泼而有效的酸碱催化功能基团。因此,His在大多数蛋白质中虽然含量很少,但却很重要。这很可能是由于在生物分子进化过程中,它不是作为一般的结构分子,而是被选择作为酶活性中心的催化成员而保留下来。代谢过程中的水解、水合、分子重排和许多取代反应,都是因酶的酸碱催化而加速完成。

(4) 共价催化 共价催化(covalent catalysis)是指酶对底物进行的亲核、亲电子反应。某些酶能与底物形成共价结合的ES复合物,亲核的酶或亲电子的酶分别释放出电子或吸取电子,作用于底物的缺电子中心或负电中心,迅速形成不稳定的共价中间复合物，降低反应活化能，以加速反应进行。其中，亲核催化最重要。通常酶分子活性中心内都含有亲核基团，如 Ser 的羟基、Cys 的巯基、His 的咪唑基、Lys 的 ε-氨基，这些基团都有剩余的电子对，可以对底物缺电子基团发动亲核攻击。例如胰凝乳蛋白酶，就是利用 Ser_{195}-OH 的 H^+ 通过 His_{57} 传向 Asp_{102} 后，Ser_{195}-O^- 成为强的亲核基团，攻击底物的羰基碳。

（5）金属离子的催化　　有的酶中含有与酶催化有关的金属离子。这些金属离子有的可以帮助酶分子传递电子；有的具有"超酸催化作用"，即由于金属离子比 H^+ 浓度高、电荷多，所以比 H^+ 有更强大的催化功能；有的可以通过"金属桥"结合底物分子。

（6）活性中心的低介电性　　酶活性中心内部是一个疏水的非极性环境，其催化基团被低介电环境所包围，某些反应在低介电常数的介质中反应速度比在高介电常数的水中的速度要快得多。这可能是由于在低介电环境中有利于电荷相互作用，而极性的水对电荷往往有屏蔽作用。

（7）协同催化　　即某一酶的催化中并不只有一种效应，而往往是多种效应共同存在，这些效应协同作用。

上述降低酶活化能的因素，在同一酶分子催化的反应中并非各种因素同时都发挥作用，然而也并非是单一的机制，而是由多种因素配合完成的。

三、酶的分类与命名

（一）酶的分类

国际酶学委员会根据酶催化的反应类型，将酶分为下述六大类。

1. 氧化还原酶类　　氧化还原酶类（oxidoreductases）底物进行氧化还原反应，例如，乳酸脱氢酶、琥珀酸脱氢酶、细胞色素氧化酶、过氧化氢酶、过氧化物酶等。

2. 转移酶类　　转移酶类（transferases）催化底物之间进行某些基团的转移或交换，例如，甲基转移酶、氨基转移酶、己糖激酶、磷酸化酶等。

3. 水解酶类　　水解酶类（hydrolases）催化底物发生水解反应，例如，淀粉酶、蛋白酶、脂肪酶等。

4. 裂合酶类　　裂合酶类（lyases）催化从底物移去一个基团并留下双键的反应或其逆反应，例如，碳酸酐酶、醛缩酶、柠檬酸合酶等。

5. 异构酶类　　异构酶类（isomerases）催化同分异构体之间相互转化，如葡萄糖异构酶、消旋酶等。

6. 连接酶类 连接酶类（或合成酶类，ligases）催化两分子底物合成为一分子化合物，同时必须由 ATP（GTP 或 UTP）提供能量，例如，谷氨酰胺合成酶、DNA 聚合酶等。

国际系统分类法除按上述六类将酶依次编号外，还根据酶所催化的化学键的特点和参加反应的基团不同，将每一大类又进一步分类。每种酶的分类编号均由四个数字组成，数字前冠以 EC（enzyme commission，国际酶学委员会）。编号中第一个数字表示该酶属于六大类中的哪一类；第二个数字表示该酶属于哪一亚类；第三个数字表示亚亚类；第四个数字是该酶在亚亚类中的排序。

以乳酸脱氢酶（EC1.1.1.27）为例，其编号解释如下。

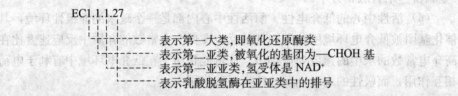

（二）酶的命名

酶的命名有习惯命名法和系统命名法。习惯命名法多根据酶所催化的底物、反应的性质以及酶的来源而定。系统命名法规定每一酶均有一个系统名称，它标明酶的所有底物与反应性质，底物名称之间以":"分隔。由于许多酶的系统名称过长，为了应用方便，国际酶学委员会又从每种酶的数个习惯名称中选定一个简便实用的推荐名称。现将一些酶的习惯命名和系统命名举例列于表 1-3 中。

表 1-3 几种酶的命名举例

编号	系统命名	习惯命名	催化的反应
EC1.1.1.27	乳酸：NAD^+ 氧化还原酶	乳酸脱氢酶	乳酸 + NAD^+ ⟶ 丙酮酸 + NADH
EC2.6.1.1	L-天冬氨酸：α-酮戊二酸氨基转移酶	天冬氨酸氨基转移酶	L-天冬氨酸 + α-酮戊二酸 ⟶ 草酰乙酸 + L-谷氨酸
EC3.1.3.9	D-6-磷酸葡萄糖水解酶	6-磷酸葡萄糖酶	D-6-磷酸葡萄糖 + H_2O ⟶ 葡萄糖 + H_3PO_4
EC4.1.2.13	D-果糖-1,6-二磷酸：D-3-磷酸裂甘油醛合酶	醛缩酶	D-1,6-二磷酸果糖 ⟶ 磷酸二羟丙酮 + D-3-磷酸甘油醛
EC5.3.1.9	D-6-磷酸葡萄糖酮醇异构酶	磷酸己糖异构酶	D-6-磷酸葡萄糖 ⇌ D-6-磷酸果糖
EC6.3.1.2	L-谷氨酸：氨连接酶	谷氨酰胺合成酶	ATP + L-谷氨酸 + NH_3 ⟶ L-谷氨酰胺 + ADP + H_3PO_4

第二节 酶促反应动力学

酶促反应动力学是研究酶促反应速度的规律以及影响酶促反应速度的各种因素。这些因素主要包括酶浓度、底物浓度、pH、温度、抑制剂、激活剂等。由于酶作为生物催化剂的特征就是加快化学反应的速度,因此研究酶促反应的速度规律,是酶学研究的重要内容之一。同时,在酶的结构与功能的关系以及酶作用机理的研究中,常需要动力学提供实验证据。在实际工作中,为了使酶能最大限度地发挥其催化效率,亦需寻找酶作用的最佳条件。为了解酶在代谢中的作用或某些药物的作用机理时,也都需要研究酶促反应的速度规律。因此,对酶促反应动力学的研究具有重要的理论和实际价值。

影响酶促反应速度的因素很多,这里仅介绍底物反应动力学和抑制反应动力学。

一、底物反应动力学

(一) 单底物反应动力学

在其他因素(如酶浓度、pH、温度等)不变的情况下,底物浓度的变化与酶促反应速度之间呈矩形双曲线关系(图1-3)。

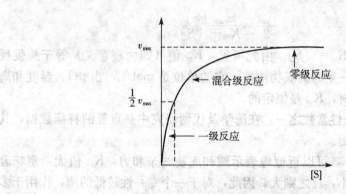

图1-3 底物浓度对反应初速度的影响

在底物浓度很低时,反应速度随底物浓度的增加而急剧上升,两者呈正比关系,表现为一级反应。随着底物浓度的升高,反应速度不再呈正比例加快,反应速度增加的幅度变缓,表现为混合级反应。如果继续增加底物浓度,反应速度不再增加,表现为零级反应,此时,无论底物浓度增加多大,反应速度也不再增加,说明酶已被底物所饱和。所有的酶都有饱和现象,只是达到饱和时所需的底物浓度各不相同而已。

1. 米氏方程　解释酶促反应中底物浓度和反应速度关系的最合理学说是中间产物学说。酶首先与底物结合生成酶-底物中间复合物，此复合物再分解为产物和游离的酶。

$$E+S \underset{K_{-1}}{\overset{K_1}{\rightleftharpoons}} ES \xrightarrow{K_2} E+P$$

Michaelis 和 Menten 在前人工作的基础上，经过大量的实验，于 1913 年前后提出了著名的米曼氏方程（Michaelis-Menten equation），简称米氏方程。1925 年，Briggs 和 Haldane 对米氏方程进行了重要修正，得出了我们现在广泛使用的米氏方程，即

$$v = \frac{v_{\max}[S]}{K_m + [S]}$$

式中，$v_{\max}$ 为最大反应速度（maximum velocity），$[S]$ 为底物浓度，K_m 为米氏常数（Michaelis constant），v 是在不同 $[S]$ 时的反应速度。当底物浓度很低（$[S] \ll K_m$）时，$v = \frac{v_{\max}}{K_m}[S]$，反应速度与底物浓度成正比。当底物浓度很高（$[S] \gg K_m$）时，$v \approx v_{\max}$，反应速度达到最大速度，再增加底物浓度也不再影响反应速度。

2. K_m 与 $v_{\max}$ 的意义　当酶促反应速度为最大速度的一半，即 $v = v_{\max}/2$ 时，米氏方程式可以变换为

$$\frac{v_{\max}}{2} = \frac{v_{\max}[S]}{K_m + [S]}$$

进一步整理得 $K_m = [S]$。由此可见，K_m 值（即物理意义）等于酶促反应速度为最大速度一半时的底物浓度。它的单位是 mol/L，当 pH、温度和离子强度等因素不变时，K_m 是恒定的。

K_m 是酶的特征性常数之一，在酶学及代谢研究中是重要的特征数据，其意义有以下几个方面。

①K_m 值的大小，可以近似地表示酶和底物的亲和力，K_m 值大，意味着酶和底物的亲和力小，反之则大。因此，对于一个专一性较低的酶，作用于多个底物时，不同的底物有不同的 K_m 值，具有最小的 K_m 或最高的 $v_{\max}/K_m$ 比值的底物就是该酶的最适底物或称天然底物。

②催化可逆反应的酶，当正反应和逆反应 K_m 值不同时，可以大致推测该酶正逆两向反应的效率，K_m 值小的底物所示的反应方向应是该酶催化的优势方向。

③有多个酶催化的连锁反应中，如能确定各种酶 K_m 值及相应的底物浓度，有助于寻找代谢过程的限速步骤。在各底物浓度相当时，K_m 值大的酶则

为限速酶。

④判断在细胞内酶的活性是否受底物抑制。如果测得酶的 K_m 值远低于细胞内的底物浓度，而反应速度没有明显的变化，则表明该酶在细胞内常处于被底物所饱和的状态，底物浓度的稍许变化不会引起反应速度有意义的改变。反之，如果酶的 K_m 值大于底物浓度，则反应速度对底物浓度变化就十分敏感。

⑤测定不同抑制剂对某一酶 K_m 及 v_{max} 的影响，可以用于判定该抑制剂是竞争性抑制剂还是非竞争性抑制剂。

3. K_m 和 v_{max} 的求法　酶促反应的底物浓度曲线呈矩形双曲线特征，很难从米氏方程直接求出。为此常将米氏方程转变成直线作图，求得 K_m 和 v_{max}。最常用的是双倒数作图（double-reciprocal plot, Lineweaver-Burk plot）。将米氏方程两边取倒数，可转化为下列形式。

$$\frac{1}{v} = \frac{K_m}{v_{max}} \cdot \frac{1}{[S]} + \frac{1}{v_{max}}$$

从上式可得到图 1-4，从图 1-4 可知，$1/v$ 对 $1/[S]$ 的作图得一直线，其斜率是 K_m/v_{max}，在纵轴上的截距为 $1/v_{max}$，横轴上的截距为 $-1/K_m$。此作图除用来求 K_m 和 v_{max} 值外，在研究酶的抑制作用方面还具有重要价值。

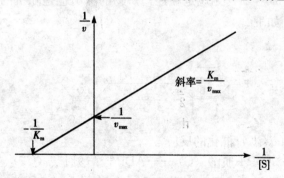

图 1-4　双倒数作图法

必须指出，米氏方程只适用于单底物的酶促反应过程，不适用于两个或多个底物的酶促反应。在六大类酶中，真正的单底物酶促反应只有异构酶和裂解酶类。多底物的酶促反应遵循另外的反应机制。

（二）双底物反应动力学

1. 双底物反应分类　双底物反应是一类广泛存在的反应。反应模式如下

$$A + B \longrightarrow P + Q$$

依据底物与酶结合及发生反应的程序不同，可分为两大类：序列反应（sequential reaction）和乒乓反应（ping-pong reaction）。前者又分为顺序序列反应（ordered sequential reaction）和随机序列反应（random sequential reaction）。

(1) 序列反应 序列反应的含义是指酶结合底物和释放产物是按顺序先后进行的。此类反应又分为下述两种。

①顺序序列反应：A、B 底物与酶结合按特定的顺序进行，先后不能倒换，产物 P、Q 释放也有特定顺序，反应如下

```
         A      B          P      Q
         ↓      ↓          ↑      ↑
E ───────────────────────────────────── E
        EA     EAB ⇌ EPQ    EQ
```

如乳酸脱氢酶（LDH）催化乳酸（Lac）脱氢，生成丙酮酸（Pyr）的反应为顺序序列反应。在此反应中，LDH 酶蛋白先与 NAD^+ 结合生成 LDH·NAD^+，再与底物结合，完成催化反应，生成 LDH·NADH·Pyr，然后按顺序释出产物 Pyr 和 NADH。

```
        NAD⁺   Lac                    Pyr     NADH
         ↓      ↓                      ↑       ↑
LDH ─────────────────────────────────────────── LDH
       LDH·NAD⁺  LDH·NAD⁺·Lac ⇌ LDH·NADH·Pyr  LDH·NADH
```

②随机序列反应：此反应是指酶与底物结合的先后是随机的，可以先 A 后 B，也可以先 B 后 A，无规定顺序，产物的释出也是随机的，先 P 或先 Q 均可。反应机制如下

```
         A  B                        Q  P
         ↓ ↓                         ↑ ↑
        ┌──┐                        ┌──┐
E ──────│EA│── EAB ⇌ EPQ ──────────│EP│────── E
        │EB│                        │EQ│
        └──┘                        └──┘
         ↑ ↑                         ↓ ↓
         B  A                        P  Q
```

如肌酸激酶（CK）催化的反应

ATP＋肌酸（C）──→ ADP＋磷酸肌酸（CP）

该酶在催化过程中，可以先和肌酸（C）结合，也可先和 ATP 结合。在形成产物后，可先释出磷酸肌酸（CP），也可以先释放 ADP。可写成：

```
         C  ATP                      ADP CP
         ↓ ↓                          ↑ ↑
        ┌──┐                         ┌──┐
CK ─────│  │── CK·ATP·C ⇌ CK·ADP·CP │  │────── CK
        └──┘                         └──┘
         ↑ ↑                          ↓ ↓
        ATP C                        CP ADP
```

(2) 乒乓反应 乒乓反应指各种底物不可能同时与酶形成多元复合体，酶结合底物 A，并释放产物后，才能结合另一底物，再释放另一产物。由于底物和产物是交替地与酶结合或从酶释放，好像打乒乓球一样，一来一去，故称乒

乒反应，实际上这是一种双取代反应，酶分两次结合底物，释出两次产物，反应机制如下

$$\text{E} \xrightarrow{\quad A\downarrow\uparrow \quad\quad P\downarrow\uparrow \quad\quad B\downarrow\uparrow \quad\quad Q\downarrow\uparrow \quad} \text{E}$$
$$\text{EA} \rightleftharpoons \text{FP} \quad\quad \text{FB} \quad\quad \text{FB} \rightleftharpoons \text{EQ}$$

如己糖激酶（HK）催化的反应

葡萄糖（G）$^+$ + Mg^{2+}·ATP ⟶ Mg^{2+}·ADP + 6-磷酸葡糖（G-6-P）

可写成

$$\text{HK} \xrightarrow{\quad\text{MgATP}\downarrow \quad\quad \text{MgADP}\downarrow \quad\quad \text{G}\downarrow \quad\quad \text{G-6-P}\downarrow \quad} \text{HK}$$
$$\begin{pmatrix}\text{HK·MgATP} \\ \text{HK·H}_3\text{PO}_4\text{·MgADP}\end{pmatrix} \rightleftharpoons \quad \text{HK·H}_3\text{PO}_4 \quad \begin{pmatrix}\text{HK·H}_3\text{PO}_4\text{·G} \\ \text{HK·G-6-P}\end{pmatrix} \rightleftharpoons$$

2. 双底物反应速度方程 用稳态法和快速平衡法都可推导出双底物反应速度方程，但较复杂。这里仅列举常见的两种动力学方程。

（1）序列反应 其动力学方程为

$$v = \frac{v_{\max}[A][B]}{K_s^A \cdot K_m^B + K_m^B[A] + K_m^A[B] + [A][B]}$$

（2）乒乓反应 其动力学方程为

$$v = \frac{v_{\max}[A][B]}{K_m^A[B] + K_m^B[A] + [A][B]}$$

上两式中，[A] 和 [B] 分别为底物 A 和 B 浓度，K_m^A 和 K_m^B 分别为底物 A 和 B 米氏常数，而 K_s^A 为底物 A 与酶 E 结合的解离常数。必须指出，在多底物反应中，一个底物的米氏常数可随另一底物浓度变化而变化，故 K_m^A 实际上是在 B 浓度饱和时，A 的米氏常数。同理，K_m^B 是指 [A] 达到饱和时，B 的米氏常数。如果不是固定一个底物为饱和浓度时测定的米氏常数称表观米氏常数，它是一个变数而不是一个恒值，$v_{\max}$ 也是指 A、B 浓度都达到饱和时的最大反应速度。

二、抑制反应动力学

能使酶的活性下降而不引起酶蛋白变性的物质称酶的抑制剂（inhibitor）。抑制剂通常对酶有一定的选择性，一种抑制剂只能引起某一类或某几类酶的抑制。抑制剂虽然可使酶失活，但它并不明显改变酶的结构，也就是说酶并未变性，去除抑制剂后，酶活性又可恢复。

抑制作用不同于失活作用。通常酶蛋白受到一些理化因素的影响，破坏了非共价键，部分或全部地改变了酶的空间结构，从而引起酶活性的降低或丧失，这是酶蛋白变性的结果。凡是使酶变性失活（称为酶的钝化）的因素（如强酸、强碱等），其作用对酶都没有选择性，不属于抑制剂。

根据抑制剂与酶分子之间作用特点的不同，通常将抑制作用分为可逆抑制和不可逆抑制两类。

（一）不可逆抑制作用

不可逆抑制作用（irreversible inhibition）的抑制剂，通常以共价键方式与酶的必需基团进行结合，一经结合就很难自发解离，不能用透析或超滤等物理方法解除抑制。其实际效应是降低反应体系中有效酶浓度。抑制强度取决于抑制剂浓度及酶与抑制剂之间的接触时间。

按其作用特点，不可逆抑制又有专一性及非专一性之分。

1. 专一性不可逆抑制 此类抑制剂一般是一些具有特定化学结构并带有一个活泼基团的类底物，当与酶结合后，活泼基团可与酶的活性中心或其必需基团进行共价反应，从而抑制酶的活性。例如，有机磷杀虫剂能专一地作用于胆碱酯酶活性中心的 Ser，使其磷酰化而破坏酶的活性中心，导致酶的活性丧失。当胆碱酯酶被有机磷杀虫剂抑制后，胆碱能神经末梢分泌的乙酰胆碱不能及时分解，过多的乙酰胆碱会导致胆碱能神经过度兴奋，使昆虫失去知觉，也使人和家畜产生多种严重中毒症状甚至死亡。

有机磷杀虫剂虽属不可逆抑制剂，与酶结合后不易解离，但可用含有 —CH=NOH 基的肟化物，或羟肟酸 R—CHNOH 衍生物将其从酶分子上取代下来，使酶的活性恢复。这类化合物是有机磷杀虫剂的特效解毒剂，如解磷定等药物可与有机磷杀虫剂结合，使酶与有机磷杀虫剂分离而复活。

2. 非专一性不可逆抑制 此类抑制剂可与酶分子结构中一类或几类基团共价结合而导致酶失活。它们主要是一些修饰氨基酸残基的化学试剂,可与氨基、羟基、胍基、巯基等反应,如烷化巯基的碘代乙酸、某些重金属（Pb^{2+}、Cu^{2+}、Hg^{2+}）等,能与酶分子的巯基进行不可逆结合。许多以巯基作为必需基团的酶（通称巯基酶）,会因此而遭受抑制。用二巯基丙醇或二巯基丁二酸钠等含巯基的化合物可使酶复活。

$$E\begin{matrix}SH\\SH\end{matrix} + Hg^{2+} \longrightarrow E\begin{matrix}S\\S\end{matrix}Hg$$

巯基酶　　　　汞离子　　　　　　失活的酶分子

$$\begin{matrix}H_2C-SH\\HC-SH\\H_2C-OH\end{matrix} + E\begin{matrix}S\\S\end{matrix}Hg \longrightarrow \begin{matrix}H_2C-S\\HC-S\\H_2C-OH\end{matrix}Hg + E\begin{matrix}SH\\SH\end{matrix}$$

二巯基丙醇　　失活的酶分子　　　　　　　　　　　　复活的酶

（二）可逆抑制作用

可逆抑制作用（reversible inhibition）的抑制剂与酶的结合以解离平衡为基础,属非共价结合,用超滤、透析等物理方法除去抑制剂后,酶的活性能恢复,即抑制剂与酶的结合是可逆的。这类抑制大致可分为竞争性抑制、非竞争性抑制、反竞争性抑制、混合抑制等。这里重点讲述竞争性抑制和非竞争性抑制。

1. 竞争性抑制作用 此类抑制剂一般与酶的天然底物结构相似,可与底物竞争酶的活性中心,从而降低酶与底物的结合效率,抑制酶的活性,这种抑制作用称竞争性抑制作用（competitive inhibition）。其反应过程如下

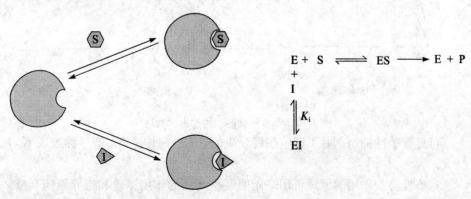

例如，丙二酸、苹果酸及草酰乙酸有与琥珀酸相似的结构，它们是琥珀酸脱氢酶的竞争性抑制剂。

$$\begin{matrix}COO^-\\|\\CH_2\\|\\CH_2\\|\\COO^-\end{matrix} \xrightarrow[-2H]{琥珀酸脱氢酶} \begin{matrix}COO^-\\|\\CH\\||\\CH\\|\\COO^-\end{matrix} \quad \begin{matrix}COO^-\\|\\CH_2\\|\\COO^-\end{matrix} \quad \begin{matrix}COO^-\\|\\CH_2\\|\\C=O\\|\\COO^-\end{matrix} \quad \begin{matrix}COO^-\\|\\HC-OH\\|\\COO^-\end{matrix}$$

琥珀酸　　　　　　　　延胡索酸　　丙二酸　草酰乙酸　苹果酸

由于抑制剂与酶的结合是可逆的，抑制强度的大小取决于抑制剂与酶的相对亲和力以及抑制剂与底物浓度的相对比例。通过增加底物浓度可降低或消除抑制剂对酶的抑制作用，这是竞争性抑制的一个特征。

按米氏公式推导方法，竞争性抑制动力学方程为

$$v = \frac{v_{max}[S]}{K_m(1+\frac{[I]}{K_i}) + [S]}$$

速度方程的双倒数方程为

$$\frac{1}{v} = \frac{K_m}{v_{max}}(1+\frac{[I]}{K_i})\frac{1}{[S]} + \frac{1}{v_{max}}$$

竞争性抑制作用的特征曲线如图 1-5 所示。

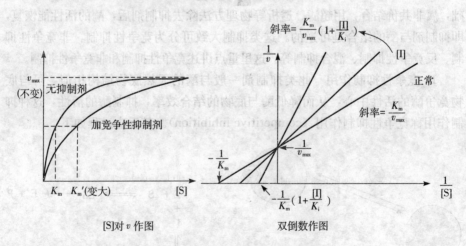

图 1-5　竞争性抑制作用动力学曲线

可见竞争性抑制剂并不影响酶促反应的 v_{max}，只是使 K_m 值（称表观 K_m）变大。

竞争性抑制作用的原理可用来阐明某些药物的作用原理和指导新药合成。

磺胺类药物是典型的例子（图1-6）。某些细菌以对氨基苯甲酸、二氢喋呤啶及谷氨酸为原料合成二氢叶酸，后者再转变为四氢叶酸，它是细菌合成核酸不可缺少的辅酶。由于磺胺药与对氨基苯甲酸具有十分类似的结构，于是成为了细菌中二氢叶酸合成酶的竞争性抑制剂，它通过降低菌体内四氢叶酸的合成能力，使核酸代谢发生障碍，从而达到抑菌的作用（图1-6）。

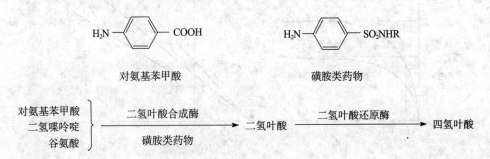

图1-6 磺胺药物的抑菌作用

许多属于抗代谢物的抗癌药物，如甲氨蝶呤（MTX）、5-氟尿嘧啶（5-FU）、6-巯基嘌呤（6-MP）等，几乎都是酶的竞争性抑制剂，它们分别抑制四氢叶酸、脱氧嘧啶核苷酸及嘌呤核苷酸的合成，从而抑制肿瘤的生长。

2. 非竞争性抑制作用　有些抑制剂可与酶活性中心以外的必需基团结合，但不影响酶与底物的结合，酶与底物的结合也不影响酶与抑制剂的结合，但形成的酶-底物-抑制剂复合物（ESI）不能进一步释放出产物，致使酶活性丧失，这种抑制作用称为非竞争性抑制作用（non-competitive inhibition）。该类抑制剂主要是影响酶分子的空间构象而降低酶的活性。非竞争性抑制作用可以用下列反应式表示

按米氏公式推导方法，非竞争性抑制作用动力学方程为

$$v = \frac{v_{max}[S]}{(1+\frac{[I]}{K_i})(K_m+[S])}$$

速度方程的双倒数方程为

$$\frac{1}{v} = \frac{K_m}{v_{max}}(1+\frac{[I]}{K_i})\frac{1}{[S]} + \frac{1}{v_{max}}(1+\frac{[I]}{K_i})$$

非竞争性抑制作用的特征曲线见图 1-7。

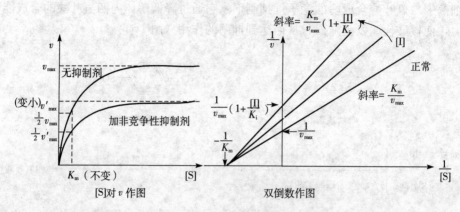

图 1-7 非竞争性抑制作用动力学曲线

有非竞争性抑制剂存在的曲线与无抑制剂存在的曲线共同相交于横坐标 $-1/K_m$ 处，纵坐标截距因抑制剂的存在而变大，说明非竞争抑制剂的存在，并不影响底物与酶的亲和力，而使 v_{max} 变小。

细胞内许多代谢产物都是通过这种抑制作用方式来抑制起始反应的酶，从而产生负反馈调节。

第三节 酶稳定性的基本原理

酶的稳定性（enzyme stability）是指酶分子抵抗各种不利因素影响，维持一定空间结构，保持生物活性相对稳定的能力。酶的本质是蛋白质，其高级结构对环境十分敏感，容易受到各种因素的破坏，即使在最适反应条件下，随着反应时间延长，酶分子也会逐渐失活。维持酶分子稳定的生物活性，首先要求结构稳定，特别是高级结构的稳定。酶工程中所涉及的催化过程几乎都在体外，酶不稳定的缺点显得尤其突出。因此，酶的稳定性关系到它在生产中的成败，研究和改善酶分子的稳定性具有重要的理论和应用价值。

一、酶稳定性的因素

1. 共价作用力 共价作用力是维持酶分子一级结构和高级结构的基础，也是维持酶分子稳定性的主要作用力。对酶分子稳定性贡献较大的共价作用力主要是肽键和二硫键。

(1) 肽键　肽键的作用力较强，也表现出较高的稳定性，通常情况下它不易断裂，只有在极端条件下（如强酸、强碱和蛋白水解酶的作用下）才遭到破坏。

(2) 二硫键　二硫键主要由空间结构上相近的两个 Cys 之间形成的共价键，它是酶分子内交联的主要作用力，它可在多肽链的分子内形成，也可在链间形成，由于二硫键形成后限制了肽链的拓扑构象，即非折叠态构象熵变小，因此增加了酶分子结构的刚性和有序性，促使酶分子空间结构更为稳定。

2. 非共价作用力

(1) 疏水相互作用（疏水键）　疏水相互作用是酶分子折叠成空间结构的主要作用力之一，对蛋白质的结构和稳定性非常重要。疏水性大小取决于酶分子中疏水性氨基酸残基的数量，以及这些疏水性氨基酸残基在空间结构上的位置。位于分子表面的疏水性氨基酸残基对酶分子稳定性不利，而分子内部疏水性氨基酸残基的数量越多对稳定性越有利。对于有些酶，因功能需要分子表面上疏水性基团时，这些分子表面上的疏水性基团常通过与脂类或糖类等大分子形成复合物，将这些基团与水分子充分隔离，完全屏蔽分子表面的这些基团，既满足活性需要，又保持结构稳定。

(2) 氢键　大多数酶分子折叠的策略是在疏水相互作用主导下折叠，尽量使主链间形成最大量的分子内氢键，而将可能形成氢键的侧链基团推向分子表面，与周围环境中的水分子作用也形成氢键，从而增加稳定作用力。然而，氢键对蛋白质稳定性的重要性不应估计过高。用定点突变法定性定量地测定了引入的氢键对蛋白质的稳定性的作用，发现加入的氢键与蛋白质的稳定性无关。

(3) 静电作用力　静电作用力又称离子键、盐键或盐桥。蛋白质中盐桥的数目较少，但对酶分子稳定性的作用很显著。与酶分子稳定性有关的离子键大部分形成于分子表面。

(4) 其他　金属离子一般结合到多肽链不稳定的弯曲部分，形成更为牢固的弯曲，因而可以显著增加蛋白质的稳定性。当酶与底物、辅助因子和其他低相对分子质量配体相互作用时，也会看到蛋白质稳定性的增强。这是因为蛋白质与上述物质的作用常使蛋白质发生构象变化，使其构象更稳定。

二、酶失活的因素和机理

为了开发有效的稳定化方法，必须研究失活机理。酶失活的因素主要包括物理因素、化学因素和生物因素：

1. 物理因素

(1) 热失活 热失活是最常见的酶失活因素,热失活是由于热伸展作用使酶的反应基团和疏水区域暴露,促使蛋白质聚合。同时,在高温条件下,酶分子的一些氨基酸残基发生共价反应,如 Asn 和 Gln 的脱氧作用、肽键水解、Cys 的氧化和二硫键的破坏,上述这些破坏性反应直接导致酶失活。此外,若系统中有还原糖(如葡萄糖),糖很容易与 Lys 的 ε-氨基作用。

(2) 冷冻和脱水 很多变构酶在温度降低时会产生构象变化。在冷冻过程中,溶质(酶和盐)随着水分子的结晶而被浓缩,引起酶微环境中的 pH 和离子强度的剧烈改变,很容易引起蛋白质的酸变性。此外,盐的浓度可提高离子强度,引起寡聚蛋白的解离。冷冻引起酶失活的另一因素是二硫交换或巯基氧化。随着冷冻进行,酶浓度增加,半胱氨酸的浓度也增加。当这种浓缩效应与构象变化同时发生时,分子内和分子间的二硫交换反应就很容易发生。

酶的脱水和酶的冷冻导致酶失活有许多相似之处,因为这两个过程都是降低液体水的浓度。

(3) 辐射作用 电离辐射和非电离辐射都会导致多肽链的断裂和酶的活性丧失。各种电离辐射(如 γ 射线、X 射线、电子、α 粒子)使酶失活的机理相似。电离辐射的直接作用是由于形成自由基而引起一级结构的共价改变,继而交联或氨基酸破坏,导致天然构象丧失或聚合。非电离辐射(如可见光或紫外线辐射)也能使酶失活。可见光在有光敏物质存在时,能氧化蛋白质分子中的敏感基团(Cys、Ser、His 等)。紫外线辐射能直接氧化酶分子的巯基和吲哚基,从而使酶失活。

(4) 机械力作用 机械力(如压力、搅拌、振动等)和超声波能使酶变性。较高的压力可导致酶失活,压力导致体积变化,使酶分子凝聚、亚基解离等。机械搅拌引起的剪切力产生疏水性气液交界面,导致界面上酶蛋白结构被破坏,大量疏水性氨基酸暴露于空气中,疏水内核解体,肽链聚集,最终导致酶失活。超声波使溶液产生大量空泡并迅速膨胀破碎,释放强大的冲击波和剪切力,还会产生自由基,破坏酶分子的空间结构。

2. 化学因素

(1) 极端 pH 极端 pH 条件下引起酶的酸碱变性的重要因素是,一旦远离蛋白质的等电点,酶蛋白相同电荷间的静电斥力会导致蛋白肽链伸展,埋藏在酶蛋白内部非电离残基发生电离,启动改变、交联或破坏氨基酸的化学反应,结果引起不可逆失活。极端 pH 也容易导致酶蛋白质发生水解。

(2) 氧化作用 酶分子中所含的带芳香族侧链的氨基酸以及 Met、Cys 等,与活性氧具有极高的反应性,极易受到氧化攻击。这些氨基酸残基的氧化过程可被过度金属离子和光的诱导，同时受 pH、温度及缓冲液组成的影响。分子氧、H_2O_2 和氧自由基是常见的蛋白质氧化剂。

（3）聚合作用　加热或高浓度电介质可破坏蛋白质胶体溶液的稳定性，促使蛋白质高级结构发生改变，分子间发生聚合并沉淀。与许多其他蛋白质失活原因不同，聚合并不一定是不可逆的。

（4）表面活性剂和变性剂　表面活性剂可分为离子型和非离子型两大类，它们均含有亲水的头部和疏水的长链尾部。表面活性剂主要改变酶分子的正常折叠，暴露酶分子疏水内核的疏水基团，使之发生变性。

高浓度脲和盐酸胍常用于蛋白质变性。这些变性剂与酶分子的非极性氨基酸具有很强的结合能力，消除了在维持蛋白质三级结构中起重要作用的疏水相互作用，从而改变酶分子的稳定性，是一种不可逆的变性过程。

高浓度盐对蛋白质既可有稳定作用，也可有变性作用，这要视盐的性质和浓度而定。ClO_4^-、SCN^- 等离子能结合于蛋白质的带电基团或结合于肽键的偶极子，结果降低蛋白质周围的水簇数目，容易引起蛋白质盐溶，降低蛋白质构象稳定性。

金属离子螯合剂（如 EDTA）能使金属酶的金属离子形成螯合物而失活。这类失活常常是不可逆的。失去金属辅因子也能引起酶分子构象大的变化，从而导致活力不可逆丧失。

酒精、丙酮等能与水混合的有机溶剂，对水的亲和力很大，当加入到酶的水溶液中时，通过疏水相互作用直接结合于蛋白质，并改变溶液的介电常数，影响维持蛋白质天然构象的非共价力的平衡。另外，酶要发挥其作用，必须在其分子表面有一单层必需水来维持它的活性构象，而与水混溶的有机溶剂能夺去酶分子表面的必需水，因而使酶失活。

3. 生物因素　酶在使用和储存过程中的失活常是由于微生物或外源蛋白水解酶作用，使酶分子的一级结构肽链断裂，引起酶降解。避免酶降解的有效措施是低温操作，也可加入一些蛋白酶抑制剂。

三、酶的稳定化

和非生物催化剂相比，大多数酶的稳定性较差，限制了其在实际生产中的应用，因此增强和改善酶的稳定性具有重大的理论和实践意义。目前，天然酶的稳定化方法主要有以下几种。

（1）酶的固定化　即用固体材料将酶束缚或限制于一定区域内，仍能进行其特有的催化反应，一方面提高了酶的稳定性，同时有利于酶的回收及重复使用。

（2）化学修饰　通过化学试剂特异性修饰酶分子的某个或某类氨基酸残基，从而稳定蛋白质的构象，提高其稳定性。

（3）蛋白质工程　即通过分子操作技术定向改造酶的性质，包括其稳定性等。

（4）改善酶存在的微环境　即通过添加稳定剂、改变反应介质等方法，提高酶的稳定性。

这些方法将在后续章节中详细介绍。

第四节　酶活力测定

一、酶活力与酶活力单位

（一）酶活力

酶活力（enzyme activity）是指酶催化化学反应的能力。酶活力的大小可用在一定的条件下，酶催化某一化学反应的反应速度来表示。所以，酶活力的测定，实际上就是测定酶所催化的化学反应的速度。反应速度可用单位时间内底物的减少量或产物的生成量来表示。在一般的酶促反应体系中，底物的量往往是过量的。在测定的初速度范围内，底物减少量仅为底物总量的很小一部分，测定不易准确；而产物从无到有，较易测定。故一般用单位时间内单位量酶制剂产物生成的量来表示酶催化的反应速度比较合适。

（二）酶活力单位

由于酶的不稳定性及其制品的纯度各异，因此一般不以其质量和体积计量，而以酶活力单位和比活力计量。酶活性的大小可用酶活力单位（active unit）来表示。酶活力单位是指在特定的条件下，酶促反应在单位时间内生成一定量的产物或消耗一定量的底物所需的酶量。在实际工作中，酶活力单位往往与所用的测定方法、反应条件等因素有关。为了便于比较，酶的活力单位已标准化，1961 年国际酶学委员会规定：1 个酶活力国际单位（IU）是指在最适条件下，每分钟催化减少 1 μmol 底物或生成 1 μmol 产物所需的酶量。如果酶的底物中有一个以上的可被作用的键或基团，则一个国际单位指的是每分钟催化 1 μmol 的有关基团或键的变化所需的酶量，温度一般规定为 25℃。

1972 年，国际酶学委员会为了使酶的活力单位与国际单位制中的反应速度表达方式相一致，推荐使用一种新的单位"催量"（Katal），简称 Kat，来表示酶活力单位。1 Kat 单位定义为：在最适条件下，每秒钟能使 1 mol 底物转化为产物所需的酶量。催量和国际单位（IU）之间的关系是：1 Kat＝6×10^7 IU。

二、酶的转换数与比活力

酶的转化数（turnover number）也称为分子活性或摩尔催化活力，用来表示酶的催化中心的活性，即在单位时间内每一活性中心或每分子酶所能转换的底物分子数。如果每一个酶分子只有一个催化中心，那么催化中心活性和摩尔催化活力是相等的；如果一个酶分子有 n 个催化中心，那么催化中心活性等于摩尔催化活力除以 n。

酶的比活力（specific activity）也称为比活性，是指每毫克酶蛋白所具有的活力单位数。有时也用每克酶制剂或每毫升酶制剂所含有活力单位数来表示。比活力是表示酶制剂纯度的一个重要指标，对同一种酶来说，酶的比活力越高，纯度越高。

三、酶活力测定的方法

根据测定原理，可将酶活力的测定方法分为终止法和动力学法。

终止法是将酶促反应进行一定时间后终止反应，用比色、光吸收、滴定等方法定量测定底物的减少或产物的生成量，计算酶的活力。一般以测定产物为宜。

动力学法是基于反应过程中光吸收、电位、酸碱度、黏度等的变化，用仪器跟踪监测反应进行的过程，推算出酶活性。动力学法使用方便，一个样品可以多次测定，且有利于动力学研究，但很多酶反应还不能用该方法测定。

终止法和动力学法，都是通过检测酶促反应中特定信号的变化来计算酶促反应速度的。根据信号检测手段的不同，酶底物或产物变量的检测可分为直接测定法、间接测定法和酶偶联测定法。

1. 直接测定法　有些酶促反应进行一段时间后，酶底物或产物的变量可直接检测。如测定脱氢酶活力时，根据酶的辅助因子 NADH（或 NADPH）在 340 nm 处有光吸收，而 NAD$^+$（或 NADP$^+$）无光吸收的性质，通过观察光吸收的变化，计算酶的活力。直接测定法一般不破坏酶反应体系，用于动力学研究时比较方便。

2. 间接测定法　有些酶促反应的底物或产物不易直接检测，因此必须与特定的化学试剂反应,形成稳定的可检测物质。如测定蛋白酶活力时,蛋白酶水解酪蛋白后产生的酪氨酸,直接测定酪氨酸较为困难,根据酪氨酸可与福林试剂反应生成稳定的蓝色化合物性质,用蓝色化合物颜色的深浅来指示蛋白酶活力的高低,此时是用产物的增加量来计算酶的活力。如碘比色法测定淀粉酶活力时,酶与淀粉反应一段时间后终止反应,根据碘遇淀粉变蓝色的性质,测定溶液蓝色的深浅,来指示淀粉酶活力的高低,此时是用底物的减少量来计算酶的活力。

3. 酶偶联测定法 此方法与间接测定法相类似,只是使用一指示酶,使第一个酶的产物在指示酶的作用下转变成可测定的新产物。如葡萄糖氧化酶活力的测定是时,首先由葡萄糖氧化酶催化葡萄糖生成 D-葡萄糖酸和过氧化氢,再加入过氧化氢酶后,过氧化氢分解产生氧,氧与邻联二茴香胺发生氧化反应,生成一棕色化合物,测定其在 460 nm 处的光吸收变化,可计算出葡萄糖氧化酶的活力。

四、酶活力测定的条件与应注意的问题

酶促反应体系受多种因素影响,包括底物浓度、酶浓度、产物、pH、温度、抑制剂、激活剂等。因此酶反应条件的设定既要满足酶本身的性质,又要使体系中的其他条件最大限度地满足酶活力的发挥。

1. 反应时间 要进行酶的活力测定,首先要确定酶的反应时间。酶的反应时间应该在进程曲线初速度范围内进行选择。

2. 底物 在实际测定过程中,为了保证测得的是初速度,往往使底物浓度足够大,使酶完全饱和,这样整个酶反应对于底物来说是零级反应,而对于酶来说是一级反应。通常采用的底物浓度相当于 $20\sim100$ 倍的 K_m 值。但是,对某些会受过量底物抑制的酶,底物的浓度选择最适合的浓度。对于有多个底物的酶,一般选择最适底物,同时要求在测试系统中底物性质稳定,并且反应后最好有明显的可测定的理化性质变化。

3. pH 由于最适 pH 受底物浓度、温度和其他条件而变化,所以谈到最适 pH 应指明试验测定的条件。酶活力测定时通常选用缓冲系统来维持最适 pH 在一定范围内,选择缓冲系统应考虑缓冲液离子种类、强度以及对酶反应和检测信号有无干扰。

4. 温度 最适温度随反应的时间而定,若待测酶的活性低,含量少,必须延长保温时间使其有足够量的可被检测出的产物,则温度应适当低些;反之,则可适当增高其温度。由于反应温度每变化 1 ℃,反应速度大约相差

10%，因此温度保持恒定很有必要，一般应控制在±1 ℃。

5. 其他

①辅助因子是某些酶表现活性的必要条件，例如，在测定乳酸脱氢酶活性时，必须加入辅酶Ⅰ。

②有的酶可受激活剂的激活而增强活性，需在反应体系中加入激活剂，例如，加 Cl^- 能增强唾液淀粉酶的活性。

③有的酶对反应体系中存在的微量抑制物极为敏感，为避免其抑制作用，必须小心除去或避免抑制物的污染。例如，脲酶对微量的汞离子极为敏感，所用器皿必须事先用浓硝酸处理，以除去汞离子。

④酶活力测定都应有相应的空白与对照。空白用于抵消未知因素产生的本底影响，空白值可通过底物不加酶，或加失活得酶来制备。对照是指用酶的标准品测得的结果与待测样品进行比较来进行定量。

复 习 思 考 题

1. 简述酶与一般催化剂的共性以及作为生物催化剂的特点。
2. 简述酶的结构与功能之间的关系。
3. 简述米氏方程的概念及意义。
4. 举例说明抑制反应动力学的特点和实际意义。
5. 酶失活的因素和机理有哪些？
6. 简述酶活力测定方法的原理。

主 要 参 考 文 献

[1] 邹思湘．动物生物化学．北京：中国农业出版社，2005
[2] 汪玉松，邹思湘，张玉静．现代动物生物化学．第三版．北京：高等教育出版社，2005
[3] 罗贵民．酶工程．北京：化学工业出版社，2002
[4] 周晓云．酶学原理与酶工程．北京：中国轻工业出版社，2005
[5] 施巧琴．酶工程．北京：科学出版社，2005
[6] 袁勤生，赵健．酶与酶工程．上海：华东理工大学出版社，2005
[7] 贾弘堤．生物化学．北京：人民卫生出版社，2005

第二章　微生物发酵产酶

目前，可以通过两条途径获得酶，一是化学合成，即通过化学方法人工合成酶蛋白，包括酶的化学合成，模拟酶的合成等。1969 年 Gutte 和 Merrifield 通过化学方法人工合成了有活性的核糖核酸酶，而且还发展了一整套固相合成肽的自动化技术。因此，人们可以通过化学技术在实验室中合成具有活性的蛋白质，但从经济角度而言此方法生产酶还不现实。获得酶的另一种途径是从生物细胞中提取，具有生物活性的酶可以从任何有生命的有机体中提取出来。用于商品酶生产的原料来源非常广泛，无论是原核生物还是真核生物都可以作为酶源，最初的商品酶制剂主要以动植物为原料提取，如从牛胃中提取凝乳酶、从胰脏中提取胰酶、从血液中提取凝血酶、从植物材料中提取淀粉酶等。然而它们的生产周期长，同时还受地域、气候和季节的限制，不适合作为大规模生产工业酶的原料，所以近几十年，大都转向微生物发酵生产。Takamine 利用霉菌来生产淀粉酶使得酶制剂工业取得突破。第二次世界大战以后，随着微生物培养技术、发酵工业和设备的渐渐完善，利用微生物来获得商品化酶制剂已形成规模化产业，并开辟了广阔的市场。20世纪 90 年代，随着基因工程的广泛介入，一些原来只能由动物或植物生产的酶，经过酶基因重组，可以在微生物上表达。由于在发酵过程中很容易对微生物进行控制，因此"基因工程＋发酵工艺＋先进的发酵设备"可以算是酶工业的第三次飞跃。

应用微生物来开发酶有下列优点：①微生物生长繁殖快，生活周期短。因此，用微生物来生产酶产品，生产能力（发酵）几乎可以不受限制地扩大，能够满足迅速扩张的市场需求。②微生物种类繁多，散布于整个地球的各个角落，而且在不同的环境下生存的微生物都有其完全不同的代谢方式，能分解利用不同的底物。这一特征就为微生物酶品种的多样性提供了物质基础。③当基因工程介入时，动植物细胞中存在的酶，几乎都能够利用微生物细胞获得。

因此，有计划和仔细地筛选微生物菌种，通常可以获得能够生产几乎任何一种酶的工程菌。优良菌种不仅能提高酶制剂的产量、发酵原料的利用率，而且还与增加品种、缩短生产周期、改进发酵和提取工艺条件密切相关。

第二章 微生物发酵产酶

第一节 生产酶的菌种

在数百种用于工业生产的酶中,约有一半来自真菌类(酵母),约有1/3来源于其他微生物,来源于动物的占8%,来源于植物的占4%。在非微生物来源的酶中,绝大多数酶用于化学合成和医疗诊断。另外,植物和动物组织含有较多的有害物质,如植物的内源性酚、动物体内的酶抑制剂和蛋白酶等。要克服以上问题还需通过动物、植物的细胞培养方法等。

一、产酶微生物的要求

产酶微生物的要求首先不是致病菌,且在系统发育发生上与病原体无关,也不产生毒素。这一点对食品用酶和医药用酶尤为重要。在采用新的产酶菌株时,一般应先有大量的病理、毒理或动物喂养试验数据作为依据。产酶微生物的具体要求为:①不是致病菌;②菌株不易变易和退化;③不易感染噬菌体;④产酶量高;⑤酶的性质符合应用的需要,而且最好是胞外酶;⑥产生的酶便于分离和提取,得率高。

二、产酶的菌种

事实上,绝大多数微生物酶来源于有限的几个种属,包括曲霉属、芽孢杆菌属、酵母菌属(表2-1)。这些种属中一大部分菌种在食品工业中已应用多年。已经研究开发出的工业用酶一般有多种用途,如脂肪酶可用于洗涤剂、医药的生产,也可用于乳品增香、绢丝脱脂等。

表2-1 工业上主要酶产生菌及用途

微生物类别	菌 种	产生的酶	用 途
细菌	枯草芽孢杆菌	淀粉酶	纺织脱浆、淀粉液化
	枯草芽孢杆菌	蛋白酶	生丝脱胶、皮革脱毛
	大肠杆菌	L-天冬酰胺酶	治疗白血病
	异型乳酸杆菌	葡萄糖异构酶	用于葡萄糖转化果糖
酵母	解脂假丝酵母	脂肪酶	绢丝原料脱脂、洗涤剂、医药、乳品增香
霉菌	点青霉	葡萄糖氧化酶	食品加工、试剂
	橘青霉	5'-磷酸二酯酶	水解核酸、医药、食品助鲜剂
	红曲霉	葡萄糖淀粉酶	制造葡萄糖
	土褐曲霉	蛋白酶	制蛋白胨、皮革脱毛、毛皮软化

三、菌种的筛选、扩种与保存

菌株筛选是酶制剂生产的基础性工作,也是关键的工作,因获得一株优良的产酶菌是提高酶产量的关键,它不仅可提高产量、增加原料利用率而且还能缩短生产周期,改进发酵工艺。因此筛选符合生产需要的菌种是发酵产酶的首要环节。

产酶菌株的筛选与发酵工艺中微生物的筛选一样,都是经过以下几个步骤:含菌样品的采集、菌种分离、产酶性能测定、复筛等。从自然界直接分离的菌株因其性状不稳定往往不能直接用于生产,还需通过遗传育种手段进行改良。目前没有普遍适用的快速而高效的筛选产酶菌株的方法,从前人的经验来看,获得优良菌株有 3 条途径:自然界分离筛选(常规育种法)、物理化学诱变(菌种变异)和利用基因工程技术。

1. 常规育种法

(1) 含菌样品的采集 筛选产酶菌株时采集含菌样品,通常是根据所筛酶种的作用底物来选择,如分离酸性纤维素酶产生菌可以在反刍动物的瘤胃中或是在堆积腐烂纤维素的地方取样;要想获得中性或碱性纤维素酶产生菌则要在造纸厂附近取土样;淀粉酶产生菌常常分布在谷物表面;在筛选特殊性状的菌株(如极端菌)时则需要考虑特殊的环境因素,如嗜热菌的筛选。嗜热细菌是指在 55℃ 以上的环境中能够生存繁殖的细菌。中度嗜热细菌(如一些嗜热的芽孢杆菌),其最高生长温度约为 75℃;高度嗜热菌如栖热属(Thermus)的细菌其最高生长温度至少可达 120℃。分离嗜热菌时取样主要考虑于温泉、堆肥、厩肥等高温环境中。目前,已分离得到的极端嗜热菌大多数属于古生菌(Archaea)。在海洋中则可分离获得耐盐或低温酶产生菌。

(2) 菌种的分离和纯化 常用的纯种分离法是固体稀释平皿倾注法。操作步骤是先将待分离的材料做一系列的稀释(如 1:10、1:100、1:1000、1:10000……),然后分别取不同稀释度的溶液少许,与已熔化并冷却至 45℃ 的琼脂培养基相混合摇匀后,倒入灭过菌的培养皿中,待琼脂凝固后,保温培养一定时间即可出现菌落。如果稀释得当,平皿上可出现分散的单个菌落,其可能就是由一个细菌或微生物繁殖而成的,随后挑取该单个菌落,或重复以上操作数次,便可得到纯培养。

(3) 菌种产酶性能的判断 判断菌种是否能够产酶的目的就是从已分离出来的菌株中挑选出含有目的酶的菌株,并在此基础上筛选出产酶量更高,产酶性能更符合要求的菌株。通常利用酶对底物的特异性,在分离培养基上添加以

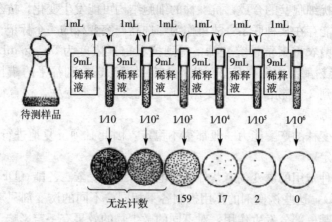

图 2-1 平板稀释法示意图

能分解的底物作生长和产酶培养基组分,观察底物变化状况,确认菌种产酶能力。如筛选几丁质酶产生菌时,先以胶体几丁质为惟一碳源,加入筛选培养基,接入菌株后,经过一段时间的培养,若某个菌株是所需要的目的菌株,则会在该菌落周围出现透明水解圈(lysis zone),从透明圈的大小可大致判断出菌株的产酶能力,通过比较不同培养条件下透明圈的大小还可大体了解该菌对培养条件的要求。如在分离筛选淀粉酶时可在琼脂培养基中添加 1% 的可溶性淀粉,涂布菌悬液,培养一定时间后喷上稀释的碘-碘化钾,产淀粉酶的菌株周围出现透明圈,无活性者呈蓝色,透明圈越大,产酶能力越高。

2. 诱变育种 诱变育种是为了对产酶菌种的性能进行改良,主要有 3 个目的:①提高产酶能力;②改变生产菌株的代谢,使目的酶成为组成型酶;③消除分解代谢及终产物对产酶微生物的阻遏作用。

自然界分离的野生型菌株产酶能力很低,很少适合工业生产,现在工业上所用的菌种几乎都是屡经选育的突变株。突变株的工作效率,除观察菌落大小、形态、色泽之外,还可用其他方法,例如筛选营养缺陷型、筛选抗药性突变株的方法,霉菌还可采用过滤浓缩筛选突变株的方法。过滤浓缩筛选法是将野生型菌株在营养成分限定的培养基中生长,而突变株则因营养缺陷或生理上受到损伤,在基本培养基中不能发育或发育很慢,可将诱变处理后的材料(孢子悬液)用基本培养基培养,使群体中未突变的野生型菌株得以发育生长成菌丝体,用适当的滤纸将其滤出,滤液再用完全培养基培养使突变体生长。

另一种方法是抗药性突变体筛选法。将人工诱变处理后的材料(霉菌孢子或细菌细胞悬浮液)涂布在含有对野生型有抑制的试剂或抗生素的琼脂平板上,在这种情况下,只有抗药性的突变株能够生长,借此以区别突变株。某些抗生素可干扰细胞壁的合成，抗性株的细胞结构可能发生变化，抗药性与产酶能力之间可能存在某种联系，故可作为筛选高产突变株的一个标记。例如筛选枯草芽孢杆菌衣霉素抗性突变株，得到抗衣霉素浓度为 50 μg/mL 的突变株 B_7，其 α-淀粉酶活力提高 5 倍。此外也有报道筛选抗利福平的蜡状芽孢杆菌突变体，得到 β-淀粉酶高产突变株；筛选抗真菌素突变株，选育得到蛋白酶高产的镰刀霉。

由于突变株的产酶能力一般都很不稳定，因此必须反复地进行自然选育，才能使之稳定。

诱变育种常用的诱变剂有紫外线、电离射线、硫酸二乙酯（DES）和亚硝基胍（NTG），这些诱变剂的作用机制各不相同，不同的诱变剂只对微生物的遗传物质的某一部分发生作用，对不同的微生物的效果有一定影响。关于诱变剂剂量的选择，应是能使突变株在存活菌株中占有最大的比例为目的。过去曾认为高产突变株需要在大剂量诱变剂，致死率在 99% 的条件下容易获得突变株，但经验告诉我们，高产菌株往往是在存活率高（诱变剂量较低）的情况下出现，高剂量的诱变剂未必好，因为它还易诱发不良性继发性突变。

霉菌诱变时，为防止突变株的退化，应避免使用多核的孢子或菌丝片段作材料，即使是单核孢子也会出现孢子团，故必须将孢子充分分散。诱变之后紧接着是自然分离，反复分离使混合核得以分离成为单菌落。

通常高产菌株出现的几率很低，且筛选试验的误差也较大，采取多级筛选将容易获得优良的突变株。

一般用野生型菌株进行诱变，产酶能力的提高非常显著，但随着突变株进一步诱变，产酶能力的提高逐渐变慢，如连续使用同一种诱变剂，由于产生平顶效应，效果将随诱变处理次数而降低，改变诱变手段是较好的办法。

3. 菌种的保藏 酶制剂工业与其他发酵工业一样，生产菌种产酶能力的退化是经常发生的。菌种退化的表现是微生物在代中、传代或保藏以后，它的一个或多个生理性状和形态特征逐渐减少或丧失的现象，例如产酶能力下降、孢子形成能力减退、菌落逐渐变小斑。人工诱变得到的高产突变株，与野生型相比，往往生长较慢、孢子减少、菌落较少、生活力较弱，但它们退化时，伴随着产酶能力的下降，在形态特性和生活能力等都恢复到原来野生型的正常特性。

引起菌种退化的内因是有关基因的自发负突变，而菌种的连续传代，培养条件和保藏条件的不妥会加速这种负突变的进程。一个经常处于旺盛生长状态下的细胞，发生突变的几率远比休眠状态下的细胞为高，细胞群体经多次传代，可使退化细胞比例上升，使退化性状愈益明显，最终成为退化了的菌株。

不断从高产培养物中获保藏斜面将菌种进行平板分离、择优劣汰，是保持产酶能力的有效措施。但是工作量很大，因此必须采用适当的方法保藏菌种。

（1）低温保藏　一般用斜面保藏，用合适的斜面培养基培养后，置低温（3~5 ℃）保存，一般霉菌、放线菌、芽孢杆菌可保藏半年左右，酵母约3个月左右，而无芽孢细菌或有些微生物则低温保藏时间不宜长久，否则移植后难于繁殖。为了防止移植过于频繁而引起退化，应一次多移植一些斜面，供一段时间生产之需。

（2）砂土保藏法　将细砂通过40~60目，用10%盐酸浸洗2 h，水洗至中性，烘干后取肥沃土壤与砂按1∶2（质量比）混合，分装入安瓿管内2~3 cm高，装上棉塞后在121 ℃ 30 min，灭菌3次，经灭菌检查合格后，将新长好的斜面菌落刮下加无菌水做成悬液，用无菌吸管滴入砂土中使之润湿，再置氯化钙干燥器中真空抽干，然后5~8℃下冷藏。

砂土保藏最适合于霉菌、芽孢杆菌、放线菌等的保藏，方法简便易行，一般可保存数年至数十年。

（3）液体石蜡油封法　将灭菌过的液体石蜡注入菌种斜面试管中，以隔绝氧气并防止水分蒸发，抑制细胞代谢从而达到延长保藏期的目的。使用的石蜡应优质纯净，需经121 ℃灭菌1~2 h，然后，170 ℃干热处理1~2 h以蒸发水分冷却后再注入试管斜面上。石蜡的加入量应使液面高出斜面1 cm为宜，如有气泡则应立即除去。这种方法对于不产生孢子的菌种适用，其他菌种一般不用，结合低温保藏则效果更佳。

（4）冰冻干燥法　大多数微生物都可用冰冻干燥法来保藏，冰冻干燥是利用真空下结冰状态的水分子直接升华汽化而使样品干燥的。此法适用于绝大多数的微生物，保藏期长，有时可达15年以上。在冰冻和脱水过程中为防止对细胞造成损害，可用脱脂牛奶等作为保护剂来制备细胞悬液。

除上述4种方法外，更先进的方法是液氮超低温保藏法，将细胞在有甘油等保护剂存在下，先置冰箱中逐渐降温，然后置液氮中储藏。此法可长期保存菌种。所用保藏的菌种，在使用前应移入新鲜斜面活化或直接在新鲜培养基上做平板分离，筛选高产性菌种以供使用。

第二节　产酶的发酵技术

一、微生物产酶的生产流程

微生物产酶的生产流程大致可分为4个流程：菌种活化、种子培养、发酵和酶的提取。其中最重要的工艺环节为发酵培养，包括发酵培养基的营养成分及发酵条件的控制。下面我们重点讨论发酵培养的条件。

二、培养基的营养成分

有了优良的生产菌株，只是有了酶生产的先决条件，要有效地进行生产，还必须探索菌株产酶的最佳培养条件。合理的产酶培养条件包括培养方法、培养基、培养温度、pH和通气量以及工艺条件（如灭菌方式、通气条件、加温、搅拌速度、制剂工艺等）。这些条件的综合结果将决定酶本身的经济效益，而生产酶制剂的首要物质条件就是培养基。

生产酶制剂的培养基组分主要包括碳源、氮源、无机盐、微量元素、生长因子等。一个有效的培养剂配方，其所采用的成分除要求来源易、成本低、能维持微生物的良好生长和产酶外，还需顾及后处理的难易、发酵管理的难易、通风搅拌所需动力之大小等。

（一）碳源

碳源是指能够向细胞提供碳水化合物的营养物质，其作用是构成菌体成分，作为细胞内储藏物质和生成各种代谢产物的骨架，同时也是微生物生长中的主要能量来源，还可作为某些酶的诱导剂。碳源的选择原则为营养要全面，对酶的生物合成有诱导作用，原料的供求方便和价格合理。

工业上所采用的碳源大多是麸皮、米糠、玉米浆、糖蜜、大豆粕等农副产品及其下脚料，还有蛋白胨、酵母等。原料的除要求必须新鲜无霉蛀外，还需注意即使同一种原料，由于产地、批号不同其所含成分多少不同，对产酶的影响很大。此外，水也是一种重要的原料，但水质对产酶的影响往往被人们忽略。还有，培养基的杀菌会改变培养基的成分，它也会对产酶发生影响，这些都是应当注意的。各种主要原料的成分见表2-2。

表2-2 常用碳源营养成分（%）

原料名称	水分	粗淀粉	粗蛋白	粗脂肪	粗纤维
甘薯	12.9	76.6	6.1	0.5	1.4
玉米	12.0	73.0	8.5	4.3	1.3
麸皮	12.1	55.4	13.5	3.8	10.4
米糠	11.5	38.5	16.0	18.5	7.0
马铃薯	68.5	26.7	2.69	0.1	0.9

（二）氮源

微生物细胞的原生质是由蛋白质、核酸、脂类和水组成的，酶本身又是蛋白质,氮素则是组成蛋白质和核酸的主要元素,因此在酶制剂工业中氮源是不可缺少的重要原料。酶制剂工业所用的氮源非常广泛,常用的氮源分无机氮和有机氮两种。无机氮包括铵盐、硝酸盐、尿素等,有机氮则有酵母膏、玉米浆、棉子饼、豆饼、花生饼粉、米糠以及蛋白胨、鱼粉等,有些有机氮源也兼作碳源。部分有机氮源的营养成分见表2-3。多数有机氮源含有较多的B族维生素和微量元素。选择氮源的原则一般是动物细胞要求有机氮;植物细胞要求无机氮;微生物细胞中异养型的要求有机氮,而自养型的要求无机氮。

表2-3 有机氮源的营养成分(%)

原料名称	水分	粗淀粉	粗蛋白	粗脂肪	粗纤维
豆饼	12.5	27.5	43.0	11.5	7.8
花生饼	10.7	24.3	46.8	7.9	8.7
菜子饼	4.6	29.9	38.1	11.4	10.1
棉子饼	6.6	28.6	40.3	7.4	10.8

微生物利用氮源的能力因菌种而异,多数能分泌胞外蛋白酶的菌株,在有机氮(蛋白质)上生长良好。同一微生物处于不同生长阶段时,对氮源的利用能力不同,在生长早期容易利用易同化的铵盐和氨基氮,在生长中期则由于细胞代谢酶系已经形成,其利用蛋白质的能力增强。有些酶的生长受到氮源的诱导与阻遏,这种情况在蛋白酶生产上表现尤为明显。

无机氮根据对发酵液pH的影响,而可分为生理酸性盐或生理碱性盐。铵是生理酸性盐,因用它做氮源时,随着铵离子被消耗而引起发酵液pH下降。而硝酸钠、硝酸钾等则随硝酸根之被利用,剩下的钠、钾离子,导致发酵液pH上升,故称为生理碱性盐。氮源、磷酸铵、碳酸铵等使用后,对pH无多大影响,硝酸铵因其氨离子与硝酸根均可作为氮源而利用,故可称为生理中性盐。由于无机氮影响pH,引起细胞生长与产酶环境的变化,对产酶带来不利的影响时,应当考虑使用中和剂或并用两种生理性质的无机氮源。

(三)无机盐及微量元素

培养基中的无机盐是维持微生物生长与产酶不可缺少的成分,并且还起着调节培养基的pH、渗透压和稳定酶的构象等作用,对于胞外酶来说,细胞释放胞外酶也与无机盐有密切关系。主要的无机盐是磷、钙、钾、钠、镁、硫等。

1. 磷 磷是构成微生物细胞的核酸、磷脂以及ATP、GTP等的主要元素。发酵时以磷酸盐的形式添加。常用的磷酸盐主要有K_2HPO_4、KH_2PO_4、$(NH_4)_2HPO_4$、Na_2HPO_4等。添加磷酸盐亦可明显促进产酶,如利用放线菌以生产蛋白酶,若添加0.2%~0.3%的磷酸盐,可使产酶增加20倍。培养基中添加超过生长量需要的磷酸盐时,对芽孢杆菌生产α-淀粉酶有显著促进作用,过量的磷酸盐可造成一个有利于淀粉酶分泌到细胞外的高渗透压的环境。

2. 钙 Ca^{2+}可稳定蛋白酶的构象,可提高酶稳定性,促进酶的生产。在无Ca^{2+}存在时,中性蛋白酶极易自溶而失活。Ca^{2+}也可显著促进黑曲霉酸性蛋白酶、芽孢杆菌碱性蛋白酶的生产。常用的钙源为$CaCl_2$。

3. 镁 一些酶必须有Mg^{2+}时才会表现出活性。镁盐对某些酶(例如链霉菌葡萄糖异构酶的)生产是必需的,在含木糖作为碳源的培养基中添加0.1% $MgSO_4$,葡萄糖异构酶活力增加2.8倍。

4. 硫 硫可增加蛋白质的稳定性,是构成Cys、Met、胱氨酸以及辅酶的重要元素,在发酵时主要以$MgSO_4$形式添加。

5. 微量元素 微量元素包括铁、锰、锌、铜、钴、钼等,是某些酶基团的成分,也是酶的激活剂;有些微量元素是辅酶的必需成分。常用微量元素添加物主要有$FeSO_4$、$MnSO_4$、$ZnCl_2$、$CuSO_4$、$CoCl_2$。

微量元素在合成培养基中,对微生物的产酶有明显促进作用,如微量的铜、钴、锌、锰等可明显提高蛋白酶及α-淀粉酶的产酶量;以玉米粉、豆粉为碳源时,添加钴、锌的浓度由1mg/kg增加到100mg/kg时,放线菌蛋白酶活力可增加70%~80%。锰可刺激乳酸菌葡萄糖异构酶的生成,钴可增强链霉菌葡萄糖异构酶的热稳定性。

(四)生长因子

生长因子是指细胞生长繁殖所必不可少的微量有机化合物。主要包括一些氨基酸、嘌呤、嘧啶、维生素、动植物生长激素等。这些物质大多数是酶的辅基或辅酶的组分,对微生物的代谢调节起重要作用,对酶的生物合成尤为重要。常用的生长因子一般由天然原料提供,如玉米浆、麦芽汁、豆芽汁、酵母膏等。豆饼、玉米、米糠中也含有多种维生素。

三、发酵条件的控制

在影响产酶的因素中,培养基原料的配比、培养温度、湿度和通气良否等都对产酶有影响,即使是同一菌株生产同一种酶时,由于培养基成分不同,所需的培养条件也不一样。因此控制发酵条件对酶的产量是至关重要的。

(一)培养基的选择与配制原则

工业生产上,微生物发酵所需要的营养成分,是从培养基中获得的。实验得知,适于获得大量微生物菌体的培养基,并不一定适于获得大量代谢物——酶。因此,培养基成分的选择和配制比例是否适当,直接影响所需产品的质量和产量。

生产不同的酶制剂、所用的菌种、发酵培养不同阶段,对培养基成分的选择与配比要求都不相同。必须经过大量的科学实验和生产实践后才能确定,但也有一些共性的原则。

1. 渗透压与培养基浓度之间的关系 当培养基的渗透压与某种微生物细胞内渗透压相等时,该种微生物才能正常生长,因此各种微生物有其各自适宜的渗透压环境。而培养基的某些成分的浓度直接影响到培养基的渗透压。从工业生产上过程的技术经济效果看,希望培养基中有机天然物料的浓度高些,这样单位体积的酶产量高些,也可相应提高设备利用率。但有机天然物料浓度过高,会改变培养基的渗透压,对微生物生长和产酶反而不利。为克服此矛盾,在工艺上采用中后期补料方法,即当发酵至一定时期时,发酵液中有效成分被消耗,浓度降低时,就分次补入少量浓度很高的新培养基,使发酵液中养分始终维持在一定适宜的浓度范围内,以利于产酶。

2. 培养基 C/N 比值 C/N 比值决定于培养基原料的配比,主要是指淀粉质原料中的碳源与蛋白质原料中的氮源数量的比例关系,俗称 C/N 比值。发酵培养基中 C/N 比值高者,发酵液倾向于酸性,pH 偏低;C/N 比值低者,发酵液倾向于碱性,pH 偏高。

(二) pH

培养基的 pH 对微生物的生长繁殖和代谢产物的积累有重要的影响。pH 能影响细胞中各种酶的活性,进而影响微生物代谢途径的变化,pH 影响细胞膜上电荷的状况,可改变细胞膜的渗透性,从而影响对营养成分的吸收。pH 可影响培养基中某些成分分解或微生物中间代谢产物的解离,从而影响微生物对这些物质的利用。pH 能改变培养基的氧化还原条件,还会影响微生物细胞的生长形态等。在酶制剂生产上,pH 还影响目的酶的稳定性。

每种微生物均有其最适的培养 pH。大体上,细菌的最适 pH 为中性至微碱性即 pH 6.5~7.5,放线菌为微碱性即 pH 7.5~8.0,霉菌、酵母的最适 pH 在微酸性即 pH 4~6。多数微生物的水解酶其最适生长 pH 与反应 pH 相近,但有些微生物的最适产酶 pH 未必与酶的最适反应 pH 或稳定 pH 相一致。例如,黑曲霉生产酸性蛋白酶的最适 pH 却是对酸性蛋白酶的稳定与酶反应极为不利的 pH 5.5~6.5,酸性蛋白酶的最适反应 pH 与酶稳定的是 pH2.5,但在此 pH 下培养黑曲霉的生长欠佳,产酶极少。

培养基中碳源氮源之比,可影响培养过程的 pH 变化,碳源高氮源低时,有机酸堆积而 pH 下降;碳源低、氮源多,则由于脱氨作用产生氨或硝酸钠的硝酸根被利用游离出钠离子导致 pH 上升。

培养基的最适 pH，也同培养基的组成有关，即使同一菌株生产同一种酶时由于培养基组成不同，所需最适培养 pH 也不同。

（三）培养温度对产酶的影响

培养温度对微生物生长和酶的生成有极大影响，微生物根据其生长所需要的温度有嗜热菌、中温菌和低温菌之分，每种微生物的生长温度界限有最低、最适和最高之分。微生物的最适培养温度因菌种而异，一般细菌为 37℃，霉菌与放线菌为 28~30℃，而嗜热微生物则须在 40~50℃甚至再高的温度下培养。但是微生物生长的最适温度和产酶的最适温度未必一致。只有控制适当才能稳定生产，缩短培养周期和提高产酶量。例如，果胶酶的合成温度为 12℃，远比其生产菌株黑曲霉的生长温度要低。红曲霉的生长温度为 35~37℃，而其生产糖化酶的最适温度为 37~40℃。嗜热性微生物往往在 50℃以上培养时产酶量才高，如地衣芽孢杆菌生产耐热性为 90℃的 α-淀粉酶的最适培养温度为 50℃，低于 30℃就不再产酶。温度不同也可影响所产酶的热稳定性，例如在 55℃培养的凝结芽孢杆菌，其所产 α-淀粉酶在 90℃ 60 min 保持稳定；而若在 35℃培养，则所产 α-淀粉酶 90％为非耐热性酶。

（四）溶解氧

现在工业生产的酶制剂几乎都是在好气培养下生产的，通气量对微生物生长和产酶有极大影响，在摇瓶培养情况下，摇瓶方式、摇床形式、转速与振幅都可影响培养基的溶氧量。即使是用同一培养条件，同一菌种生产同一种酶，也因培养基而异。

在进行液体发酵产酶过程中，空气中的氧溶解到液体培养基中，再透过细胞膜进入细胞内的原生质中，最后才参与细胞的生化反应，这一过程被称为氧的传递。产酶微生物的生长与氧的传递速度直接相关。

微生物的耗氧量是同其呼吸强度及细胞的浓度成正比的，当微生物在培养基中生长时，随着细胞的增殖，耗氧量逐渐增加，进入对数生长期时，呼吸增强耗氧量迅速增大。通常氧在水中的溶解度很低，空气中氧的含量只有 1/5 (V/V)，在常压 25℃时，水中的溶解氧只有 0.25 mol/L，当培养基中含大量溶质时，氧的溶解量更低，如此低的溶氧量只能维持微生物短暂的呼吸需要，如不补充空气，使发酵液保持一定浓度的溶解氧，微生物就会很快窒息死亡。

氧的溶解速度可用单位体积发酵液在一定时间内氧的溶解量来表示，称为溶氧速率（K_d）。从理论上讲，溶氧速率应与微生物生长时的耗氧量相平衡，并使培养液中实际溶氧浓度不低于最低需要值，这个值称为临界溶氧浓度（$c_界$）。$c_界$ 因菌株而异，试验表明培养液中溶氧浓度在 $c_界$ 以上时，菌体耗氧速率与溶氧浓度无关；在 $c_界$ 以下时，则菌体耗氧速率下降，菌体生命活动受到阻抑。因此，培养液中溶氧浓度必须保持不低于 $c_{界}$，但为经济起见，也无必要达到饱和浓度。一般 $c_{界}$ 为饱和浓度的 5% 左右。良好的发酵罐应具备条件之一就是溶氧速度要高。

溶解速率受到众多相关因素的影响，例如通风量、搅拌速度、罐压、黏度、温度、搅拌器直径与发酵罐直径之比（d/D）、搅拌器形状、通风量等有关。

在发酵过程中，随着菌体的大量繁殖，耗氧速率增加，一方面发酵液黏度增加，可引起溶氧速度下降；同时由于液体表面张力的下降而形成大量泡沫，为此常添加动植物油消泡，这样也可引起溶解氧的下降，以致有可能造成溶氧供应不足，甚至达到 $c_{界}$ 以下，而导致发酵失败，为此必须采取措施来提高溶氧速率。实践上通常采用以下方法：①采用合理 d/D 值的搅拌器，适当提高搅拌转速，可有效提高溶氧速率；②适当增加通风量；③适当提高罐压或加水稀释使发酵液黏度降低，也可有效地增加溶氧速率。

（五）搅拌

搅拌能将气泡打碎，增加气液接触面积，加速氧的溶解速度。搅拌使液体形成涡流，延长气泡在液体中停留的时间，增加气液接触时间。搅拌可加强液体湍流速度，减少气泡周围液膜厚度，减少溶氧阻力，提高空气的利用率。同时，有利于热交换和营养物质与菌体细胞的均匀接触，也稀释细胞周围的代谢产物，有利于细胞的新陈代谢。

（六）泡沫

泡沫是泡沫式发酵过程培养基受到强烈的通气搅拌和培养基中某些成分的变化及代谢中产生的气体所形成的，且产生的气泡不易消失，其原因是培养基中蛋白质分子排在气泡表面形成一层吸附膜，聚集成泡沫层。泡沫会阻碍 CO_2 的排除，影响氧的溶解；发酵液随泡沫溢出罐外，易引起染菌。

泡沫的消除通常有化学及物理两种方法，化学方法采用矿物油、醇类、脂肪酸类、醚类、磷酸酯等。物理方法则采用离心式消泡器（图 2-2），这是一种离心式气液分离装置。离心式消泡器装于排气口上，夹带液沫的气流以切线方向进入分离器中，由于离心力的作用，液滴被甩向器壁，经回流管返回发酵罐，气体则自中间管排出。

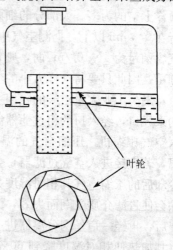

图 2-2 叶轮式离心消泡器

(七) 染菌及其防范

发酵产酶最大的威胁是染菌，发酵规模愈大，染菌造成的损失愈大。染菌可造成巨大经济损失，破坏生产秩序，污染环境。特别是染菌的发酵液难免含有危害人体健康的代谢产物，是不可用来制造食品工业用酶制剂的。染菌对酶制剂工业危害极大，故应当十分重视防止染菌的措施。

有资料表明，国外发酵染菌率（以抗生素为例）为2%～5%。但在我国，即使是设备和技术水平较高的抗生素工业，除青霉素（2%以下）外，其他抗生素发酵染菌率大大高于此。平均染菌率在20%以上，酶制剂工业方面染菌率更高，即使是空罐运转，有些工厂染菌率也可达到20%～30%。当然生产不同的酶所用培养基不同，染菌程度和染菌内容也各不同。用细菌和放线菌生产酶所用培养基适合于芽孢杆菌繁殖，故最易污染芽孢杆菌。培养霉菌的培养基易遭真菌特别是青霉的污染，但真菌细胞大，容易从空气过滤器滤除，故染菌率较低。

1. 染菌的源 染菌的渠道主要有5方面：①种子带菌；②空气带菌；③培养基灭菌不彻底；④设备渗漏；⑤设备安装不合理。设备渗漏主要发生在罐体和夹套、冷却盘管及不锈钢衬里焊接处、轴封、阀门等，而以空气带菌引起的染菌比例最高。设备安装不合理，主要是管道、阀门安装残留灭菌不易彻底的死角。此外，许多染菌是由于管理不严密，不执行操作规程所致。

2. 空气的净化除菌 空气的含菌量据测定是10^3～10^4个/m^3，城市上空可达3×10^3～10^4个/m^3。空气含菌量因季节、地区、高度不同而异，温暖而潮湿的季节比干寒季节多，近地面的空气比高空为多，城市上空比乡间或山林海洋上空的为多。大部分的细菌附着于尘埃而悬浮于空气中，一般细菌的大小皆在0.5 μm以上，据测空气中直径为0.5 μm的尘埃量是$5\times10^7/m^3$，如果空气含菌量为$5\times10^3/m^3$时，则每10 000个大小0.5 μm以上的尘埃中就有一个细菌，因此只要将这样大小的尘埃分除去，就能达到空气除菌的目的。

发酵工业大量空气的除菌主要依靠过滤法除菌，空气从离地面10 cm以上的采风口，经入口的粗过滤器滤去直径大的灰尘（以减少汽缸的磨损）后，进入空气压缩机，压缩空气的温度很高，达到110～140℃或以上，如此高的气温，若直接进入空气过滤器，会引起过滤介质（棉花）的燃烧，故必须冷却。冷却后的压缩空气其相对湿度大大增加，油雾、水汽遇冷而凝结析出，若不去除会使过滤介质受潮而失效，为此必须用旋风式分离器分离，经一次或二次去湿后，再经一道丝网分离器进一步去除油雾后，进入储气罐。然后经热交换器将其加热使相对湿度降到60%以下，可去除99.9%以上的空气中的尘埃量。空气进入发酵罐前必须再经一道分过滤器过滤，以保证空气的质量。

空气的质量大多采用"环境控制区分类表"的标准来衡量,以无菌过滤的空气达到 100 级时才可认为安全。据美国宇航局测定,空气净洁度为 100 级时,每立方米空气中的细菌量为 0.124 个。所谓 100 级,即每 1 立方英尺 ($2.83×10^{-2}m^3$) 空气中所含粒径 0.5 μm 的尘埃在 100 个以下,也即每升含直径为 0.5 μm 的尘埃少于等于 3.5 个,如用直径为 9 cm 的肉汁平板在这种空气中暴露 3 min,检出的菌落不超过 1 个,这样的空气可满足无菌室的要求。空气的尘埃量可用尘埃粒子计数器测定。工业上常用发酵罐盛培养基后,通风搅拌,保温培养,做无菌试验,若 4d 而不染菌者为可靠。

四、发酵方法

工业酶制剂的生产菌种都是好氧性微生物,培养过程中必须供给充分的氧气才能生长和产酶。在液体深层培养时,微生物利用溶解于水溶液中的氧。为了保证氧的供应而发展了多种培养方式和多种培养设备。培养方法基本有两种:固体培养与液体深层培养法。但在具体生产酶制剂时采取何种发酵方式,应视微生物及产酶的种类而定,即使同一菌种,由于所用培养方式不同,所产酶也会不同。

(一) 固体培养法

固体培养法也称固体发酵法、麸曲培养法。该法利用麸皮或米糠(碳源)为主要原料,还要根据需要添加谷糠、豆饼(有机氮)等,加水拌成含水量适度的半固态物料作为培养基,供作微生物的生长繁殖和产酶用。

固体培养比较适合于霉菌酶的生产,例如黑曲霉生产果胶酶时,由于分生孢子、分生孢子梗、气生菌丝、营养菌丝等不同,可以产生不同类型的果胶酶,这样生成的混合果胶酶,在果蔬加工中比只由营养菌丝体的液体培养制成的酶制剂更加适用。同样,由固体培养霉菌制成的蛋白酶,水解蛋白质的能力比液体培养生产者更强。用固体培养生产的酶制剂有米曲霉的 α-淀粉酶、蛋白酶、乳糖酶、木霉的纤维素酶、黑曲霉的果胶酶等。

固体培养法一般使用麸皮作为培养基,麸皮不仅富含充分的碳氮源、无机盐和微生物的生长因子,而且由于质地疏松适度,有利于通气,表面积大,因而有利于微生物的繁殖。也可用甘薯渣、米糠、压扁谷粒、玉米粉、甘薯粉、豆粕等作为主要原料或辅助原料,有时还适当添加谷壳、稻草屑等来增加疏松度。制作培养基时,先将麸皮原料拌入适量水分或含有 Zn^{2+}、Mn^{2+}、Co^{2+}、Fe^{2+} 等微量元素的水溶液,经蒸汽灭菌后降温至 30 ℃左右,拌入种曲后,装入浅盘或帘子上,摊成薄层(厚约 1 cm),在培养室中一定温度和湿度(相对湿度90%~100%)下,进行培养,逐日测定酶活力的消长,待菌丝布满基质,酶活力达最大值(不再增加)时,即可终止培养,进行酶的提取。这种固体培养物叫做麸曲。

在培养过程中由于微生物呼吸发热,物料温度上升,高时可达50℃以上,使水分迅速蒸发而不利于菌体生长与产酶。为此,必须适时扣盘,将培养物由甲盘翻入乙盘,以利底部菌丝的生长,并将盛曲的盘子放置位置上下调换,使温度均匀。在通风制曲时,微生物呼吸,氧化原料中的有机物(主要是淀粉)分解成CO_2与水,并释放热量,使培养基水分蒸发,物料温度升高,尤其在原料加水比大时尤甚,以致影响微生物生长与产酶。为防止这现象发生,在浅盘培养时,可控制曲层厚度及培养室温度来调节物料温度(一般厚2~3 cm),在通风制曲时可借湿空气来驱散热量,所需空气量可用制曲原料干物的损失量来计算。

曲盘一般为木制或底部有孔的铝盘或不锈钢盘,其大小一般为50 cm×65 cm,在能控制温湿度的曲房内的盘架上进行发酵。此法的缺点是:曲室面积大,曲盘数量多,手工操作而劳动强度大,曲盘的清洗灭菌和维修等耗用蒸汽的材料也很多。

固体培养法虽是古老的工艺,由于它有许多优点,并没有被高度机械化的液体深层培养法所淘汰。固体培养技术涉及许多复杂因素,对固体培养的研究,正在重新引起重视。在国内,小型生产还采用转桶法或厚层通风制曲法生产。

1. 转桶法 该法是将固体培养基接入菌种后,放在可旋转的转桶内,当慢慢转动时,培养基即在转桶内翻动。此法的优点是:通气及温湿度调节较为均匀,有利于控制微生物生长和产酶的适宜条件。本法机械化程度稍高,劳动强度有所减轻,但转桶的清洗灭菌操作不易,这是限制其广泛应用的缺点。

2. 厚层通气法 将固体培养基经过蒸煮灭菌拌入种曲后,平铺入水泥制的具有多孔假底的大池内,培养基厚度一般在20~30 cm,国外有厚达数英尺的。培养基铺好后,待微生物已开始生长,料温逐渐升温时,即从池内假底下面通入一定温度和相对湿度的空气,室内同时保持一定温度和相对湿度进行培养,使微生物能比较均匀适宜地生长繁殖和产酶。本法投资稍大,但设备利用率可大大提高,发酵中途也无须人工经常翻动,劳动强度相对减轻,是固体发酵法中较好的一种。

固体培养法的优点是:①单位体积培养设备中的产酶量高;②节省动力;③由污染引起的问题少,易于管理;④酶抽提液的浓度可任意调节;⑤后处理设备小。

固体培养因系用天然原料,色素、杂质较多,较难去除,若用惰性多孔材料作为载体,采用人工配制的培养液,可免此弊。

(二)液体深层培养法

在二次世界大战前,酶制剂工业都用曲盘法进行固体培养生产,20世纪40年代末,抗生素工业兴起,深层培养技术也随之引入酶制剂,都是使用容积 50~100 m³的发酵罐,进行深层培养法生产。影响深层培养产酶的主要因素,除菌种、培养基、温度外,通风量、搅拌速度是决定产酶量的重要因素。由于在深层培养时,微生物是利用培养液中溶解氧进行呼吸的,通风量愈大,搅拌转速愈快,空气被割成细泡,与培养液愈可充分混合,从而增加了气液二相的界面,提高了溶解氧的水平。与曲盘法固体培养法相比,该法具有设备占地面积小、生产可以机械化自动化等优点,但它需要严格的管理条件,需要高度净化的无菌空气,需要密闭良好的发酵罐,需要科学合理的管道安装。并且需要消费大量电力,一般电力费用约占生产成本的50%。

五、提高酶产量的方法

目前提高微生物发酵产酶能力的方法主要有两种:在发酵时添加产酶促进剂与菌种诱变。

(一)添加产酶促进剂

外部添加的、能显著增加酶的产量的微量物质称为产酶促进剂。产酶促进剂有两种:诱导剂和表面活性剂。诱导剂一般是该酶的底物或底物的类似物。诱导剂能增加细胞的产酶速度,提高酶产量。但诱导剂的作用不能从根本上改变细胞原有的蛋白质模板。另一种产酶促进剂是表面活性剂,但表面活性剂对提高某些酶的产量的作用机理尚不完全清楚。一种观点认为,表面活性剂在细胞膜周围能增大细胞膜的渗透性,细胞内的酶就更容易透过细胞膜而分泌出来。而细胞内的酶的数量总是要保持恒定不变的(反馈抑制),因此细胞内的酶将随着不断地向外分泌而不断产生,细胞外面培养基中的酶则不断地积累起来,从而起到提高酶产量的作用。另一种观点认为,表面活性剂在气液界面改善了氧的传递速度,从而起到了提高酶产量的作用。常用的表面活性剂有:吐温80(Tween-80)、EDTA(乙二胺四乙酸)、洗洁剂(如脂肪酰胺磺酸钠)等。

各种促进剂的效果除受到菌种、菌龄的影响外,还与所用培养基组成有关,即使是同一种产酶促进剂,用同一菌株,生产同一酶时,在使用不同培养基时所起的效果也会不同。

（二）菌种诱变

为了提高酶的产量，发酵时除使用诱导物外，还可使用菌种诱变的方法，使微生物酶的合成方式由诱导型成为组成型，这种经过诱变的菌株在无诱导物存在时也可合成大量所需要的酶。控制微生物的代谢以解除或绕过微生物的正常调节，使代谢偏离正常途径，从而能够大量生产和累积酶。为达到此目的采用的方法大致可归纳成两大类：控制微生物遗传功能与控制培养环境，其中以控制微生物遗传的方法最为有效，主要有人工诱变与遗传工程育种两种方法。

通过诱变处理而使微生物的调节基因发生变化因而不再产生某种阻遏物，或者使操纵基因发生改变，丧失同阻遏物相结合的能力，这样的突变株其调节机制已失去作用，故不再需要诱导，不再受分解代谢阻遏或末端产物阻遏而能大量产酶。

1. 生产组成型酶突变株的筛选　这种突变株可用助长其生长的方法，逐渐淘汰非组成型生产株而得以浓缩。

（1）限量诱导物恒化培养法　将诱变后的菌株置恒化器中，在含低浓度诱导物的培养基中做连续培养，可筛选出组成型突变株。例如，大肠杆菌在低浓度乳糖培养基中培养，可筛出不需诱导的 β-半乳糖苷酶突变株，其酶蛋白占细胞蛋白的 25%，而野生型则因不利用乳糖而被抑制。

（2）用诱导力低的物质做碳源进行培养　将诱变处理的细胞用诱导力很差，而可做碳源的物质进行培养，可筛选出组成型突变株，例如用苯基-β-半乳糖苷做碳源可得到 β-半乳糖苷酶组成型突变株。

（3）在诱导物与诱导抑制物共存下培养　有些物质可阻止诱导物对某种酶的诱导合成，故当其与有诱导作用之底物一起加入培养基时，只有不需诱导物的组成型突变株才可以生长。例如 α-硝基苯-β-岩藻糖对大肠杆菌野生型的 β-半乳糖苷酶的诱导有阻抑作用，在此条件下，野生型不能正常生长，而突变株则可利用蜜二糖的半乳糖苷得以生长。

（4）交替在含诱导物与不含诱导物的培养基中培养　由于组成型突变株在两种培养基上都能生长产酶，经过连续多次交替培养后可提高组成型突变株的比例。例如，将诱变处理的大肠杆菌先在葡萄糖培养基上培养，使组成型与野生型一同生长，然后转入以乳糖为碳源的培养基上培养，因野生型需要时间进行诱导，故有利于组成型半乳糖苷酶突变株的生长，从而得以浓缩而达到优势。

2. 抗分解代谢阻遏突变株的选育　抗分解代谢的突变株，大多数是对葡萄糖效应不敏感的突变株，是在有葡萄糖与其他阻遏性碳源存在下筛选得到的。有些抗分解代谢突变株产酶量极高。这种突变株能以葡萄糖或其他廉价碳源（例如糖蜜）为碳源。筛选方法如下。

（1）定向选育法　将诱变处理后的细胞在含葡萄糖与底物的平板培养基中进行培养，若菌落周围形成水解圈即是抗分解代谢突变株。此法可用于筛选淀粉酶、蛋白酶、果胶酶的抗分解代谢突变株。

（2）连续传代法　将细胞在以葡萄糖为惟一氮源的培养基中连续传代数10次，挑选大菌落，可得抗分解代谢突变株。例如产气气杆菌的 L-组氨酸分解酶受葡萄糖的强烈阻遏，若在以 L-组氨酸为惟一氮源的葡萄糖培养基中传代40次，挑选出的大菌落（因在葡萄糖存在下仍可利用组氨酸）可得到抗分解代谢阻遏突变株。

（3）在阻遏物与诱导物中交叉培养法　例如将大肠杆菌诱变处理后，先在葡萄糖中培养，将长好的细胞移入以乳糖、麦芽糖、醋酸、琥珀酸等作惟一碳源的平板培养基中培养，由于在葡萄糖培养基中能利用其他碳源的酶受阻遏，故就出现生长快慢不同的菌落，从生长快的菌落可富集突变株，得到可能产生半乳糖苷酶、麦芽糖转葡萄糖基酶的抗分解代谢突变株。

（4）筛选抗分解代谢阻遏物、抗代谢结构类似物的突变株　在分解代谢阻遏物、抗代谢结构类似物与诱导底物共存下，培养诱变处理后的细胞，则只有不需要诱导的组成型抗分解代谢突变株才能生长，借此以富集这些突变株。例如，2-脱氧葡萄糖是葡萄糖抗代谢结构类似物，不能为毕赤酵母所利用，且对毕赤酵母菊粉酶的合成起着与葡萄糖同样一的阻遏作用。以致在2-脱氧葡萄糖存在下，毕赤酵母不能利用菊粉作碳源而生长，故而筛选在这种培养基中可生长的细胞即是抗2-脱氧葡萄糖的又是解除了分解代谢阻遏的突变株。

3. 抗反馈阻抑突变株的筛选

（1）在有毒的与末端产物结构相类似的物质存在下可筛选出抗反馈阻抑突变株　例如大肠杆菌抗刀豆酸突变株，其精氨酸合成酶产量可提高30倍。

（2）将营养缺陷型回复突变为原养型　例如，从大肠杆菌高丝氨酸缺陷型回复突变株中筛选出了高丝氨酸脱氢酶活力提高3倍的突变株。又如黑曲霉UV-11的耐杀假丝菌素白棕色形态突变株，它的形态回复突变株B11，糖化酶活力比母株提高了40%。

（3）筛选有末端产物存在下仍可形成芽孢的突变株　芽孢杆菌胞外酶的形成同芽孢形成有关，因此可用于筛选出抗阻抑的突变株，例如蜡状芽孢杆菌的胞外蛋白酶的形成与芽孢的形成都受到氨基酸的阻遏，如筛选在氨基酸存在下仍可形成芽孢的突变株，则蛋白酶产量可提高10倍。同样筛选在葡萄糖存在下仍可形成芽孢的枯草杆菌突变株，蛋白酶可显著提高。

(4) 筛选在高浓度阻抑物存在下仍能产酶的突变株 例如,将突变处理的细胞培养在含高浓度磷酸盐培养基中,然后喷洒硝基苯磷酸,则抗磷酸阻遏突变株菌落呈黄色,从而可从平板上检出。

第三节 酶发酵动力学

发酵动力学主要研究在发酵过程中细胞生长速度、产物生成速度以及环境因子对这些速度的影响。在酶的发酵生产中,研究细胞生长和发酵产酶动力学,对于了解酶生物合成模式、发酵条件的优化控制、提高酶产量,均有相当重要的意义。

一、酶生物合成的模式

通过分析比较酶的生产与细胞生长的关系,可以把酶生物合成的模式分为4种类型:同步合成型、延续合成型、中期合成型和滞后合成型。

(一)同步合成型

同步合成型是指酶合成与细胞合成生长同步(图2-3)。细胞进入对数生长期后,酶大量生产;细胞生长进入平衡期后,酶的合成停止。属于这种类型的酶,其生物合成可被诱导,但不受分解代谢产物阻遏,而且,当除去诱导物或细胞进入平衡期后,酶合成立即停止。

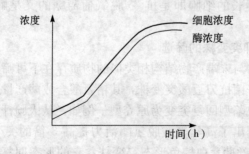

图2-3 酶的同步合成型

(二)延续合成型

延续合成型是指酶的合成伴随着细胞生长而开始,但在细胞进入平衡期后,酶还可以延续合成较长的一段时间(图2-4)。此类型的酶可受诱导,但不受分解代谢产物阻遏,可在生长平衡期后一段时间内继续进行酶的合成。

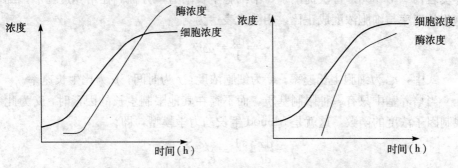

图2-4 酶的延续合成型　　　　图2-5 酶的中期合成型

（三）中期合成型

中期合成型是指，酶的合成在细胞生长一段时间以后才开始，而在进入细胞平衡期之后，酶的合成也终止（图2-5）。

（四）滞后合成型

这种类型只有当细胞生长进入平衡期之后，酶才开始合成并大量积累。许多水解酶类属于此类。它们在细胞对数生长期不合成，可能是受到分解代谢产物阻遏作用的影响。当阻遏解除后，酶开始合成（图2-6）。

在酶的工业生产中，为了提高酶产率和缩短发酵周期，最理想的是延续合成型。因为细胞开始生长就有酶产生，细胞生长进入平衡期后，酶还可以延续合成一段时间。对于其他合成类型的酶，要在细胞选育上并在工艺条件方面加以适当调节。

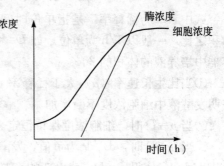

图2-6 酶的滞后合成型

①对于同步合成型，尽量提高对应的mRNA的稳定性，如降低发酵温度等。

②对于滞后合成型，要尽量减少阻遏物，使酶的合成提前开始。

③对于中期合成型，则要从提高mRNA稳定性以及解阻遏两方面进行。

二、细胞生长动力学

细胞生长动力学主要研究细胞生长速度及其受外界环境影响的规律。1950

年莫若德（Monod）首次提出了一个细胞生长动力学方程。在培养过程中，细胞生长速率与细胞浓度成正比，用公式表达为

$$r_x = \frac{\mathrm{d}x}{\mathrm{d}t} = \mu x$$

式中，r_x 为细胞生长速率；x 为细胞浓度；t 为时间；μ 为比生长速率。

当培养基中只有一种限制基质，而不存在其他限制生长的因素时，μ 为此限制因子浓度的函数，这就是 Monod 生长动力学模型，即

$$\mu = \frac{\mathrm{d}x}{\mathrm{d}t} \cdot \frac{1}{x} = \frac{\mu_m S}{K_s + S}$$

式中，S 为限制性基质浓度；μ_m 为最大比生长速率，是指限制性基质浓度过量时的比生长速率，也即是当 $S \gg K_s$ 时，$\mu_m = \mu_o$；K_s 是 Monod 常数，是指比生长速率达到最大比生长速率一半时的限制性底物浓度，即 $\mu = 1/2\mu_m$ 时，$S = K_s$。

许多研究者对 Monod 模型进行了修正。在连续全混合流反应器发酵过程中，不断添加培养液，并不断排出同体积发酵液。在稳态时，游离细胞连续发酵的生长动力学方程可表达为

$$\frac{\mathrm{d}x}{\mathrm{d}t} = \frac{\mu_m S x}{K_s + S} - Dx \ (\mu - D) \ x$$

式中，D 为稀释率，是指单位时间内流加的培养液与发酵容器中发酵液体积之比，一般以 1/h 为单位。如 $D=0.2$，表明每小时流加的培养液为发酵容器中培养液的体积的 20%。

① 当比生长速率（μ）大于稀释率（D）时，即 $\mu > D$ 时，$\mathrm{d}x/\mathrm{d}t$ 为正值，表明发酵液中细胞浓度不断增加。

② 当 $\mu = D$ 时，细胞浓度保持恒定。

③ 当 $\mu < D$ 时，$\mathrm{d}x/\mathrm{d}t$ 为负值，发酵液中细胞浓度不断降低，S 相应升高，μ 得以回升，使得 $\mu = D$，建立新的稳态。

三、产酶动力学

产酶动力学主要研究细胞产酶速率及各种因素对产酶速率的影响。研究群体细胞的产酶速率，称为宏观产酶动力学或非结构动力学。研究细胞内部中酶的合成速率为微观产酶动力学或结构动力学。

宏观产酶动力学一般与细胞比生长速率和浓度以及产酶模式有关，可表示为

$$\frac{dE}{dt}=(\alpha\mu+\beta)x$$

式中，x 为细胞浓度（g/L，以细胞干重计）；μ 为细胞比生长速率（1/h）；α 为生长偶联的产酶比系数（IU/g，以细胞干重计）；β 为非生长偶联的比产酶速率[IU/(g·h)，以细胞干重计]；E 为酶浓度（IU/L）；t 为时间（h）。

根据产酶模式不同，产酶速率与细胞生长关系不同。

1. 同步合成型酶　其产酶速率与细胞生长速率同步，$\beta=0$，则有

$$\frac{dE}{dt}=\alpha\mu x$$

2. 中期合成型酶　为特殊的生长偶联型，其产酶动力学与同步合成型相同，然而在有阻遏物存在时 $\alpha=0$，无酶产生，解除阻遏后才有酶的合成。

3. 滞后合成型酶　为非生长偶联型，$\alpha=0$，动力学方程为

$$\frac{dE}{dt}=\beta x$$

4. 延续合成型酶　在细胞生长和平衡期都可产生酶，是部分生长偶联型，其动力学方程为

$$\frac{dE}{dt}=\alpha\mu x+\beta x$$

有关模型参数（如 μ_m、K_s、α、β 等）通过实验验证，一般通过线性化处理及类似误差法求出。

第四节　酶发酵生产实例

一、纤维素酶的生产

纤维素酶是将纤维素水解成葡萄糖的一组酶的总称，主要含有 3 种组分：内切葡聚糖酶、纤维二糖酶和 β-葡萄糖苷酶。

纤维素是地球上数量最大的再生资源，通过光合作用，地球上每年合成的植物总量约为 1×10^{17} t，其中纤维素占 40%。目前，自然界中纤维素只有一小部分得到利用，绝大多数纤维素白白浪费。如能将大量的纤维素分解为葡萄糖，则可以经济有效地利用纤维素资源。

我国早在 20 世纪 60 年代开始对纤维素酶进行研究，在纤维素酶的生产菌种选育、酶的生产及应用上都取得了不少进展。

(一) 纤维素酶的性质和作用方式

1. 性质 大多数微生物产生的纤维素酶都是一个多组分的酶系，如上文所述，最主要有 3 个组分：内切葡聚糖酶、纤维二糖酶及 β-葡萄糖酶。由于现代生物大分子分离技术的发展，在各组分中，又都先后分离出各种相对分子质量不同、性质各异的亚组分。以纤维二糖酶纤维素酶为例，其酶学性质见表 2-4 和表 2-5。

表 2-4 纤维二糖酶的性质

菌 种	酶（组分）	相对分子质量	等电点	最适 pH	最适温度（℃）
Trichoderma koningii	CBH1	62 000	3.8	5.0	50
	CBH2	62 000	3.95	5.0	50
Trichoderma reesei	CBH I	46 000	3.79	4.8	48
	CBH II	42 000	5.0	4.8	48
Trichoderma viride	A	53 000	3.75	4.5	45
	B	53 000	3.75	4.5	45
	C	53 000	3.75	4.5	45
	D	53 000	3.75	4.5	45

表 2-5 内切葡聚糖酶的性质

菌 种	酶（组分）	相对分子质量	等电点	最适 pH	最适温度（℃）
Trichoderma koningii	E_1	13 000	4.73	5.5	60
	E_{3A}	48 000	4.32	5.5	60
	E_{3B}	48 000	4.34	5.5	
	E_4	31 000	5.09	5.5	
Trichoderma viride	A	30 000	4.0	4.5	50
	II B	43 000	4.0	4.5~5.0	50
	III	45 000	4.0	4.5~5.0	50

从表 2-5 中可以看出，不同菌株生产的纤维二糖酶在相对分子质量、等电点、最适 pH、最适温度等方面性质不同，有的甚至相差较大。一般纤维素酶的相对分子质量为 45 000~75 000，最适温度在 50 ℃左右，最适 pH 为 4~5。

2. 作用方式 纤维素的分解是纤维素酶各组分协同作用的结果。首先由内切葡聚糖酶作用于微纤维的非结晶区，使其露出许多末端供外切酶作用。纤维二糖酶从非还原端依次分解，产生纤维二糖。然后，部分降解的纤维素进一步由内切葡聚糖酶和纤维二糖水解酶的协同作用，分解生成纤维二糖、三糖等低聚糖。最后，再由β-葡聚糖苷酶作用分解成葡萄糖。

(二) 纤维素酶的生产

1. 菌种的来源 纤维素酶的菌种来源十分广泛，昆虫、软体动物、原生动物、细菌、放线菌和真菌都能产生纤维素酶。从研究至今，各国的学者在进行了卓有成效的育种工作基础上，从自然界中筛选出许多生产纤维素酶的菌株，其中一部分已经投入了工业化生产。目前公认的性能优良的工业纤维素酶生产菌主要有木霉属、曲霉属，特别是里斯木霉、绿色木霉、康氏木霉较为典型。

2. 纤维素酶的生产 与淀粉酶、蛋白酶相比，纤维素酶的生产历史比较短，规模也较小，主要有固体和液体两种生产方法。下面简要介绍纤维素酶的固体发酵生产方法。

纤维素酶的固体发酵生产法有曲盘培养、厚层机械通风培养、固体发酵罐培养等方法。培养基主要以麸皮为主，再适当添加富含纤维素的物质及无机氮源。纤维素酶为诱导酶，培养基中必须含有纤维素物质。常用的有微晶纤维素、稻草粉、废纸浆、滤纸粉、蔗渣、麦秆、麸皮等。生产时采用孢子液接种，木霉、曲霉的培养温度为30 ℃，发酵时间为4~7d，控制一定湿度，发酵结束后用水提取酶，经过滤后用酒精或硫酸铵沉淀酶，然后过滤、干燥，加上填充剂、稳定剂制得纤维素酶制剂。

二、蛋白酶的生产

(一) 蛋白酶概述

蛋白酶是最重要的工业酶制剂，其最大的用途是制造加酶洗涤剂、嫩化肉类、改良面团、制造蛋白水解物，以及在制革、毛皮工业用做脱毛、软化剂，在食品及医药工业用做于制造氨基酸药物，制备功能肽、啤酒生产等。蛋白酶的销售额一般占酶制剂工业的一半。

蛋白酶是研究的最深入的一种酶，已有一百多种蛋白酶得到高度纯化并做成了结晶，其中不少酶蛋白的氨基酸排列和立体结构已经阐明。不同来源的蛋白酶，性质不同，具有不同的用途。蛋白酶的分类方式有很多种，其中微生物蛋白酶则常根据它的作用最适pH分为碱性蛋白酶、中性蛋白酶和酸性蛋白酶。

工业上生产蛋白酶的菌种来源非常广泛，如酸性蛋白酶的生产菌种主要有黑曲霉、青霉、根霉、担子菌等。具有凝乳作用而蛋白酶分解力微弱的酸性蛋白酶被称为凝乳酶，系微小毛霉所生产。中性蛋白酶一般由芽孢杆菌、曲霉或放线菌生产。用于加酶洗涤剂的碱性蛋白酶由地衣芽孢杆菌、短小芽孢杆菌生产。

中性蛋白酶的相对分子质量为 35 000～40 000，等电点为 pH8～9。细菌中的中性蛋白酶最适 pH 7.0，霉菌中性蛋白酶最适 pH 6～7。我国目前使用中性蛋白酶的生产菌株有枯草芽孢杆菌、栖土曲霉、放线菌等。

（二）蛋白酶的生产工艺

下面以栖土曲霉生产的中性蛋白酶为例介绍蛋白酶生产工艺。

栖土曲霉是国内霉菌中蛋白酶获利较高的菌株，其生产的蛋白酶已广泛用于制革、医药、食品、水产品加工等工业。

栖土曲霉生产蛋白酶采用液体深层发酵法。其工艺要点如下。

1. 种子培养　菌种用麦芽汁斜面于 33～35 ℃培养 3～4d，待黄褐色分生孢子布满整个斜面后，用于制备孢子悬浮液，接种于 500 L 发酵罐的种子培养基中（培养基组成见表 2-6），于 30 ℃下以 300 r/min 搅拌培养 24 h，待菌丝体发育旺盛，转入 5 000 L 发酵罐。

表 2-6　培 养 基

成分（%）	麸皮	米糠	玉米浆	磷酸氢二钠	pH
种子	3	0.5	1.0	0.2	6.0～6.5
发酵	3	1.0	0.5	0.2	6.5～7.0

种子菌龄对产酶有较大影响。适宜的菌龄应视具体条件作适当的调整，应采用种子罐和摇瓶试验相结合的方法来确定菌龄。

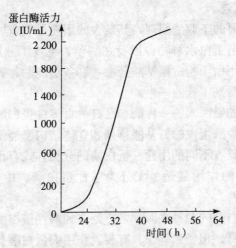

图 2-7　栖土曲霉液体发酵蛋白酶生长曲线

2. 发酵　5 000 L 发酵罐装培养基 3 500 L，121 ℃灭菌 30 min，冷却后接入 10% 菌龄 24～36 h 的液体种子，180 r/min 搅拌培养 48～50 h。此时酶活为 3 000～4 000 IU/mL。栖土曲霉在 pH4～8 能够良好生长，产酶最适 pH 为 6.5～7.0。向培养基中添加阴离子表面活性剂可促进产酶，磷酸盐是该菌生产蛋白酶所必需的营养成分。蛋白酶的生长曲线见图 2-7。

3. 酶的提取　发酵结束后立即降温，滤去菌丝体后，加入硫酸铵盐析，离心后得到的沉淀，用 1% 的硅藻土做助滤剂，压滤收集后，40 ℃烘干，造粒后即为成品，每克酶为 100 000～200 000 IU。

栖土曲霉生产中性蛋白酶工艺流程见图 2-8。

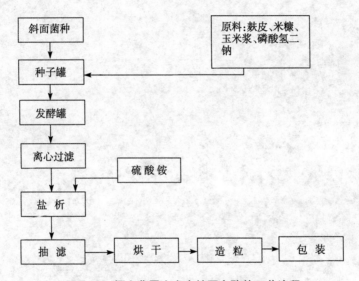

图 2-8　栖土曲霉生产中性蛋白酶的工艺流程

复习思考题

1. 在酶制剂工业生产中为什么以微生物发酵生产为主？
2. 影响酶制剂发酵的因子有哪些？
3. 酶制剂发酵生产的方法有哪些？各有何优势？
4. 如何提高酶的产量？

主要参考文献

[1] 徐凤彩主编. 酶工程. 北京：中国农业出版社，2001

[2] 周晓云主编. 酶学原理与酶工程. 北京：中国轻工业出版社，2005
[3] 郭勇编著. 酶工程. 第二版. 北京：科学出版社，2004
[4] 罗贵明主编. 酶工程. 北京：化学工业出版社，2002
[5] 梅乐和，岑霖主编. 现代酶工程. 北京：化学工业出版社，2006

第三章　细胞工程产酶

　　动植物细胞培养是通过特定技术获得优良的动植物细胞,然后在人工控制条件的反应器中进行细胞培养,以获得所需产物的过程。细胞工程产酶指在特定的反应器中通过培养动植物细胞获得所需的酶。利用动植物细胞发酵生产各种天然物质,是生物工程的一个新领域,20世纪80年代以来,取得了较大进展,呈现良好的应用前景。植物细胞培养用于生产色素、药物、香精、酶等次级代谢物;动物细胞培养用于生产疫苗、激素、多肽药物、单克隆抗体、酶、皮肤等功能性蛋白质。

　　本章主要介绍动植物细胞培养及其生产各种酶的基本理论和基本技术。

第一节　植物细胞培养产酶

　　地球上大量生长的植物是人类赖以生存的宝贵资源。人类对植物中的初生和次生代谢产物的利用可以追溯到远古时代,现在仍在人类的生活中占有重要地位。已知的天然化合物超过30 000种,其中80%以上来自植物,但直接从天然植物中提取所需产物的方式有着极大的局限性,一是天然植物的产量低,不能满足需要;二是许多野生植物趋于濒危;三是引种驯化困难;四是受自然环境和耕地的影响,栽培中产量和质量难以控制。

　　1902年哈勃兰德(Haberlandt)提出植物细胞全能性(即分离植物单细胞并将其培养成植株)的设想,1948年该设想得到证实,为植物细胞培养奠定了理论基础。1956年Routine和Nickell首次提出了用植物组织培养来生产次生代谢产物。在以后的几十年里,研究工作得到了飞速发展。随着培养基的研制和培养技术的发展,已经从200多种植物中分离出细胞,通过细胞的再分化可以生成完整的植株,通过细胞培养可以获得400多种人们所需的各种物质。植物细胞培养已经建立起专门技术,形成新的学科。一些植物细胞培养正逐步走向中试和工厂化规模。植物细胞培养生产有用代谢产物成为继用微生物生产有用代谢产物的又一重要发展领域,吸引了许多国家的科学家的重视。

　　目前,已有多种利用植物组织培养生产的次生代谢产物投入工业生产,首先是制药工业中用来生产一些价格高、产量低、需求大的化合物(如紫杉醇、长春碱等),其次是油料(如小豆蔻油等)、食用添加剂(如110香子兰等)、调味剂（如留兰香等），以及一些酶类的生产。其中，通过植物细胞培养产酶的研究取得了可喜进展（表3-1）。

表3-1　植物细胞培养产酶

酶	植物细胞（年份）
糖苷酶	胡萝卜（1981）
β-半乳糖苷酶	紫苜蓿（1982）
漆酶	假挪威槭（1983）
过氧化物酶	甜菜（1983）
	大豆（1989）
β-葡萄糖苷酶	利马豆（1987）
酸性转化酶	甜菜（1988）
碱性转化酶	甜菜（1988）
糖化酶	甜菜（1988）
苯丙氨酸裂合酶	花生（1990）
	大豆（1986）
木瓜蛋白酶	番木瓜（1989）
超氧化物歧化酶	大蒜（1993）
菠萝蛋白酶	菠萝（1995）
剑麻蛋白酶	剑麻（1998）
木瓜凝乳蛋白酶	番木瓜（2001）

一、植物细胞及其培养的特点

1. 植物细胞的特点　植物细胞、动物细胞和微生物细胞都可以在人工控制条件的生物反应器中，生产人们所需的各种产物。然而它们之间具有不同的特性（表3-2）。

表3-2　微生物、植物、动物细胞特性比较

细胞种类	微生物细胞	植物细胞	动物细胞
细胞大小（μm）	1～10	20～300	10～100
倍增时间（h）	0.3～0.6	>12	>15
培养要求	简单	简单	复杂
光照要求	不要求	大多数要求光照	不要求
对剪切力	大多数不敏感	敏感	敏感
主要产物	酒精、酒类、有机酸、氨基酸、抗生素、核苷酸、酶等	色素、药物、香精、酶等次级代谢产物	疫苗、激素、单克隆抗体、酶等功能蛋白质

从表3-2中可以看到，植物细胞与动物细胞及微生物细胞之间的特性差异主要有以下几个方面。

①植物细胞比微生物细胞大得多,体积比微生物细胞大 $10^3 \sim 10^6$ 倍;植物细胞的体积也比动物细胞大。

②植物细胞的生长速率和代谢速率比微生物低,生长倍增时间较微生物长;生产周期也比微生物长。

③植物细胞和微生物细胞的营养要求较为简单。

④植物细胞与动物细胞、微生物细胞的主要不同点之一,是大多数植物细胞的生长以及次级代谢物的生产要求一定的光照强度和光照时间。在植物细胞大规模培养过程中,如何满足植物细胞对光照的要求,是反应器设计和实际操作中要认真考虑并有待研究解决的问题。

⑤植物细胞与动物细胞一样,对剪切力敏感,这在生物反应器的研制和培养过程通风、搅拌方面要严加控制。

⑥植物细胞和微生物、动物细胞用于生产的主要目的产物各不相同。植物细胞主要用于生产色素、药物、香精和酶等;微生物主要用于生产醇类、有机酸、氨基酸、核苷酸、抗生素和酶等;动物细胞培养用于生产疫苗、激素、多肽药物、单克隆抗体、酶、皮肤等功能性蛋白质。

2. 植物细胞培养生产次生物质的优势　用植物细胞培养生产次生物质有着极大的优势,主要表现在以下几个方面。

①次生物质的生产是在可控制的条件下进行的,因此可以通过改变培养条件和筛选细胞系来提高次生代谢产物的产率。例如,日本在世界上首次成功地用紫草细胞生产紫草宁,发酵 23 d 后,发酵液中紫草宁含量比紫草根中的含量高出 10 倍,其产率是种植紫草的 830 倍。

②培养细胞是在无菌条件下进行的,因此可以排除病菌和虫害的影响,以及环境中的有害物质的污染,从而提高产品的质量。

③植物细胞的倍增时间一般为 12～60 h,发酵周期为 10～30 d,与植物生长周期相比,大大缩短了生产周期。

④可以进行特定的生物转化反应和探索新的合成路线,以获得新的有用物质。

植物细胞培养生产有用物质与基因工程、细胞工程、酶工程等相关学科联合起来,将有巨大的发展前途。

二、植物细胞培养的工艺流程

植物细胞培养方式有固体培养、液体浅层培养、液体悬浮培养等,在酶的生产过程中通常采用液体悬浮培养。

植物细胞培养技术首先从植物外植体中选育出植物细胞，再经过筛选、诱变、原生质体融合或 DNA 重组等技术而获得优良的植物细胞。然后，在人工控制条件的植物细胞反应器中进行植物细胞培养，从而获得代谢产物。植物细胞培养的一般工艺过程为：植物外植体→细胞获取→细胞培养→分离纯化。

（一）外植体的选择和处理

外植体是指从植株分离出，经过预处理后，用于植物组织和细胞培养的植物组织（包括根、茎、叶、花、果实、种子等）的小段或小块。

外植体首先要选择无病虫害、生长力旺盛、生长规则的植株。如果选择植物细胞用于生产次级代谢物，则需从产生该次级代谢物的组织部位中切取一部分组织，经过清洗，除去表面的污物。

将上述所得外植体切成 0.5～1 cm 的片段或小块，用 70%～75% 乙醇溶液或 5% 次氯酸钠、10% 漂白粉、0.1% 升汞溶液等进行消毒处理，再用无菌水充分漂洗，以除去残留的消毒剂。

（二）植物细胞的获取

植物细胞可以通过机械捣碎或酶解的方法直接从外植体中分离得到，也可以通过诱导愈伤组织而获得，还可以通过分离原生质体后再经过细胞壁再生而获取所需的植物细胞。通常采用愈伤组织诱导方法获得所需的植物细胞。

1. 直接分离法 植物细胞可以直接从外植体中分离得到。从外植体直接分离植物细胞的方法通常有机械法和酶解法两种。

（1）机械法 机械捣碎法分离植物细胞是先将叶片等外植体轻轻捣碎，然后通过过滤和离心分离细胞。该法具有以下优点：获得的植物细胞没有经过酶的作用，不会受到伤害；不需要经过质壁分离，有利于进行生理和生化研究。但是用机械捣碎法分离的植物细胞，由于受到机械的作用，细胞结构会受到一定的伤害，获得完整的细胞团或细胞数量少，其使用不普遍。

（2）酶解法 酶解法分离细胞是用果胶酶、纤维素酶等处理外植体，分离出具有代谢活性的细胞。该法不仅能降解中胶层，而且还能软化细胞壁。所以，用酶解法分离细胞的时候，必须对细胞给予渗透压保护，如加甘露醇等。

2. 愈伤组织的诱导法 愈伤组织是一种能迅速增殖的无特定结构和功能的薄壁细胞团。通过愈伤组织诱导法获得植物细胞的基本过程如下：在含有一定量的生长素和分裂素的液体培养中加入 0.7%～0.8% 的琼脂，制成半固体的愈伤组织诱导培养基。灭菌、冷却后，将外植体植入诱导培养基中，于 25 ℃ 左右培养一段时间，即从外植体的切口部位长出小细胞团，此细胞团即为愈伤组织。一般培养 1～3 周后，将愈伤组织分散接种于新的半固体培养基中进行继代培养，以获取更多的愈伤组织。

诱导获得的愈伤组织可以用镊子或小刀分割得到植物的小细胞团，也可以在无菌条件下将愈伤组织转移到液体培养基中，加入经过杀菌处理的玻璃珠，进行振荡培养，使愈伤组织分散成小细胞团或单细胞，然后用适当孔径的不锈钢筛网过滤，除去大细胞团和残渣，得到一定体积的小细胞团或单细胞悬浮液。

3. 原生质体再生法 原生质体是除去细胞壁后得到的微球体。植物原生质体可从培养的植物单细胞、愈伤组织和植物的组织、器官中获得。植物原生质体的分离方法一般有机械分离法和酶解法两种，目前一般都采用酶解法分离原生质体。

植物细胞的细胞壁的基本成分是纤维素、半纤维素和果胶物质。为使细胞壁降解释放原生质体，必须使用能催化纤维素、半纤维素和果胶物质水解的酶制剂，最常用的有纤维素酶和果胶酶混合物。

在原生质体制备过程中，为了防止原生质体被破坏，一般要采用高渗溶液，以利于完整原生质体的获得。配制高渗溶液的溶质称为渗透压稳定剂。常用的渗透压稳定剂有甘露醇、山梨醇、蔗糖、葡萄糖、盐类等。

原生质体分离后，经过计数和适当稀释，在一定条件下进行原生质体培养，使细胞壁再生而形成单细胞悬浮液。

细胞壁再生后得到的植物细胞，经过单细胞培养，长成细胞团，再经过继代培养，成为由原生质体形成的细胞系。

（三）植物细胞培养

1. 高产细胞系的选择 提高产率是植物细胞发酵生产次生物质的主要目的。因此，选择高产细胞株是培养和生产的前提。目前选择高产细胞株的途径主要有以下几个方面。

（1）材料选择 一般来说，从具有高含量次生物质酶的植物组织建立起来的细胞培养物能得到较高的产量，但也有不少相反结果的报道。Berlin 和 Sasse（1985）提出最好从不同遗传来源的材料建立细胞培养物，然后再从中选择。

（2）克隆选择 在培养过程中，可能大部分的细胞由于生长迅速，酶积累较少，但也有少量的细胞可以积累较多的酶。因此，可以通道单细胞克隆或细胞团克隆技术将这些细胞挑选出来培养成细胞系。这种选择方法已在提高细胞系物质含量的研究中得到广泛应用。

（3）抗性选择 选择压力筛选法通过添加某些对不同的细胞有不同作用效果的物质，淘汰部分敏感细胞，选择得到所需的细胞。此法可以分为正选择和负选择两种。正选择就是把受选择的细胞群体置于一定的选择压力之下，部分细胞在选择压力的作用下受到淘汰,而能耐受抗选择压力的细胞可以生长,从而选择得到所需的细胞。正选择适用于对抗性突变体的选择,如以 NaCl 为选择剂选择耐盐突变体,以除草剂为选择剂选择抗除草剂突变体等,都用于正选择。负选择法也叫富集选择法。在负选择中,选择的对象是在一定选择压的作用下不能生长的那些细胞,而能够生长的细胞受到淘汰。负选择适用于对营养缺陷型突变体的选择。例如,利用负选择法分离烟草营养缺陷型突变体,先把经过诱变处理的单倍体细胞培养在基本培养基中 96 h,于是有营养缺陷型的细胞不能继续生长,只有野生型细胞生长旺盛。这时把 BudR(5′-溴脱氧尿苷)加入培养基中,置于暗处培养 36 h。由于 BudR 只能与活跃生长的细胞中的 DNA 结合,并使与它结合的 DNA 获得光敏特性,因此当把培养物再转到光下时,BudR 的光解就引起了能在基本培养基上生长的那些野生型细胞的 DNA 的严重损伤。营养缺陷型细胞不结合 BudR,因此不是光敏的。当把所有这些悬浮细胞植板于完全培养基上以后,只有突变细胞能够繁殖。

(4) 诱导选择 通过化学或物理诱变可以明显提高突变率,筛选出高产细胞株。

(5) 细胞融合和基因工程选择 通过细胞融合方法以及基因工程的方法提高酶的含量。

(6) 具体方法 目前高产系的选择所使用的具体方法一般有以下几个。

①目测法:对于含色素的株系筛选具有通用性。

②放射免疫法:由于存在仪器昂贵、合成放射性标记抗原困难、安全性差等缺陷,应用较少。

③酶联免疫法:方便、快捷、灵敏,在大规模筛选中前景广阔。

④流动细胞荧光测定法:局限于被测定细胞中目的酶在激光处理后能发出荧光的一类化合物。

⑤流动细胞测定法:限于测定能产生抑菌作用的次生产物的高产细胞系的筛选,需要选择一种特异敏感菌。

从上述列出的筛选方法来看,但现在尚无一种普遍适用的方法,在这方面还有待于进一步研究。

2. 植物细胞培养的培养基 用于培养植物细胞的培养基已发展了几十年,尤其是最近 30 年取得了巨大进展。用于植物细胞培养的基础培养基营养成分基本上与整个植物的要求一样,但是用于培养细胞、组织和器官的培养基要满足各自特殊的要求,根据特定的植物种类和培养系统,基本营养成分可做适当的改进。植物细胞的培养基组分比较复杂,但是培养基一般都含有碳源、氮源、无机盐、生长因子等几大类组分。

表 3-3 列出了几种常用的基础培养基,其中应用最广的是 MS 培养基和 LS 培养基。在这些培养基的开发过程中,人们发现一些必需营养物质(如氮、磷、钾、钙、镁等)的加入与否,浓度的高低,甚至其相对浓度都具有重大影响。

表 3-3 常用的基础植物组织培养基

组 成		MS	B_5	N_6	E_1
大量营养物		370	250	185	400
	硫酸镁($MgSO_4 \cdot 7H_2O$)	170	—	400	250
	磷酸二氢钾(KH_2PO_4)	—	150		
	硝酸钾(KNO_3)	1 900	2 500	2 830	2 100
	硝酸铵(NH_4NO_3)	1 650	—	—	600
	氯化钙($CaCl_2 \cdot 2H_2O$)	440	150	166	450
	硫酸铵[$(NH_4)_2SO_4$]	—	134	463	
微量营养物					
	硼酸(H_3BO_3)	6.2	3	1.6	3
	硫酸锰($MnSO_4 \cdot H_2O$)	15.6	10	3.3	10
	硫酸锌($ZnSO_4 \cdot 7H_2O$)	8.6	2	1.5	2
	钼酸钠($Na_2MoO_4 \cdot 2H_2O$)	0.25	0.25		0.25
	硫酸铜($CuSO_4 \cdot 5H_2O$)	0.025	0.025		0.025
	氯化钴($CoCl_2 \cdot 6H_2O$)	0.025	0.025		0.025
	碘化钾(KI)	0.83	0.75	0.8	0.8
	硫酸亚铁($FeSO_4 \cdot 7H_2O$)	27.8	—	27.8	—
	EDTA 钠盐(Na_2EDTA)	37.3	—	37.3	—
	EDTA 亚铁盐($EDTA\ NaFe^{2+}$)	—	43	—	43
	蔗糖[sucrose]	30	20	50	25
维生素					
	硫胺素(thiamine·HCl)	0.5	10	1	10
	吡哆醇(pyridoxine·HCl)	0.5	1	0.5	1
	烟酸(nicotinic acid)	0.05	1	0.5	1
	肌醇(myoinositol)	100	100	—	250
	pH	5.8	5.5	5.8	5.5

注:MS 引自 Murashige 和 Skoog (1962);B_5 引自 Tiamborg 等 (1968);E_1 引自 Gamborg 等 (1983);N_6 引自朱至清等 (1974)。

MS 和 LS 特别适用于植株再生,B_5 培养基及其衍生出来的其他培养基适用于植物细胞及原生质体的培养。B_5 最初设计是用于悬浮培养和愈伤组织培养,也应用于植株再生,它与 MS 的主要差别在于含氮量低,尤其是铵离子。N_6 适合于禾本植物的再培养以及禾本植物的组织培养。E_1 培养基是 Philips 和 Collins 为了培养苜蓿植物而改进的 LS 培养基,特别适合于大豆培养,还用于胚胎形成和原生质体的培养。Nitsch 培养基通常也被采用。

3. 提高植物细胞产酶量的方法　在生产过程中为了获得较高的产酶量，首先要选择高产的培养材料，这在前面已经提到。与微生物产酶类似，植物细胞培养中也可以采用调节温度、调节 pH、调节溶解氧、调节光照、调节代谢途径、控制细胞的生长和分化的程度、加入诱导物或前体等方法，根据植物细胞的特点，还可以采用两相培养和毛状根培养等技术提高产酶量。

（1）温度的控制　植物细胞培养的温度一般控制在室温范围（25 ℃左右）。温度高，对植物细胞的生长有利，温度低，则对次级代谢物的积累有利。但是通常不能低于 20 ℃，也不要高于 32 ℃。有些植物细胞的最适生长温度和最适产酶温度有所不同，要在不同的阶段控制不同的温度。

（2）pH 的控制　植物细胞的 pH 一般控制在微酸性范围，即 pH 5～6。培养基配制时，pH 一般控制在 pH 5.5～5.8 范围。在植物细胞培养过程中，一般 pH 变化不大。

（3）溶解氧的调节控制　植物细胞的生长和产酶需要吸收一定的溶解氧。溶解氧一般通过通风和搅拌来供给。适当的通风气搅拌还可以使植物细胞不至于凝集成较大的细胞团，以使细胞分散，分布均匀，有利于细胞的生长和新陈代谢。然而，由于植物细胞代谢较慢，需氧量不多，过量的氧反而会带来不良影响，加上植物细胞体积大、较脆弱、对剪切力敏感，所以通风和搅拌不能太强烈，以免破坏细胞。这在植物细胞反应器的设计和实际操作中，都要予以充分注意。

（4）光照的控制　光照对植物细胞培养有重要影响。大多数植物细胞的生长以及酶的生产要一定波长光的照射，并对光照度和光照时间有一定的要求。因此，在植物细胞培养过程中，应当根据植物细胞的特性以及目的次生代谢物的种类不同去进行光照的调节控制。尤其是在植物细胞的大规模培养过程中，如何满足植物细胞对光照的要求，是反应器设计和实际操作中要认真考虑并有待研究解决的问题。

（5）毛状根培养技术　毛状根是双子叶植物受发根农杆菌感染后产生的。感染过程中，发根农杆菌 Ri 质粒的 T-DNA 转移并整合到植物基因组中，在不添加外源激素的条件下，不仅生长迅速，而且毛状根具有器官化的特性，遗传性、生理、生化特性稳定，具有比悬浮细胞培养更强的酶合成能力。目前为止，诱导植物产生毛状根的种类已达百种以上，其中，大多数都能检测到接近于甚至高于原植株或其他培养物的酶产量。

第二节　动物细胞培养产酶

1907 年，美国生物学家 Harnson 采用单盖片覆盖凹窝玻璃的悬浮培养法，以淋巴液为培养基,观察了蛙胚神经细胞突起的生长过程,首创了体外组织培养法。随着组织培养技术的改进,细胞培养液的研究也在不断发展,1951年,Eagle开发了能促进动物细胞体外培养的人工合成培养基。随着单克隆抗体制备、细胞生长因子和细胞分泌产物的研究,又开发了无血清细胞培养基研究技术。近20多年来,已有几十种细胞株在无血清培养基中生长和繁殖。目前,正常组织肝细胞和胰腺细胞等无血清培养研究也正在探索之中。

在动物细胞培养产酶中,由于动物细胞无细胞壁,十分脆弱,必须小心控制温度、pH、渗透压以及溶解氧等外界条件。温度波动范围在±0.25 ℃之内;pH采用温和的$NaHCO_3$缓冲液;采用N_2、O_2、CO_2和空气4种气体的不同比例来控制溶解氧水平;通过非直接通气搅拌方式进行供氧;严格控制渗透压,培养基中添加氨基酸、维生素、葡萄糖、激素、无机盐、血清或其代用品,因此成本较高。

不同来源的动物细胞培养方式不同,有悬浮培养、贴壁培养、微载体培养等。来自血液、淋巴组织的细胞、肿瘤细胞和杂交瘤细胞等,可以采用悬浮培养的方式;淋巴组织以外的组织、器官中的细胞,它们具有一定依赖性,必需依附在带有适当正电荷的固体或半固体物质的表面上生长,要采用贴壁培养或微载体培养。

一、动物细胞的特性

动物细胞与微生物细胞和植物细胞相比较具有下列特性。
①动物细胞没有细胞壁,细胞适应环境的能差。
②动物细胞的体积比微生物细胞大几千倍,稍小于植物细胞的体积。
③大部分动物细胞在肌体内相互粘连以集群形式存在,在细胞培养中大部分细胞具有群体效应、锚地依赖性、接触抑制性以及功能全能性。

二、动物细胞培养的特点

动物细胞培养具有以下显著特点。
①动物细胞培养主要用于各种功能蛋白质的生产,如疫苗、激素、酶、单克隆抗体、多肽生长因子等。
②动物细胞的生长较慢,细胞倍增时间为15~100 h。
③动物细胞的营养要求较复杂,必须供给各种氨基酸、维生素、激素、生长因子等。动物细胞培养基中一般需要加入5%~10%的血清或其代用品。

④动物细胞体积大，无细胞壁保护，对剪切力极为敏感，所以在培养过程中，必须严格控制温度、pH、渗透压、通风搅拌等条件，以免破坏细胞。

⑤为了防止微生物污染，在培养过程中，需要添加抗生素。加进的抗生素既要能够防治细菌的污染，又不影响动物细胞的生长。现在一般采用青霉素（50～100 IU/mL）和链霉素（50～100 IU/mL）联合作用。也可以添加一定浓度的两性霉素（fungizone）、制霉菌素（mycostatin）等。此外，为了防治支原体的污染，可以采用卡那霉素、金霉素、泰乐菌素等进行处理。

⑥大多数动物细胞具有锚地依赖性，适宜采用贴壁培养；部分细胞，例如来自血液、淋巴组织的细胞、肿瘤细胞和杂交瘤细胞等，可以采用悬浮培养。

⑦动物细胞培养基成分较复杂，产物的分离、纯化过程较繁杂，成本较高。

⑧原代细胞继代培养 50 代即会退化死亡，需要重新分离细胞。

三、动物细胞培养准备

（一）基质的准备

细胞通常习惯放在基质上进行培养。基质的性质大多决定于细胞类型。目前，很多实验室进行组织培养是利用一次性处理的塑料基质，这种基质透明而易于观察，现已改良成亲水性的，这种亲水性的基质很适合细胞贴壁，但由于它们是一次性的，因而费用较高。

连续细胞系以及很多有限细胞系的常规传代培养适合用玻璃基质，而且价格比较低廉。使用条件是需要洗涤设备，刷洗玻璃器皿必需使用无毒的清洁剂浸泡过夜，然后在水龙头下彻底冲洗，最后用无离子水或双蒸水冲洗，使用前灭菌。玻璃容器一般是放在容器内或用锡箔包裹用干热灭菌（160 ℃，1 h）或螺盖分开用高压灭菌。

（二）培养环境的准备

大多数使用的普通培养液是商品化的，但对于特殊的配方需要自己配制和灭菌，通常稳定的溶液（水、盐类及培养液补充如细胞蛋白或蛋白胨）可以在 121 ℃、高压（100 kPa 或高于 1 个大气压）灭菌 20 min，而不稳定溶液（培养液、胰蛋白酶以及血液）必须通过微孔滤隙过滤除菌。每一次除菌过滤后，均需取样做无菌实验。

1. 营养物质

（1）基本营养物质 体外培养细胞的生长必需一些基本的营养物质，包括氨基酸、维生素、碳水化合物及一些无机离子。

第三章 细胞工程产酶

氨基酸是组成蛋白质的最小单位。培养细胞时有 12 种氨基酸是必需的，包括 Ile、Leu、胱氨酸、Arg、His、Trp、Thr、Met、Lys、Val、Tyr 及 Phe，另外尚需 Gln。

维生素是维持细胞生长的生物活性物质，其中有些是不可少的，如：烟酰胺、叶酸、核黄素、维生素 B_{12}、泛酸、吡哆醇及维生素 C。

碳水化合物主要为细胞生长提供所需的能源，其中主要的是葡萄糖。

此外，培养细胞的生长尚需要钠、钾、镁、钙、磷、氮等基本的无机离子，这些都是细胞组成所必需的并参与细胞的代谢的营养元素。

（2）促生长因子等物质　体外培养细胞既需要上述基本营养物质，还需要促细胞生长因子等物质才能正常生长、繁殖。部分有关的促细胞生长因子见表 3-4。

表 3-4　部分促细胞生长因子

名　　称	来源及特点	相对分子质量
(1) 类（似）胰岛素生长因子	具促有丝分裂作用	
①胰岛素 (insulin)	仅有轻度促有丝分裂作用	
②IGF-1（类胰岛素生长因子①）(insulin-like growth factor-①)	血清中存在，亦可用 PDGF 或 GH 刺激人肝成纤维细胞而产生	7 600
③IGF-2（类胰岛素生长因子②）(insulin-like growth factor-②)	似 IGF-1	7 600
④MSA（增殖刺激素）	存在于鼠肝（BRL）细胞培养液中	10 000
⑤NGF（神经生长因子）(nerve growth factor)	可取自人黑色素细胞系 A375 或从小鼠颌下腺产生，为维持神经分化所需要	13 260
(2) 来自细胞的生长因子	促有丝分裂因子作用为间充质细胞，如成纤维细胞、神经胶质细胞、肌细胞等而产生	
①PDGF（血小板生长因子）(platelet-derived growth factor)	来自血小板	31 000
②FGF（成纤维细胞生长因子）(fibroblast growth factor)	来自牛垂体（pFGF）、牛脑（bFGF）	13 300
③ECGF（内皮细胞生长因子）(endothelial cell growth factor)	来自神经组织：牛神经组织	17 000～25 000
(3) EGF（表皮生长因子）及 TGF-α（转化生长因子α）		
①EGF（表皮生长因子）(epidermal growth factor)	存在于尿及颌下腺中（如：小鼠颌下腺 mEGF、人尿 hEGF），通常为促有丝分裂作用，但有时可呈抑制性	6 045
②TGF-α（转化生长因子α）(transformation growth factor-α)	来自转化细胞的培养液，为促有丝分裂作用，可使细胞于软琼脂中生长	5 500
③SGF（肉瘤生长因子）(sarcoma growth factor)	来自肉瘤病毒转化的 3T3 细胞	

(续)

名　称	来源及特点	相对分子质量
（4）集落刺激因子（CSF）（colony-stimulation factor）	由多数组织间质细胞产生，但在血清中无。具有引起骨髓细胞生长及分化的双重功能	
①MCSF（巨噬细胞CSF）	刺激巨噬细胞产生	
②β-CSF（颗粒细胞CSF）	刺激颗粒细胞产生	
（5）白细胞介素（interleukins）	为在白细胞之间传递信号的多肽，并由干扰素、肿瘤坏死因子、TGF-β及CSF8所协助	
①IL-1（白细胞介素1）	氨基酸序列与FGF相似，刺激IL-2产生并激活B细胞	
②IL-2（白细胞介素2）（T细胞生长因子）	由激活的T细胞与IFN-γ同时产生，刺激B细胞及巨噬细胞的生长和分化	

除生长因子外，激素也可有助于细胞生长。如氢化可的松也对皮肤上皮细胞及乳腺上皮细胞有促进生长作用。血清中含有多种上述细胞生长所需的物质，有利于多数细胞的存活和生长；但同时也有些组成不明、对细胞有害的成分。

2. 细胞的生存环境　除满足营养的需要以外，培养环境还必须具备细胞生存并繁殖的生理学能接受限度以内的物理化学特性，包括：温度、气相、pH、渗透压等。

（1）温度　体外培养的细胞需在保持一定恒温的环境中才能生长，其适宜的温度与取材的动物种类有关，在达到极限值之前，细胞繁殖率因温度升高而增加，当温度超过极限值后，繁殖将迅速被抑制。哺乳动物（包括人类）体外培养细胞的理想温度是35～37 ℃；鸟类的体温较高，因此在38.5 ℃时生长较好而在36.5 ℃生长减慢；鼠的表皮在较低的温度（如34 ℃）时亦可生长；而冷血动物的培养则是在接近该种动物理想体温上限的温度时生长良好。培养温度如不适当，将会影响细胞的代谢及生长，甚至发生死亡。一般来说，高温比低温对细胞的影响更为明显。

（2）气相　体外培养细胞需要一理想的气体环境，包括O_2及CO_2，但其量须恰当。

多数细胞需要在有O_2条件下才能生长，氧分压通常维持在略低于大气状态，若O_2分压超过大气中氧的含量可能对有些细胞有害。

体外培养细胞采用开放培养时，其气体环境一般应为95%空气加CO_2的混合气体。CO_2为细胞生长所需要，同时又是细胞代谢的产物，并与维持培养基的pH有关，CO_2增加将使pH下降。

(3) pH 各种细胞对 pH 的要求不尽相同。大多数细胞适于在 pH 7.2～7.4 条件下生长,低于 pH 6.8 或高于 pH 7.6 可能对细胞有害,甚至退化或死亡。一般来说,细胞对碱性不如对酸性的变化耐受能力强,偏酸的条件比偏碱的环境对生长有利。为了使培养环境的 pH 保持稳定,多采用在培养液中加入磷酸盐等缓冲剂。

(4) 渗透压 多数培养细胞对渗透压有一定范围的耐受能力,理想的渗透压因细胞的类型及种族而异。人胚肺成纤维细胞于 619～800 kPa 下克隆生长良好。由于人类血浆的渗透压约为 719 kPa,因此,可以认为这是体外培养人类细胞的理想渗透压。而鸡胚成纤维细胞为 681～800 kPa,鼠则为 768 kPa 左右。在实际应用中,644～793 kPa 的渗透压可适应大多数细胞。若以培养皿培养,则培养液可略为低渗,以代偿在培养过程中的蒸发。

(三) 细胞的准备

1. 原代细胞培养 细胞从组织中分离,在体外生长至传代之前可视为原代培养。原代培养中如果培养物繁殖了,那些不能分裂或生长较慢的细胞将被稀释而丢失。因此,在这一个阶段需要用克隆化的方法选择培养或用物理学分离细胞的技术来选择特殊细胞类型。任何动物细胞的培养均需从原代细胞培养做起。

制备原代培养物第一步是无菌解剖组织,用机械或酶化技术分散细胞。组织可以简单切碎成 1 mm³ 的小块,而这些小块依靠本身的黏性,涂抹于平皿或用凝固的血浆使之贴附,在这种情况下,细胞从碎片成长出来,而后使用或传代。这种碎片组织可称为外植体,可转移到新的平皿中培养,而生长物经胰蛋白酶化离开外植体则形成新的生长培养物。从生长物胰蛋白酶化所获的细胞,接种于新的培养容器形成第 2 次培养物,这种培养物在技术上认为是一个细胞系。

原代培养物也可产生于经酶分散的组织。例如胰蛋白酶 (0.25% 粗制胰蛋白酶或 0.01%～0.05% 纯胰蛋白酶) 或胶原酶 (粗制胶原酶 200～2 000 IU/mL)。细胞悬浮液下沉后,贴壁扩散于玻璃基质或塑料基质表面。上述原代培养可能更具有选择性,因为只有部分细胞能在酶解后仍能生存。这种类型的培养可获得较高产量的细胞。事实上,许多成功的原代培养是使用胶原酶分散组织成小组织块后,特别是消化成小细胞团的上皮细胞,然后再贴壁生长而得到。

2. 传代细胞培养 单层细胞培养物用胰蛋白酶消化,分散成单个细胞,然后稀释接种于新的培养容器称为传代。传代最好使用 PBS 液或含有 1 mmol/L EDTA 的 PBS 液洗涤单层细胞,然后加入冷胰蛋白酶 (0.25% 粗制胰蛋白酶或 0.01%～0.05% 纯胰蛋白酶），作用 30 s，吸出胰蛋白酶，并在 37 ℃温箱中保存 15 min，最后用培养液吹散细胞制成悬浮液，细胞计数后稀释，接种于新的培养瓶中。

四、动物细胞的培养方式

（一）贴壁培养

分散的细胞悬浮液在培养器中往往要贴附于壁上，这叫细胞贴壁。原来是圆形的细胞一经贴壁就迅速铺展呈多种形态。此后细胞就开始有丝分裂，并很快进入对数生长期。一般在数天后就铺满生长表面，形成致密的细胞单层，叫做单层细胞，这种培养的方法又叫单层细胞培养。细胞培养中有一个非常有趣的现象，是细胞的接触抑制。当贴壁生长的细胞生长到表面相互接触时，就停止分裂增殖。长成单层的细胞经过一段时间，一般须在重新分散后分瓶继续培养，使其继续分裂增殖，也就是传代。

（二）悬浮培养

除了贴壁培养以外，还有一种培养方式，即所谓悬浮培养。它是指细胞在培养器中自由悬浮生长的过程，主要用于悬浮生长的细胞培养，如杂交瘤细胞等。动物细胞的悬浮培养是在微生物发酵的基础上发展起来的。由于动物细胞的特点，如没有细胞壁保护，不能耐受剧烈的搅拌和通气。因此，在许多方面又与经典的发酵有所不同。对于小规模培养，多采用转瓶和滚瓶培养，大规模培养多采用发酵罐式的细胞培养反应器。悬浮培养，设备结构简单，有成熟的理论计算，可以借鉴微生物发酵的部分经验，放大效应小。但是悬浮培养的细胞密度较低，转化细胞悬浮培养有潜在致癌危险，培养病毒易失去病毒标记而降低免疫能力。此外，有许多动物细胞属于贴壁依赖性的，不能悬浮培养。

（三）微载体培养系统

贴壁依赖性动物细胞的培养，最初是采用滚瓶系统，其结构简单、投资少，技术成熟，重现性好，放大只是简单地增加滚瓶数。但是，滚瓶系统劳动强度大，单位体积提供细胞生长的表面积小，占用空间大，按体积计算细胞产率低，监测和控制环境条件受到限制。为了克服这些不利因素，1967 年，Van Wezel 开发了微载体系统培养贴壁依赖性细胞。微载体是直径为 60～250 μm 的微珠。采用微载体系统培养动物细胞，细胞贴壁于微载体上，微载体（和细胞）悬浮于培养基中，细胞逐渐生长成单层。这种模式，把单层培养和悬浮培养的优点融会在一起，具有两种培养方法的优点。

(四) 包埋培养

悬浮培养适用于悬浮生长的细胞，贴壁培养适用于贴壁生长的细胞培养。除此之外，还有一种包埋培养，对悬浮生长和贴壁依赖生长的细胞都适用，细胞生长的密度高，抗剪切力和抗污染能力强。对悬浮生长的细胞用海藻酸钙包埋，对贴壁依赖生长细胞用胶原包埋。包埋培养首先是用于微生物如酵母和细菌，由于其具有保护性强、能重复使用、易于连续操作、生长速率快、产品较纯等优点，引起人们极大兴趣。动物细胞和微生物细胞相比，生长较慢，成本高，因此，需要重复使用。动物细胞对机械剪切力敏感，固定化对细胞的保护促进了其应用。

(五) 微囊化培养

微囊化曾是一种酶的固定化技术。是用半透膜将酶包裹在珠状的微囊里，酶及大分子不能从微囊里逸出，而小分子物质可自由通过膜。据此，T. M. S. Chang 提出了人工细胞的概念，他将酶、辅酶、激素、蛋白质、离子交换剂和活性炭包在微囊里，从而达到反复催化底物的目的。1987 年，Lim 等发展了一种微囊化方法，实现了动物细胞的微囊化，它是在液体状态和生理条件下制备的，基本上对细胞的生长条件改变不大，因此使包埋的细胞能够成活，亦能培养生长。动物细胞微囊化后，与游离细胞比较，降低了培养时对细胞的剪切力。实际上微囊里面也是一种微小的培养环境，与液体培养差不多，因而细胞生长良好，在培养过程中，微囊化也能提供很高的细胞密度，使得产物浓度增加，纯度提高。

第三节 细胞工程产酶实例

一、植物细胞培养产酶实例

利用植物细胞培养技术生产的酶已有多种，现以剑麻蛋白酶为例，说明其工艺过程。剑麻（*Agave sisalana*）是一种生长在热带、亚热带地区，富含蛋白酶的叶用纤维作物。李斌等人通过剑麻组织和细胞培养，成功地诱导出愈伤组织，并从中分离出了剑麻蛋白酶活力高于或近于外植体的细胞株。并研究得到了培养细胞的繁殖速度快，细胞产蛋白酶的能力高的大培养规模剑麻细胞悬浮培养体系。

(一) 细胞材料的选择

在剑麻固体培养的愈伤组织中，选择细胞结构疏松易碎、生长活力旺盛的愈伤组织细胞，置于 LS 培养基中，附加 NAA（萘乙酸）0.4 mg/L、6 - BA

（6-苄基腺嘌呤）2.5 mg/L、高浓度的 2,4-D（2,4-二氯苯氧乙酸）3 mg/L，预培养数代，然后从中选择细胞结构疏松易碎的愈伤组织，作为细胞悬浮培养的起始接种材料。

（二）培养工艺

1. 培养基的配制与灭菌 采用 MS 或是 LS 培养基培养剑麻细胞可获得较高的蛋白酶产量，按 MS、LS 配方，去除琼脂，依次加入大量元素、微量元素、铁盐、有机成分等，附加 2,4-D 3 mg/L、NAA 0.4 mg/L、6-BA 2.5 mg/L，用蒸馏水定容至刻度，以 0.1 mol/L HCl 或 0.1 mol/L NaOH 调节 pH 至 6.12，分装入 250 mL 三角瓶中，每瓶装 35 mL，内用锡箔纸、外用牛皮纸密封，置于立式高温高压消毒锅内，在 120 ℃、0.10～0.15 MPa 的条件下严格灭菌 20 min，冷却后及时取出，置于无菌接种室内备用。

2. 接种与培养 在超净工作台上，将经过预培养选择，比较疏松易碎的愈伤组织材料接入悬浮培养基中，每瓶接入 1.0～1.5 g，密封。在 (25±2)℃ 的恒温培养室内，将悬浮培养材料置于振荡培养器中（设置振荡频率为 120 次/min，往复行程为 3 cm），进行培养。

二、动物细胞培养产酶实例

通过动物细胞培养生产的酶主要有胶原酶、纤溶酶原活化剂、尿激酶等，目前，采用工程细胞进行生产已成为动物细胞培养的发展趋势。现以多孔微载体搅拌式反应器中培养 γ 中国仓鼠卵巢细胞（γ-Chinese hamster ovary cell, CHO）细胞生产养分泌尿激酶型纤溶酶原激活剂（u-PA）为例，介绍动物细胞产酶的工艺。

尿激酶原也称单链尿激酶型纤溶酶原激活剂（single-chain urokinase-type plasminogen activator, scu-PA），在纤溶酶或激肽释放酶等蛋白酶的作用下，将其 Lys_{158}-Ile_{159} 链裂解成为具有酶催化活性的双链尿激酶型纤溶酶原激活剂（tcu2PA），即高分子质量尿激酶（HMW-UK），并可继续降解为低分子质量尿激酶（LMW-UK）。与链激酶和尿激酶相比，尿激酶原具有较高的特异性溶血栓作用。

（一）材料的准备

培养分泌尿激酶原（pro-UK）的重组 CHO 细胞株 CL-11G，细胞在方瓶培养中的表达水平约 500 IU/（10^6 cells·d）。采用无血清培养基，基本组成为 DMEM/F12（1∶1），添加适量蛋白胨、胰岛素及某些氨基酸和无机盐等。为防止在细胞培养中，单链 pro-UK 过度降解成双链尿激酶，在培养基中加入少量 Aprotinin（Bayer Co.）。

Cytopore 纤维素多孔微载体（Pharmacia Co.），用前用 0.1 mol/L pH 7.0 的磷酸缓冲液（PBS）浸泡 4 h 后，倾去 PBS，再用 PBS 洗涤 3 次。121 ℃高压灭菌 30min 后，吸出 PBS，用 DMEM/F12 培养基浸泡备用。Cytopore 多孔微载体机械强度高，可回收重复使用。

（二）培养工艺

细胞由方瓶（单层贴壁培养）→转瓶（单层贴壁培养）→搅拌瓶（多孔微载体培养）→5L CelliGen 反应器（多孔微载体培养）→7.5 L Biostat CT 反应器或 30 L Biostat UC 反应器（多孔微载体培养）逐级放大培养。由于细胞能在长满细胞的微载体和空微载体之间自动转移，每级放大培养时，预先在更大规模的反应器中加入适量培养基和经过处理的多孔微载体，长满细胞的多孔微载体通过管道直接进入下一级反应器中，而无需胰酶的消化来帮助细胞培养的接种和放大。pH 控制在 7.0 ± 0.05，DO 为 7%～40%，温度为 37.0 ± 0.1 ℃，搅拌转速为 70～90 r/min，多孔微载体的浓度为 2～4 g/L（培养基）。

采用批式换液连续培养方式，每天通过细胞截留系统换液 1～1.2 个工作体积，将微载体截留在反应器中，收获含产品的上清并加入新鲜培养基。当多孔微载体中长满细胞后，在细胞表达水平急剧下降前，用新载体部分更换长满细胞的载体。并且，在 7.5 L 反应器的罐顶施加振幅为 4×10^4 Pa（0.4 bar）、频率为 0.04 Hz 的周期梯形压力振荡。

产品质量控制策略为：经凝胶过滤 HPLC 分析为单一峰，保证产品为单双链 u-PA 的混合体；再经 SDS-PAGE 分析，非还原条件下一条带，还原条件下单链比例＞80%。采取四步法纯化工艺，从约 2 100 L 细胞培养上清中获得单链比例＞90% 的冻干合格 u-PA 约 80g，总回收率＞60%。

复 习 思 考 题

1. 与微生物相比，动植物细胞有什么特点？
2. 从植物细胞培养产酶的特点分析，为什么与植物体产酶比植物细胞产酶更有优势？
3. 用于产酶的植物细胞的来源有哪些？
4. 动物细胞培养前都需要做哪些准备工作？
5. 根据细胞在培养基中的位置不同，动物细胞的培养方式有哪些？

主要参考文献

[1] 郭勇主编. 酶工程原理与技术. 北京：高等教育出版社，2005
[2] 郭勇主编. 酶工程. 第二版. 北京：科学出版社，2004
[3] 徐凤彩主编. 酶工程. 北京：中国农业出版社，2000
[4] 郭勇等编著. 植物细胞培养技术与应用. 北京：化学工业出版社，2004
[5] 程宝鸾主编. 动物细胞培养技术. 广州：华南理工大学出版社，2000
[6] R·I·弗雷什尼. 实用动物细胞培养技术. 北京：世界图书出版公司，1996
[7] 司徒镇强，吴军正主编. 细胞培养. 世界图书出版公司，1996
[8] 奚元龄，颜昌敬主编. 植物细胞培养手册. 北京：农业出版社，1992
[9] 陈因良，陈志宏主编. 细胞培养工程. 上海：华东化工学院出版社，1992

第四章 现代分子技术产酶

第一节 生物工程酶

生物酶工程又称为高级酶工程。它是在化学酶工程的基础上发展起来的，是酶学与以 DNA 重组技术为主的分子生物学技术相结合的产物，属于酶工程的上游技术。

一、克 隆 酶

重组 DNA 技术的建立，使人们在很大程度上摆脱了对天然酶的依赖，特别是当从天然材料获得酶极其困难时，重组 DNA 技术更显示出其独特的优越性。近些年来，基因工程的发展使得人们可以较容易地克隆出各种各样天然的有实用价值的酶基因，通过一定的载体（如质粒）导入能够大量繁殖的微生物体内并使之高效表达，就可以获得大量的用传统的手段很难获得的酶。我们把这种利用 DNA 重组技术（基因工程技术）而大量生产的酶，称为克隆酶。

在生产实践中，许多酶由于是胞内酶或结合酶，分离纯化比较困难，成本也很高。还有一些医用酶来源于人体，如治疗血栓病的尿激酶是由人尿提取的，治疗溶血酶缺陷症的酶必须由人胎盘制备，其来源亦比较困难，但都是十分理想的医药用酶，则可利用基因工程技术来大量生产（即克隆酶）。克隆酶的生产包括以下一些步骤。

（一）目的基因的获得

大多数酶的基因是位于组织细胞内的核基因组上，少量是位于叶绿体或线粒体基因组上，要获得酶的基因一般有下述几种方法。

①从生物材料中制备包括目的基因在内的总 DNA，用限制性核酸内切酶将总 DNA 切割，可得到长度不等的各种 DNA 片段，通过凝胶电泳或蔗糖梯度离心之后，不同长度的 DNA 片段便会按大小顺序彼此分开，然后筛选目的基因，并从电泳凝胶的相应谱带上或蔗糖密度梯度的相应部位中收集目的基因。

②从 mRNA 出发，应用反转录酶合成欲克隆酶的基因。

③应用蛋白质抗原抗体反应法获得特异性探针,从 cDNA 文库中筛选出目的酶基因。

(二) 载体的选择

目的基因直接进行转化,效率一般很低,真核基因尤其如此。外源 DNA 片段要进入受体细胞,并在其中进行复制与表达,必须有一个适当的运载工具将其带入细胞,并载着外源 DNA 一起进行复制与表达。这种运载工具称为载体(vector)。理想的载体要具备下列条件。

①在受体细胞中,载体可以独立地进行复制。所以,载体本身必须是一个复制单位,称复制子(replicon),具有复制起点,而且插入外源 DNA 后不会影响载体本身的复制能力。

②易于鉴定与筛选,即载体本身带有可选择的遗传标记(如抗药性标记),能指示重组子(recombinant)的转入,将带有外源 DNA 的重组子与不带外源 DNA 的载体区别开来。

③易于引入受体细胞。

④具有少数的限制性核酸内切酶酶切位点,使外源基因能够插入。

目前,常用的载体有以下几类:细菌和酵母的质粒(plasmid)、噬菌体(常用的有 λ 噬菌体与 M_{13} 噬)和病毒。

(三) 目的基因与载体 DNA 分子的连接

1. 黏性末端连接 许多限制性核酸内切酶切割 DNA 后可形成黏性末端。可用同一种酶切割外源 DNA,并将拟插入的片段用凝胶电泳将其分离出来,再用同一种酶去切割载体 DNA。这样,外源 DNA 与载体 DNA 之间就可以通过黏性末端彼此连接起来。

2. 平头末端连接 有些限制性核酸内切酶切割 DNA 后形成平头末端,可采用平头末端连接酶,如 T_4 DNA 连接酶,但需要较高的酶和底物浓度。目前在基因克隆实验中,常用的平头末端 DNA 片段连接法主要有同聚物加尾法、衔接物连接法及接头连接法。

(1) 同聚物加尾法 这是利用末端核苷酸转移酶能催化 DNA 末端的 $3'$-OH 上添加单核苷酸的反应,形成寡聚核苷酸链。链的长短可通过反应条件加以控制。如果在一条 DNA 片段的 $3'$-OH 末端上添加寡聚 T,那么在另一 DNA 片段的 $5'$-OH 末端上一定要添加与 T 互补的寡聚 A。这样两个 DNA 片段便可彼此连接起来。

(2) 衔接物(linker) 这是指用化学方法合成的一段由 10~20 个核苷酸组成、且具有一个或数个限制性核酸内切酶识别位点的平末端的双链寡核苷酸短片段。衔接物的 $5'$-末端和待克隆的 DNA 片段的 $3'$-末端,用多核苷酸激酶处理使之磷酸化，然后再通过 T_4 DNA 连接酶的作用使两者连接起来。接着用适当的限制性核酸内切酶消化具衔接物的 DNA 分子和克隆载体分子，这样的结果使两者都产生出了彼此互补的黏性末端。于是可以按照常规的黏性末端连接法，将待克隆的 DNA 片段同载体分子连接起来。经由化学合成的衔接物分子连接平头末端 DNA 片段的方法，兼具有同聚物加尾法和黏性末端法的优点，是一种综合的方法，而且，它可以根据实验的不同要求，设计具有不同限制性核酸内切酶识别位点的衔接物，并大量制备，以增加其在体外连接反应混合物中的相应浓度，从而极大地提高了平头末端 DNA 片段之间的连接效率。此外，采用双衔接物技术，还可实现外源 DNA 片段的定向克隆。

（3）DNA 接头 这是一类人工合成的一头具有某种限制性核酸内切酶黏性末端，另一头为平头末端的特殊的双链寡核苷酸短片段。当它的平头末端与平头末端的外源 DNA 片段连接之后，便使后者成为具有黏性末端的新的 DNA 分子，从而易于连接重组子。DNA 片段在连接之前必须先在 80～100 ℃加热 2～3 min，使黏性末端之间的氢键断裂，然后骤然冷却，并在 0～12 ℃保持数小时，使其互补末端慢慢黏合，最后用 T_4 DNA 连接酶（T_4 DNA 连接酶是从噬菌体 T_4 感染过的大肠杆菌中分离得到的。此酶由一条肽链组成，相对分子质量为 6 800，催化 DNA 上的 $3'$-OH 与 $5'$-P 末端之间的磷酸二酯键的形成，既可催化黏性末端间的也可催化平头末端间的连接，需要 ATP，Mg^{2+}。）连接。连接反应是否成功可用凝胶电泳检查。

（四）重组 DNA 的转化

外源 DNA 进入受体细胞并使它获得新遗传特性的过程称为转化。进行重组子转化时，首先必须选择适当的受体细胞。这种细胞应具有下述特点：①所选定的寄主细胞必须具备使外源 DNA 进行复制的能力；②应该能够表达由导入的重组体分子所提供的某种表现型特征，这样才有利于转化细胞的选择与鉴定。常用的受体菌有大肠杆菌（如 HBl01），还有受体细胞（如 C_{600}、X_{1776}）。被感染的菌体或细胞一般要用 $CaCl_2$ 处理，使之成为感受态。

为了提高转化的频率，可采取一些必要的措施，抑制那些不带有外源 DNA 插入片段的噬菌体 DNA 或质粒 DNA 分子形成转化子。应用碱性磷酸酶处理法，可以阻止不带有 DNA 插入片段的载体分子发生自身再环化作用，从而破坏了它们的转化功能。另外，在转化之后，用环丝氨酸富集法，使那些只带有原来质粒载体的细菌致死，同样也可以达到抑制这些不含有 DNA 插入片段的载体分子形成转化子。

（五）克隆酶基因的表达系统

克隆酶基因最终是要在一个选定的宿主系统中表达产生相应的有生物活性

的酶蛋白。为了获得高产率的基因表达产物，人们通过综合考虑控制转录、翻译、蛋白质稳定性及向胞外分泌等诸多方面的因素，设计出了许多具有不同特点的表达载体，以满足表达不同性质、不同要求的目的基因的需要。

1. 原核生物基因表达系统　绝大多数已进行商业生产的重要的目的基因都是在大肠杆菌中表达的。这主要是由于其以下几方面特点。

①长期以来人们对大肠杆菌做了大量的研究工作，对其遗传学背景和分子生物学、生物化学以及生理学等方面的了解较为深入。

②很多目的基因在大肠杆菌中都能迅速而有效地表达出相应的蛋白质。

③大肠杆菌的培养条件易于控制，培养费用低廉。

从理论上讲，针对在大肠杆菌中大量表达外源基因而采用的方法也同样可以应用于其他原核表达系统，只是采用的表达载体、转化方法以及培养和纯化的程序各不相同而已。

2. 真核生物基因表达系统　对于在细菌中合成生产的真核生物的蛋白质，由于翻译后加工过程的缺陷，可能导致产物生物活性很低。其主要原因是在原核生物表达系统中无法进行特定的翻译后修饰，为此人们构建了真核表达载体。

（1）酵母表达载体　啤酒酵母是单细胞真核生物，长期以来人们对其遗传学和生理学的研究较为深入。它在小量培养基和大规模生物反应器中都能快速生长，并且，它既可以作为单倍体存在，也可以作为二倍体存在，克服了在其他真核细胞中隐性基因控制的性状难以检测的缺陷。人们已经分离鉴定出了几个很强的酵母基因启动子。酵母细胞中的 $2~\mu m$ 质粒可作为内源表达载体；酵母还可以对蛋白质进行多种翻译后修饰，它自然分泌的蛋白很少，因此重组蛋白向胞外分泌时易被分离纯化。长期的实践证明，啤酒酵母具有较高的安全性。它已被美国食品和医药管理局（Food and Drug Administration，FDA）确认为是一种安全的生物。另一方面，无论在酶蛋白的翻译后加工，基因的表达调控，还是生理生化特性上，啤酒酵母都与高等真核生物十分相像。因此，啤酒酵母表达系统是一种很好的真核细胞基因表达系统。

采用啤酒酵母表达重组蛋白已有一些成功的例子，人的超氧化物歧化酶的表达就是一个典型。但总体上看，这一表达系统的表达量偏低，而且还有其他的局限性。

（2）昆虫细胞表达系统　杆状病毒是表达哺乳动物蛋白、外源重组蛋白的理想载体。杆状病毒属于杆状病毒科（Baculoviridae），能够广泛侵染包括许多昆虫在内的无脊椎动物。更为有利的是，昆虫和哺乳动物的翻译后加工相类似，产生的蛋白质与天然蛋白质几乎完全相同或极其相似。

(3) 哺乳动物细胞表达系统　早期的哺乳动物细胞表达系统主要用于研究基因的功能与调控，许多载体都源于动物病毒，如 SV40、多瘤病毒（*Polyoma virus*）、疱疹病毒（*Herpes virus*）和牛乳头状瘤病毒（*Bovine papilloma virus*）等。这些载体的宿主范围有限，表达时间很短，产率低，克隆步骤繁琐。某些病毒的 DNA 片段上还有潜在的致癌作用。因此，这些载体不适用于表达供人类使用的重组蛋白。目前正致力于改进原有的载体和开发新的载体，以使哺乳动物细胞能够成为新的生物反应器。

与酶基因表达相关的另一个问题是基因产物的分泌。为了使生成的酶或蛋白质能分泌出来，必须满足两个条件，一是在产物的 N-末端有一段由 20～30 个氨基酸组成的信号肽，二是要赋予该产物一种分泌蛋白的性质。

还有一个与酶基因表达相关的问题，即异体蛋白在受体细胞内易受分解。现在已知，在大肠杆菌体内至少有 8 种以上的蛋白酶可以分解酪蛋白、胰岛素等异体蛋白。有 3 种方法可以控制异体蛋白的分解，一是选择蛋白酶基因缺失的变异株作为受体细胞，如 lon 变异株；二是将蛋白酶抑制剂基因，如 T_4 的 *pin* 基因克隆引入受体细胞；三是促进基因产物加速分泌，缩短其在细胞内的停留时间。

通过 DNA 重组技术生产克隆酶，在生产实践中主要有两个方面的作用，一是提高微生物中原有酶的产量，二是可使动物或植物的酶基因在微生物中表达生产。在酶制剂基因工程研究中，α-淀粉酶是研究得最多并十分成熟的一种酶。许多单位都已成功实现 α-淀粉酶基因克隆和表达，使酶产量提高 3～5 倍。现在，克隆 α-淀粉酶已作为一种商品酶制剂进行工业化生产，而且还有许多改进的酶制剂出现，耐热 α-淀粉酶等。

近年来，随着基因工程技术在酶工程中的应用和发展，越来越多的酶基因都已克隆和表达成功，纤维蛋白溶酶原激活剂就是应用基因工程获得大量酶的成功例子之一。人纤维蛋白溶酶原激活剂是一类丝氨酸蛋白酶，能使纤维蛋白溶酶原水解，产生有活性的纤维蛋白溶酶，溶解血块中的纤维蛋白，在临床上用于治疗血栓性疾病，促进体内血栓溶解。利用工程菌株生产的此酶在疗效上与人体合成的酶完全一致，已用于临床试验。克隆酶目前主要是集中在食品用酶、医用酶和工业用酶上。总之，酶基因的克隆和表达技术的应用，使人们有可能克隆各种天然的蛋白基因或酶基因。先在特定的酶的结构基因前加上高效的启动基因序列和必要的调控序列，再将此片段克隆到一定的载体中，然后将带有特定酶基因的表达载体转化到适当的受体细菌中，经培养繁殖，从收集的菌体中分离获得大量的表达产物，即是所需要的克隆酶。

二、突 变 酶

酶基因的遗传修饰是人为地将酶基因中个别核苷酸加以修饰或更换，从而改变酶蛋白分子某个或几个氨基酸，使酶变得更有利于人类的利用。

酶基因的遗传修饰有自然遗传修饰和选择性遗传修饰之分。前者是用化学诱变剂或物理诱变因素，作用于活细胞，使其基因发生突变，然后从各种突变体中筛选有用的突变体。这种方法具有随机性。选择性遗传修饰则是一种具有目的性和预见性的现代酶工程方法，亦即基因突变技术。

用蛋白质工程技术定点改变酶结构基因，从而生产出性能更稳定、活性更高的酶，此类酶称为突变酶（遗传修饰酶）。例如，酪氨酰-tRNA 合成酶的突变酶，其突变部位是 Ala_{51} 取代了 Tyr_{51}，从而使该酶对底物 ATP 的亲和力显著提高。这一方面已经引起国内外许多专家学者的高度关注，成为酶工程研究的热点。

基因突变技术是在体外进行基因操作，按照预定的目标（突变位点）通过核苷酸的置换、插入和删除，获得突变酶基因，将其引入表达载体，则可获得遗传修饰酶或突变酶。突变酶的主要内容是酶的选择性遗传修饰以及对酶基因进行定点突变。在分析氨基酸序列、弄清酶的一级结构以及经 X 射线衍射分析弄清酶的空间结构的基础上，再在由功能推知结构或由结构推知功能的反复推敲下，设计出酶基因的改造方案，确定选择性遗传修饰的修饰位点，然后进行相关的基因操作，进而获得人们想要得到的突变酶。

通过取代、插入或缺失克隆基因或 DNA 序列中的任何一个特定的碱基，从而实现在体外特异性改变某个基因，这种技术称为基因的定点诱变（site-directed mutagenesis）。利用这种技术可使酶蛋白中某个非常特异的氨基酸发生改变，从而获得突变酶。已建立的定点诱变方法主要有盒式诱变、寡核苷酸引物诱变、PCR 诱变等。

1. 盒式诱变 DNA 分子上只要有两个限制性核酸内切酶位点且比较靠近，两者之间的 DNA 序列就可以被移去，并由一段新合成的双链 DNA 区段所取代。人工合成的具有突变序列的寡核苷酸片段称为寡核苷酸盒。这种诱变的寡核苷酸盒是由两条合成的寡核苷酸片段组成的，当它们退火时，就会按设计要求产生出克隆需要的黏性末端。盒式诱变（cassette mutagenesis）就是利用一段寡核苷酸盒取代野生型基因中的相应序列。盒式诱变法具有简单易行、突变效率高等优点；但是，在靶 DNA 区段的两侧需存在一对限制性核酸内切酶单一切点。

2. 寡核苷酸引物诱变 这是应用合成的寡核苷酸片段作为诱变剂诱发基因或 DNA 片段中特定核苷酸发生取代的定点诱变技术。该技术能够高频率地诱发某一特定的核苷酸部位发生突变，而且所要求的突变是严格地取决于作为诱变剂的寡核苷酸的序列结构。这种定点诱变技术所依据的原理是：使用化学合成的含有突变碱基的寡核苷酸短片段做引物，启动单链 DNA 分子进行复制，随后这段寡核苷酸引物便成为了新合成的 DNA 子链的一个组成部分，因此所产生出来的新链便具有已发生突变的碱基序列。为了使目的基因的特定位点发生突变，所设计的寡核苷酸引物的序列，除了所需的突变碱基之外，其余的则与目的基因编码链的特定区段完全互补。作为诱变剂的寡核苷酸序列与同时诱变的目的基因的互补序列之间，能够形成一种稳定的惟一的双链结构。决定这种双链区稳定性的主要结构因素是碱基的组分、核苷酸的错配、寡核苷酸引物的长度等。用做定点诱变的诱变剂的寡核苷酸片段的长度范围一般为 8~18 个核苷酸。

3. PCR 诱变 PCR 诱变包括重组 PCR（recombinant PCR）定点诱变法和大引物诱变法。

重组 PCR 定点诱变法是在 1988 年由 R. Higuchi 等人提出的，它的特点是：可以在 DNA 区段的任何部位产生定点突变。在头两轮 PCR 反应中，应用两个互补的并在相同部位具有相同碱基突变的内侧引物，扩增形成两条有一端可彼此重叠的双链 DNA 片段，两者在其重叠区段具有同样的突变。这种 DNA 分子用两个外侧寡核苷酸引物进行第三轮 PCR 扩增，便可产生出一种突变位点远离片段末端的突变体 DNA。

大引物诱变法的内容是：以第一轮 PCR 扩增产物作为第二轮 PCR 扩增的大引物，其步骤比重组 PCR 定点诱变法有所简化，只需 3 种扩增引物进行两轮 PCR 反应，即可获得突变体 DNA。

PCR 定点诱变法的优点是：获得目的突变体的效率可达 100%。但它有两个不足之处：①PCR 扩增产物通常需要连接到载体分子上，然后才能对突变的基因进行转录、翻译等方面的研究；②TaqDNA 聚合酶拷贝 DNA 的保真性偏低。因此，PCR 方法产生的 DNA 片段必须经过核苷酸序列测定，方可确定有无发生延伸突变。

4. 突变酶的作用 通过遗传修饰改善酶的性能大致包括以下几个方面。

（1）提高酶的活性 如将枯草芽孢杆菌蛋白酶的 Met_{222} 变为 Cys 后，其催化活性大大提高。

（2）提高酶的稳定性 如将 T_4 溶菌酶的 Ile_3 变为 Cys 再经氧化，即与 Cys_{97} 形成二硫键，该酶仍具有催化活性，且其稳定性大大提高。

(3) 改变底物专一性 如胰蛋白酶底物结合部位的 Gly_{216} 或 Gly_{226} 改为 Ala 后,提高了酶对底物的选择性。其中突变酶 Ala_{216} 对含 Arg 底物的 $Kcat/K_m$ 提高了。而突变酶 Ala_{226} 对含 Lys 的底物的 $Kcat/K_m$ 提高了。

(4) 改变酶的最适 pH 如枯草杆菌蛋白酶 Met_{222} 变为 Lys 后,其最适 pH 由原来的 8.6 升至 9.6。

(5) 改变酶对辅酶的要求 如二氢叶酸还原酶的双突变体(Arg_{44} 变为 Thr,Ser_{63} 变为 Glu)对辅酶的要求更倾向于 NADH,而不是原来的 NADPH。

(6) 改变酶的别构调节功能 如当天冬氨酸转氨甲酰酶(ATC)的 Tyr_{165} 变为 Ser 后,酶就失去了别构调节的性质等。

(7) 改变酶的结构与性能 对金属酶氧化还原能力的改造以及对某些酶结构的改造,使一些专一性抑制剂能够有效作用于靶位点等。

总之,酶的选择性遗传修饰,就是通过对酶结构基因进行改造,使酶分子中 1 个或 1 个以上的氨基酸残基为其他氨基酸残基所取代,或者删除或者增加 1 个或数个氨基酸残基,从而使酶的催化机理、底物特异性和稳定性等方面人为地向着最优化的方向转变,为酶学性质的研究和酶制剂的开发应用开辟了新的途径。

三、进 化 酶

酶分子定向进化(directed evolution)是近几年发展起来的一种蛋白质工程的新策略,可以在未知目标蛋白三维结构信息和作用机制的情况下,在体外模拟进化过程(编码基因的随机突变、重组和定向筛选),获得具有改进功能或全新功能的酶即进化酶(evolution enzyme),用几天或几周的时间实现几百万年的自然进化过程,因而是发现新的生物活性分子和反应途径的重要方法,已在短短几年内取得了令人瞩目的成就。

定向进化的操作首先是从一个靶基因或一群相关的家族基因起始创建分子多样性(突变和/或重组)文库,然后对该多样性文库的基因产物进行筛选,那些编码改进功能产物的基因被利用来继续下一轮进化,重复这个过程直到达到目标。该进化策略的每一关键步骤都受到严密控制。另外,除修饰改善酶已有特性和功能外,还可引入一个全新的功能来执行从不被生物体所要求的反应,甚至为生物体策划一个新的代谢途径,同时能从进化结果中探索蛋白质结构和功能的基本特征。

分子定向进化的常用技术有如下几种。

1. DNA 改组技术 DNA 改组技术(DNA shuffling)是由美国 Stemmer

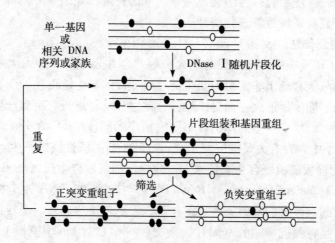

图 4-1 DNA 改组示意图
○. 负突变表型　●. 正突变表型

于 1994 年首次提出的。该法是对一组基因群体（进化上相关的 DNA 序列或曾筛选出的性能改进序列）进行重组创造新基因的方法。DNA 改组基本操作过程是从正突变基因库中（一般由易错 PCR 引起）分离出来的 DNA 片断用脱氧核糖核酸酶Ⅰ随机切割，得到的随机片断经过不加引物的多次 PCR 循环，在 PCR 循环过程中，随机片段之间互为模板和引物进行扩增，直到获得全长的基因，这导致来自不同基因的片段之间的重组（图 4-1）。该策略将亲本基因群中的优势突变尽可能地组合在一起，最终是酶分子某一性质的进一步优化，或者是两个或更多的已优化性质的结合。所以在理论和实践上，它都优于连续易错 PCR 等策略。

运用 DNA 改组技术成功地对 β-内酰胺酶进行突变，得到的一个新型的酶对抗生物素头孢噻肟抗性增强。从对头孢噻肟抗性弱的 β-内酰胺酶的基因出发（携带有此基因的 E. coli 对头孢噻肟最低抑制浓度是 20 ng/ml，经过随机突变，DNA 改组和适当筛选，得到几百个对头孢噻肟抗性较大的克隆，以这些克隆携带的 β-内酰胺酶的基因作为下一步 DNA 改组循环的起始基因库。3 次循环之后，得到了可以使宿主菌对头孢噻肟抗性增加 16 000 倍的新型的酶。

2. 体外随机重组法　体外随机重组法（random-priming in vitro recombination，RPR）的原理是以单链 DNA 为模板，配合一套随机序列引物，先产生大量互补于模板不同位点的短 DNA 片段，由于碱基的错配和错误引发，这些短 DNA 片段中也会有少量的点突变。在随后的 PCR 反应中，它们互为引物进行合成，伴随组合，再组装成完整的基因长度。如果需要，可反复进行上述过程，直到获得满意的进化酶性质。

3. 交错延伸法 交错延伸法（staggered extension process，StEP）的原理是，在 PCR 反应中，把常规的退火和延伸合并为一步，并大大缩短其反应时间，从而只能合成出非常短的新生链，经变性的新生链再作为引物与体系内同时存在的不同模板退火，而继续延伸。此过程反复进行，直到产生完整长度的基因片段，结果会产生间隔的含不同模板序列的新生 DNA 分子。这样的新生 DNA 分子中，含有大量的突变组合，有利于新的酶性质的产生。

4. 过滤横板随机嵌合生长技术 过渡模板随机嵌合生长（random chimeragenesis on transient templates，RACHITT）技术是与 DNA 改组技术在概念上明显不同的、改进的基因家族重组技术。它不包括热循环、链转移或交错延伸反应，而是将随机切割的基因片段杂交到一个临时 DNA 模板上进行排序、修剪、空隙填补和连接（图 4-2）。其中的悬垂切割步骤使短片段（比 DNase 消化片段还短）得以重组，明显提高了重组频率。如果在片段重组前后采用错误倾向 PCR 还可引入额外点突变。Coco 等首次报道此法改造二苯并噻吩单加氧酶，产生的嵌合文库平均每个基因含 14 个交叉，重组水平比 DNA 改组类方法（1~4 个交叉）高出几倍；并且可在短至 5 bp 的序列同一区内产生交叉。这种高频率、高密度的交叉水平是 DNA 改组所难以达到的。

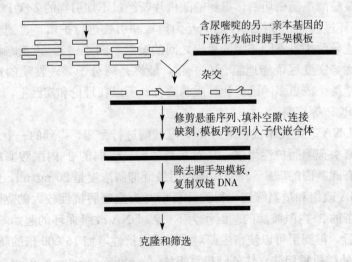

图 4-2 过渡模板随机嵌合生长技术

诚然，人们现在还不能做到自由地合成所需蛋白质，但是，这方面的工作是十分诱人的，经过不懈的努力，是可以达到这个目标的。

四、抗 体 酶

酶是自然界经过数百万年的进化而形成的生物催化剂，它能在极温和的条件下高效专一地催化某些化学反应。所以，设计一种像酶那样的高效催化剂是科学家们梦寐以求的。抗体酶的出现使科学家设计酶的梦想正逐渐变为现实。

但长期以来，由于对酶作用机理了解不足及实验技术的限制，抗体酶研究受到限制。1975年，单克隆抗体制备技术的出现为抗体酶制备技术的开发开辟了道路，但直到1986年抗体酶的研究才取得突破性的进展。当年，美国加利福尼亚州的两个实验室（L. A. Lerner 和 P. G. Schultz 领导的研究小组）首次同时报道了成功制备出具有催化能力的单克隆抗体——催化抗体（catalytic antibody）。

催化抗体是抗体的高度选择性和酶的高效催化能力巧妙结合的产物，本质上是一类具有催化活力的免疫球蛋白，在其可变区赋予了酶的属性，因此，催化抗体也叫抗体酶（abzyme）。

自从抗体酶制备成功以来，已成功地开发出多种抗体酶。这些抗体酶催化的反应专一性相当于或超过天然酶反应的专一性，催化速度有的可达到酶催化的水平。但一般来说，抗体酶催化反应的速度比非催化反应快 $10^2 \sim 10^6$ 倍，仍比天然酶催化反应速度慢，仅为它的 $10^{-4} \sim 10^{-2}$。因此，开发制备高活力抗体酶的方法仍是世界各国科学家的奋斗目标。

近年来，抗体酶的发展为酶的分子设计提供了一个全新的思路，它打破了化学酶工程和生物酶工程的界限。依据对酶分子催化反应机制的理解，并结合免疫球蛋白的分子识别特性，应用免疫学、细胞生物学、化学、分子生物学等技术，可以制备出具有高度底物专一性及特殊催化活力的新型催化抗体——抗体酶。

1. 抗体酶的制备方法

（1）拷贝法　拷贝法是用已知的酶为抗原免疫动物，获得抗酶的抗体，再用抗酶的抗体免疫动物并进行单克隆化，即可获得单克隆的抗体酶——抗抗体。将抗抗体进行筛选，应获得具有原来酶活性的抗体酶。

（2）引入法　引入法是借助基因工程和蛋白质工程技术，将催化基团和/或辅助因子引入到已有底物结合能力的抗体的抗原结合位点上。如采用寡核苷酸定点诱变技术，将特定的氨基酸残基引入到抗体的抗原结合部位，使其具有催化能力。又可采用选择性化学修饰法，将人工合成的或天然存在的催化基团引入到抗体的抗原结合部位，使其具有催化活性。

1988年，Pollack等利用引入法，用可裂解亲和标记物，将亲核基团——巯基引入到抗2,4-二硝基苯酚（DNP）的单克隆抗体MOPC315的抗原结合位点上形成抗体酶。这种抗体酶对于含有DNP与香豆素的羧酸酯的水解反应比二硫苏糖醇快6 000倍，引入的巯基不但可以作为催化功能基团，还可以连接荧光基团，用来研究抗体抗原结合反应，为蛋白质功能修饰开辟了新途径。

（3）诱导法　诱导法是用事先设计好的抗原（半抗原），按照一般的单克隆制备程序，获得具有催化活性的抗体，即抗体酶。

2. 抗体酶的辅因子　仅由20种组成蛋白质的氨基酸组成的抗体酶所催化的反应数目是有限的。若将辅因子引入抗体的抗原结合部位，将大大扩大抗体酶催化范围。同时，所用的辅因子除了天然辅因子外，还有一般无法进入天然酶分子但能进入抗体酶的非天然辅因子，使抗体酶催化范围更加扩大了。目前，在抗体的抗原结合位点引入辅因子的方法有3种：①用多种底物类似物同时免疫动物，就会产生既有辅因子结合部位又有底物结合部位的抗体；②用半合成法将辅因子或催化基团引入到底物结合部位，一般是先用裂解亲和标记物将反应基团（臂）选择性地引入到抗体的结合部位，再以这个反应基团为手臂引入各种催化基团和辅因子；③向抗体中的一条链的抗原结合部位引入辅因子。

3. 抗体酶的应用

（1）在有机合成中的应用　对于任何分子，几乎都可通过免疫系统产生相应的抗体，而且专一性很强，抗体的这种多样性标志着抗体酶的应用潜力是巨大的。

各类精细化工产品和合成材料的工业生产需要具有精确底物专一性和立体专一性的催化剂，而这正是催化抗体的突出特点。特别是那些天然酶不能催化的反应，可通过设计定做抗体酶来弥补天然酶的不足。

近年来，抗体催化的不同类型的反应越来越多。已经证明，抗体酶可以反相胶束和固定化的形式在有机溶剂中起作用，这为抗体酶的商业应用开辟了前景。完全有理由相信，抗体酶会在有机合成中发挥越来越大的作用。具有酯水解活力的抗体酶已经用于生物传感器的制造上。

（2）用于阐明化学反应机制　N-甲基原卟啉由于内部甲基取代而呈扭曲结构，但由它作为半抗原诱导产生的抗体可催化原卟啉的金属螯合反应，这就证明了亚铁螯合酶催化亚铁离子插入原卟啉的反应过渡态是一个原卟啉的扭曲结构，平面结构的原卟啉经扭曲后，才能螯合金属离子。

（3）在医疗上的应用　抗体酶既能标记抗原靶目标，又能执行一定的催化功能。这两种性质的结合使抗体酶在体内的应用实际上是没有限制的。例如，可以设计抗体酶杀死特殊的病原体，也可用抗体酶活化处于靶部位的药物前体，以降低药物毒性，增加其在体内的稳定性。另外，应用抗体酶制备技术开发戒毒以及抗癌药物，前景喜人。

抗体酶制备技术的开发预示着可以人为生产适应各种用途的，特别是自然界不存在的高效生物催化剂，在生物学、医学、化学和生物工程上会有广泛的和令人鼓舞的应用前景。催化抗体的巨大成就预示一个以开发免疫系统分子潜力为核心的新学科——抗体酶学的崛起，该新学科今后无疑会有更大的发展。

4. 抗体酶研究的意义 抗体酶的研究具有重大的理论和实践意义。例如，在酶学基础研究中，酶过渡态的研究、酶结构及结构与功能关系的研究等方面，抗体酶是一种有力的工具。从催化水解反应的抗体酶深入发展，极有可能得到一种专一氨基酸序列的新型的蛋白酶，成为蛋白质工程的有力工具，也能在医学上破坏病毒蛋白。具有立体专一性的抗体酶在制药工业上应用前景远大，在化工上将是对映体拆分的工具。此外，抗体酶催化反应的发展在有机合成、化学工程上起重大作用。

抗体酶的发现不仅提供了研究生物催化过程的新途径，而且能为生物学、化学和医学提供具有高度特异性的人工生物催化剂，并可以根据需要使人们获得催化某些不能被酶催化或较难催化的化学反应催化剂。抗体酶的出现，意味着有可能出现简单有效的方法，使人们可凭主观愿望来设计蛋白质，这一发现是利用生物学与化学成果在分子水平上交叉渗透研究的产物。由于抗体酶对于多学科展示了较高的理论和实用价值，已引起科学界的广泛关注。

五、核 酸 酶

多年来，人们一直认为酶是蛋白质；然而近年来的实验表明，核酸分子也可以有酶活性，即 RNA 分子有酶活性，DNA 分子也有酶活性。

1. 核酶 核酶（ribozyme）主要指一类具有生物催化功能的 RNA，亦称 RNA 催化剂。核酶的发现始于 1981 年，美国科罗拉多（Colorado）大学的 Cech 等人在研究四膜虫 rRNA 自我剪接的功能时，在试图确定何种酶蛋白参与了 mRNA 剪接的实验中，研究人员意外地发现这种剪接的机制是完全未知的，具有高度的位点专一性。而且进一步发现，这些 RNA 分子在完全没有蛋白质的情况下可以催化其自身的剪接，具有酶的活性。在此之前，人们普遍认为只有蛋白质才具有催化活性。

1983 年，Altman 等人在研究细菌 RNase P 时发现，当约 400 nt 的 RNA 分子单独存在时，也能完成切割 rRNA 前体的功能，证明此 RNA 分子具有全酶活性。1986年，T. Cech又发现L-19 RNA在一定条件下能以高度专一性的方式去催化寡聚核苷酸底物的切割与连接。基于Cech和Altman的创造性工作，后来将这类具有酶的催化特征，本质上又不是蛋白质而是核酸的分子定名为核酶。核酶的发现，从根本上改变了以往只有蛋白质才具有催化功能的概念，Cech和Ahman也因此获得了1989年度的诺贝尔化学奖。

在自然界中现已发现多种核酶，尤其是一些植物病毒、卫星RNA等以滚动环方式进行复制，合成一个长RNA转录物，经过自身切割的过程来产生单拷贝长度的RNA。因此自我切割是这些RNA生命周期中一个不可缺少的环节。

根据分子大小可以将核酶分成两类：大分子核酶和小分子核酶。大分子核酶包括Ⅰ型内含子（group Ⅰ intron）、Ⅱ型内含子（group Ⅱ intron）和核糖核酸酶P（RNase P）的RNA亚基，它们都是由几百个核苷酸组成的结构复杂的大分子。小分子核酶常见的有4种类型，它们是锤头状（hammerhead）核酶、发夹状（hairpin）核酶、肝炎δ病毒（HDV）核酶和VS核酶。小分子核酶活性RNA片段一般小于100个核苷酸，其主要生物学功能是通过剪切和环化从滚环复制的中间物上产生单位长度的基因组，都能剪切RNA磷酸二酯键，产物具有$5'$-OH和$2', 3'$-环状磷酸二酯键，有些还可以催化连接反应。

核酶具有核酸内切酶活性，能特异性催化RNA的切割和/或连接。其化学本质是RNA小分子，因此可作为反义RNA，干扰特定基因的表达，其作用优于反义RNA。核酶还能在mRNA的特定位点上将mRNA进行切割。核酶作为RNA小分子，不会对机体产生免疫反应，即不具有免疫原性。

核酶与蛋白质催化剂在催化机理方面有相似性，均依赖其三维空间结构。二甲酰胺的加入破坏其三维结构，使核酶分子变性失活。每个核酶分子均包含有能够与底物发生碱基互补的区域，这种碱基互补确保其催化的特异性。不同种类的核酶催化的底物具有不同的结构特征。

由于核酶可以专一性地切割某些序列，利用核酶的这种切割特性，设计靶向mRNA的核酶，对病毒mRNA、致癌基因表达的mRNA和突变的mRNA等进行切割，在医学上有广泛的应用前景。此外，核酶作为一种生物学研究技术，在RNA水平上阻断基因表达，因此可以用来确定基因功能。此外，核酶对生命起源的探索也提供了很大的帮助。

2. 脱氧核酶　　1994年，Breaker实验室首次发现一个小的单链DNA分子同样能够催化RNA磷酸二酯键的水解。1995年6月，Cuenoud等也发现能够催化与它互补的两个DNA片段之间形成磷酸二酯键连接成一个DNA分子，具有连接酶活性。这些具有催化活性的 DNA 称为脱氧核酶（deoxyribozyme）。

脱氧核酶获得的一般方法是体外选择。如筛选具有裂解活性的 DNA 分子的方法如下。

先合成一个随机的多核苷酸单链 DNA 库，其中每一条分子两端的序列是固定的。以此随机单链库为模板，进行 PCR 扩增，而且引物的 5′ 端还包含有一个生物素基团，用于以后的亲和柱分离。在一定的反应条件下使 PCR 扩增产物进行自我裂解，若有切割反应发生，被切割的分子就洗脱下来，从而完成第一轮筛选。再经 PCR 进行下一轮的选择，经过多次筛选即可产生具有催化功能的分子。再将产物克隆、测序，就可得到具有自我裂解活性的 DNA 分子的序列。

类似于这一技术，目前已筛选出两种具有 RNA 裂解活性的脱氧核酶：10-23 和 8-17，其命名分别是在第 10 循环的 23 克隆和第 8 循环的 17 克隆得到的脱氧核酶。近年来对脱氧核酶进行大量的研究，发现了许多新的底物与新的化学反应类型，如具有 RNA 和 DNA 水解活性、DNA 连接酶活性、激酶活性、卟啉金属化酶和过氧化酶活性、糖基化酶活性等。按照国际酶学委员会对蛋白类酶的分类方法，可将脱氧核酶分成水解酶、转移酶、合成酶、氧化酶等。

尽管自然界没有发现脱氧核酶，但通过体外定向进化，已证明 DNA 分子也具有酶活性。脱氧核酶与核酶的区别如下：脱氧核酶的化学本质为 DNA，而核酶的化学本质为 RNA；在生理 pH 条件下脱氧核酶性质更稳定；脱氧核酶相对分子质量较小，结构相对简单，受空间结构的影响较小；两者均能剪切底物 RNA 分子，但所识别的靶位不同。正是由于具有以上这些优点，脱氧核酶已成为新药开发的热点。

目前最具有应用前景的是脱氧核酶 10-23，因为它有很多的剪切靶位可供选择，有望用于基因治疗。随着研究的不断深入，相信脱氧核酶在基因治疗等方面将取得突破性进展。

六、杂合酶

杂合酶（hybrid enzyme）是由两种以上酶成分构成的。把来自不同酶分子中的结构单元（单个功能基、二级结构、三级结构或功能域）或是整个酶分子进行组合或交换可以产生具有所需性质的优化酶杂合体。

构建杂合酶可以有多种策略。首先可以利用点突变和二级结构互换。同源序列互换一般会使酶活性下降，但是有的互换能使酶活性上升。如通过互换 3 个残基，使来自地衣芽孢杆菌（Bacillus lichenifoumis）蛋白酶具有解淀粉芽孢杆菌（Bacillus amyloliquefacie）蛋白酶的底物催化专一性。通过在活性部位互换 4 个残基，互换非结构性的表面环，胰蛋白酶转变为胰凝乳蛋白酶。在谷胱甘肽还原酶和硫辛酰胺脱氢酶的辅酶结合域交换残基，成功地将其辅因子的优先性分别从 NADP 转变成 NAD 和从 NAD 转换成 NADP。

其次是进行功能域替换。我们把功能域看成是酶的构件，可以通过互换来构件具有新的性质的酶。功能域的转移有 3 种类型：其一，将一种蛋白的功能基转移至同系结构蛋白上；其二，将功能肽序列转移至宿主骨架蛋白上，而不考虑同系结构问题；其三，将排列有序的活性部位转移至结构不同的适当天然骨架蛋白上（图 4-3）。如人们已知 DNA 限制性内切酶 II 在识别序列外部裂解 DNA，其具有两个独立的结构域，一个是识别结构域，另一个是非特异性 DNA 裂解结构域。这使该组内切酶成为构建杂合酶的重要工具，目前通过融合 II 型限制性内切酶 Fok-I 的裂解结构域、来自果蝇的 UbX 同源结构域的 DNA 结合模块以及锌指蛋白，构建了一个杂合酶。Fok-I 杂合酶能特异性识别靶位点序列并且裂解 DNA，但是其不足之死是裂解位点很多，可能是由于裂解结构域的位置不是最佳以及锌指蛋白的结合方式不同所致。

再次是融合蛋白。融合蛋白是通过基因工程手段将两个或几个蛋白的基因结合起来，由这个融合基因编码产生的蛋白就是融合蛋白。这种蛋白他是含有两个或几个蛋白的肽链序列，是双功能或多功能蛋白质（图 4-3）。在 20 世纪 80 年代末和 90 年代初，Moshach 等进行了从头构建双功能蛋白执行偶联反应的研究。他们试验了几种融合蛋白，包括 β-半乳糖苷酶和半乳糖脱氢酶的杂合体、半乳糖脱氢酶和细菌荧光素酶的杂合体、苹果酸脱氢酶和柠檬酸合成酶的杂合体。对偶联反应测量的偶联酶系统的稳态活力，比孤立酶提高 2~3 倍，而预稳态迟滞期降低 80.0%~85.7%。当第一个酶的活力由于非最适 pH 条件或酶浓度低或底物浓度低而受到限制时，反应中心偶联后所观察到的活力增加最大。

大多数杂合酶都是通过蛋白质工程法构建的。但也可以用 DNA 改组技术这种随机方法来构建。前文已述，DNA 改组技术是通过对一个基因进行反复重组、突变而使其定向进化的。杂合酶的构建方法是 DNA 水平的基因操作和酶学检测方法的结合，其实质是实变和筛选。在进化过程中，把来自不同酶分子的（亚）结构域进行重组成为一个新的单一结构域，或者把来自不同酶的本身没有活性的模块重组起来，同时在一个进化体系中筛选，就可能获得比亲本功能具有更高效率的，或者衍生出新功能的子代重组体。

第四章 现代分子技术产酶

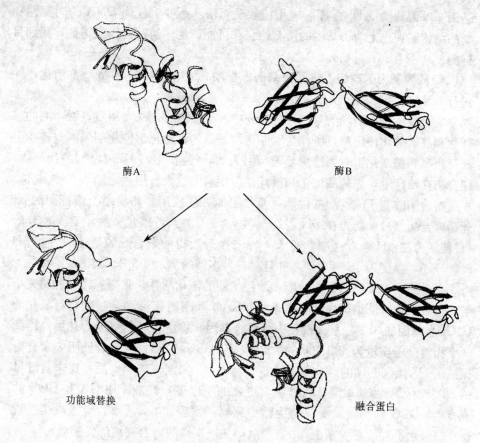

图4-3 功能域替换与融合蛋白杂合酶的构建
（引自罗贵民，2002）

构建杂合酶常用的方法有下述几种。

1. 同源扫描突变 所谓同源扫描突变（homologue-scanning mutagenesis）是几个同源酶 PCR 扩增，然后用核酸内切酶分裂，不同的分裂产物混合区组合，Taq 聚合酶扩增，含有几个同源蛋白质的基因片段组成新基因——杂合基因，进而克隆和表达，产生杂合酶。

2. 反内蛋白子的应用 内蛋白子类似于内含子，在蛋白质翻译后加工时要被切除。内蛋白子有顺、反两种，反内蛋白子是（trans - intein）能够融合任何两个多肽，适合产生杂合酶。应用反内蛋白子所产生的杂合酶在融合点一定有半胱氨酸残基，这个方法的优点是可能产生大的杂合酶库。

3. DNA 增长截短法 DNA 的增长截短（incremented truncation）是利用核酸外切酶缓慢地、定向地控制 DNA 的消化，从而构建包含所有可能的缩短基因、基因片段或 DNA 库。应用增长截短法，不要求任何 DNA 的同源性和酶的结构。理论上两个基因的所有组合都可能产生，通过选择或筛选，找到目标酶。

4. 同源基因的改组 将同源基因库扩增、混合后，用 DNase I 消化，并进行 DNA 改组，从而获得杂合酶。

杂合酶不仅在酶学的基础理论研究中有重要意义，从实用观点看，酶的多样性和高效催化作用超过了作为工业化学基础的人造化学催化剂。因此，在生产日用品和精细化工时人造酶是很吸引人的、经济有效和环境友好的代替物。杂合酶在治疗上，如药品加工和治疗代谢疾病上也大有用武之地。

杂合酶改变了原有酶的性质，使之更加方便使用。如根瘤土壤杆菌的 β-葡萄糖苷酶（最佳活力在 pH 7.2～7.4，60 ℃）与纤维弧菌的 β-葡萄糖苷酶（最佳活力在 pH 6.2～6.4，35 ℃）二者杂合所得的杂合酶的最佳活力在 pH 6.6～7.0，温度为 45～50 ℃，并且对各种多糖的 K_m 值介于双亲酶之间。

杂合酶丰富了酶的催化功能和增强了酶的催化活性。张先恩领导的研究小组通过一个连接肽编码序列将糖化酶（GA）基因的 5′端融合到葡萄糖氧化酶（GOD）基因的 3′端，从而构建一个融合基因。将融合基因克隆表达后，得到一个相对分子质量为 430 000 的大杂合酶（GLG）。动力学分析证明，杂合酶保持了 GA 和 GOD 的经典催化性能。将 GLG 固定在玻璃上后，比来自酵母的 GA 和 GOD 的简单混合物显示出更强的顺序催化性能。用 GA 和 GOD 的混合物、GLG 分别做成麦芽糖生物传感器，发现用 GLG 做的传感器在重现性、信号水平和线性关系上都优于用 GA 和 GOD 的混合物做的传感器。

杂合酶技术适用于任何蛋白质分子，大大地拓宽了酶的研究和应用范围。该技术简便、快速、耗资低且有实效。人们有理由相信，不久的将来杂合酶技术必将在酶的研究和应用上展现更高的自身价值。

七、超自然的酶——新酶

超自然的酶——新酶，是指用蛋白质工程技术设计新的酶的结构基因，进而生产自然界从未有过的性能稳定、活性高的酶。要设计具有催化活性的新的特异性酶，就要使其符合生产的需要、蛋白质工程的要求以及在酶的催化活性和底物专一性方面的所有要求。如要考虑到酶活性部位的合适化学基团的选择及其空间取向、辅基或辅酶结合位点、金属元素络合位点的合理性等等内容。

要人为地有目的地设计酶基因，导入适当的微生物中加以表达，生产超自然的优质酶，其关键是对酶分子各个结构层次上的设计与组合。随着现代分子生物学与遗传工程的迅速发展，全新的蛋白质和酶分子的设计已不是十分遥远的事情。从目前已有的理论与技术水平来看，可从以下两个方面入手。

①根据生物体内已有酶的功能与性质，分离纯化这种酶，并确定其氨基酸序列，在这个基础上进而推知该酶的 DNA 序列。再根据设计的需要，对某些肽链、肽段以及肽链所对应的 DNA 结构，进行有目的的改造，或进行部分基因合成，或进行定位诱变，从而获得符合需要的酶。

②从头设计，包括对酶空间结构的框架设计、酶催化的活性设计以及酶结合底物的专一性设计。天然蛋白质或酶的空间结构都是框架化的。譬如，一个小的酶分子的相对分子质量一般也超过 10 000，大约有 3 个基因的产物参与催化，还有几个基因产物参与结合底物。这些基因完成其使命的关键条件之一就是框架化。也就是说，催化部位和底物结合部位要适当地安装在大分子载体之中，给予各个基因产物以适当的空间排布。框架设计的难度是很大的。对小的酶分子也许能给出适当的结果，但对复杂的多肽链而言，需要预测三级结构，在大量的数理计算后筛选出所需要的一级结构。对较为简单的小肽框架设计已经有成功的例子，主要涉及的是对二级结构的预测，特别是设计形成比较牢固的 α 螺旋的序列。对酶活性的设计涉及选择化学基团及其空间取向。一般来说，在这类设计中，采用天然存在的氨基酸来提供所需的化学基团，尽管原则上并不限制引入其他外来基团。如果缺少可信的经验数据来推论产生活性所需的催化基团，就借助于量子力学进行计算。由于酶的功能区域可分为催化部位和底物结合部位，酶的专一性是与后一部分相关的。有的酶分子这两个部位是在一条肽链上，如丝氨酸蛋白水解酶类；也有些酶分子的这两个部位分别处在不同肽链上，如凝血酶的催化活性与 B 链相关，而 A 链则与底物的专一性有关。因此，对酶分子设计时，需认真考虑与底物结合的化学基团的性质、空间取向以及稳定性等问题。

已经积累了很多种蛋白质（大部分是酶）的结构晶体学数据，获得了一些结构规律性的资料，致使许多生物学家、物理学家和计算机专家，都在尝试根据蛋白质的氨基酸排列顺序来推测它的三维结构。但目前距准确预言三维构象还有一段相当的距离。因此，酶的遗传设计还只是一个美好的梦想。但随着人们对蛋白质化学、蛋白质晶体学、酶催化本质等的进一步了解，再加以适当的技术，一定可以将它变为现实。

第二节　化学人工酶

酶的体外改造都是在保持天然酶基本结构前提下，改善酶的结构和性质，以利于酶的应用。近年来，许多科学家根据酶的催化原理，模拟酶的生物催化功能，用有机化学和生物学的方法合成具有专一催化功能的酶的模拟物——人工酶（artificial enzyme），如上节中介绍的抗体酶就属于一种化学人工酶。化学人工酶主要包括人工全合成酶、人工半合成酶、印迹酶等。

一、人工全合成酶

这类人工酶不是蛋白质，而是有机化合物，通过并入酶的催化基团来控制空间的构象，像自然酶那样能选择性地催化化学反应。人工全合成酶包括小分子有机物（大多为金属络合物）全合成酶、抗体酶、人工聚合物酶、胶束模拟酶等。

1. 小分子有机物全合成酶　这是利用各种有机小分子（如β-环糊精、卟啉等）和金属离子而制备的具有水解、氧化还原、转氨等功能的全合成酶，如转氨全合成酶就是 Gly 与 Ala 的西佛氏碱的 Cu（Ⅱ）络合物。

全合成酶催化反应速度不及天然酶，而且专一性也较差。最成功的是β-Benzyme人工酶，它能模拟胰凝乳蛋白酶活性，催化速度达天然酶同一数量级水平。它由β-环糊精和催化侧链组成，其催化侧链含有天然酶 3 种基团：羟基、咪唑基及羧基，且处在恰当位置上。这类全合成酶因为是非蛋白质分子，故比天然酶具有较好的稳定性，在化工、日化、食品、医药的应用上具有优越性。

2. 人工聚合物酶　这是用分子印迹技术制备的人工酶。其原理与抗体酶相同，只是用人工聚合物代替抗体。如以硝基酚乙酸酯水解反应的过渡态类似物对硝基酚甲基磷酸酯为模板，得到的有机功能团的聚合物，可以催化硝基酚乙酸酯水解。

3. 胶束模拟酶　近年来，胶束模拟酶研究比较活跃。胶束在水溶液中提供了疏水微环境（类似于酶的结合部位），可以对底物束缚。如果将催化基团（如咪唑、硫醇、羟基和一些辅酶）共价或非共价地连接或吸附在胶束上，就有可能形成酶的活性中心部位，从而使胶束成为具有酶活力或部分酶活力的胶束模拟酶。

二、人工半合成酶

人工半合成酶（semisynthetic enzyme）的出现，是近年来模拟酶领域一突出的进展。它是以天然蛋白质或酶为母体，用化学或生物学方法引进适当的

第四章 现代分子技术产酶

活性部位或催化基团，或改变其结构，从而形成一种新的人工酶。半合成酶可以通过以下方法制备。

①通过选择性修饰酶蛋白的某个氨基酸残基侧链制备半合成酶，又称化学诱变法。Bender 等首次成功地将枯草芽孢杆菌蛋白酶活性部位的丝氨酸（Ser）残基，经苯甲基磺酰氟特异性活化后，再用巯基化合物取代，将丝氨酸转化为半胱氨酸。虽然产生的巯基化枯草芽孢杆菌蛋白酶对肽或酯没有水解活力，但能水解高度活化的底物硝基苯酯等。Hilvert 等利用类似的方法，将枯草芽孢杆菌蛋白酶结合部位的特异性 Ser 突变为硒代半胱氨酸，此硒化枯草芽孢杆菌蛋白酶既表现出转氨酶的活性，又表现出含硒谷胱甘肽过氧化物酶活性。

②将具有特异性的物质与具有催化活力的酶相结合，形成半合成酶。1988 年美国加利福尼亚州立大学 Berkeley 分校的 Schultz 小组，将一段人工合成的寡聚核苷酸链经化学方法处理连接到 RNA 酶的 166 位的 Cys 上，获得的半合成酶借寡聚核苷酸链的碱基互补关系，显示出了对 RNA 链特定位点的水解作用，从而造成了第一个不同于 DNA 限制性内切酶的天然来源的 RNA 限制性内切酶。

③将辅酶引入结构已明了的蛋白质上以制备半合成酶。Kaiser 等将黄素的溴酰衍生物与木瓜蛋白酶的 Cys_{25} 共价结合，形成黄素木瓜蛋白酶。此半合成酶的酶活力可与天然黄素酶相比拟。其他的辅酶（如吡哆醛、卟啉等）都可以共价偶联到某些酶的结合部位，从而产生新的实用催化剂。

④将具有催化活性的金属有机物与特定蛋白质相结合，形成半合成酶。巨头鲸肌红蛋白可与氧分子结合并通过循环系统输送氧气，但无催化功能。但是，当 3 分子有催化活性的 $[Rn(BH_3)_5]^{3+}$ 通过肌红蛋白表面的 His 残基与肌红蛋白结合后，形成了能氧化各种有机物（如抗坏血酸）的半合成酶。这种人工酶的催化效率是钙-咪唑复合物的 200 倍，接近天然的抗坏血酸氧化酶的活力。

⑤将抗体结合部位附近适当位置引入催化活性基团是构建半合成抗体酶的有效途径。用化学方法将一个催化活性基团引入抗原类似物中。利用抗体与抗原类似物的亲和结合作用，使催化活性基团与抗体结合部位附近的氨基酸残基共价结合，再将催化活性基团与抗原类似物分离。这样，在抗体结合部位附近就引入了活性基团，如—SH、咪唑基。Schultz 等应用此方法已成功地将—SH 引入到抗体 MOPC315 的结合部位附近。这种半合成抗体酶可提高硫解速率达 6×10^4 倍。

⑥用分子印迹方法，制备印迹酶。先使酶或无活性蛋白质变性，然后加入

所希望酶的竞争性抑制剂或底物类似物印迹分子,待获得所希望的活性构象后,用交联剂固定这个构象,再除去抑制剂,就产生了具有新的酶活力的印迹酶。分子印迹法可以改变酶的底物专一性并创造出新酶。

利用半合成酶方法不但可以制造新酶,还可获得关于蛋白质结构和催化活性间关系的详细信息,为构建高效人工酶打基础。

三、印 迹 酶

印迹酶(imprinting enzyme)是利用印迹技术产生的人工模拟酶。印迹技术有分子印迹和生物印迹两种。相应的印迹酶分为分子印迹酶和生物印迹酶。

所谓分子印迹(molecular imprinting)是制备对某一化合物具有选择性的聚合物的过程。这个化合物叫印迹分子(imprinter molecule,P),也叫做模板分子(template,T)。此技术包括如下内容:①选定印迹分子和功能单体,使二者发生互补反应;②在印迹分子-单体复合物周围发生聚合反应;③用抽提法从聚合物中除掉印迹分子(图4-4)。结果,形成的聚合物内保留有与印迹分子的形状、大小完全一样的孔穴。也就是说,印迹的聚合物能维持相对于印迹分子的互补性,因此该聚合物能以高选择性重新结合印迹分子。

分子印迹酶是通过分子印迹技术产生类似于酶的活性中心的空腔,对底物产生有效的结合与催化作用的人工模拟酶。分子印迹酶同天然酶一样,一般遵循米-曼氏动力学,其催化活力依赖于K_{cat}/K_m。

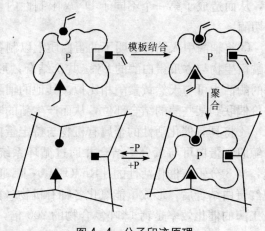

图4-4 分子印迹原理
P. 印迹分子
(引自罗贵民,2002)

在人工模拟酶研究领域,分子印迹面临的最大的挑战之一是如何利用此技术来模拟复杂的酶活性部位,使其最大限度与天然酶相似。要想制备出具有酶活性的分子印迹酶,选择合适的印迹分子是相当重要的。当前,所选择的印迹分子主要有底物、底物类似物、酶抑制剂、过渡态类似物以及产物等。如Mosbach等应用分子印迹法制备具有催化二肽合成能力的分子印迹酶。所合成的二肽为 Z-L-天冬氨酸与 L-苯丙氨酸甲酯缩合产物，它们分别以底物混合物（Z-L-天冬氨酸与 L-苯丙氨酸为 1:1 混合）以及产物二肽为印迹分子，以甲基丙烯酸甲酯为聚合单体，二亚乙基甲基丙烯酸甲酯为交联剂，经聚合产生了具有催化二肽合成能力的二肽合成酶。研究表明，以产物为印迹分子的印迹聚合物表现出最高的酶催化效率，在反应进行 48 h 后，其二肽产率达到 63%，而以反应物为印迹分子的印迹聚合物催化相同的反应时二肽产率却较低。

生物印迹是指以天然的生物材料（如蛋白质和糖类物质）为骨架，在其上进行分子印迹而产生对印迹分子具有特异性识别室腔的过程。制备生物印迹酶的主要过程为：①首先使蛋白质部分变性，扰乱起始蛋白质的构象；②加入印迹分子，使印迹分子与部分变性的蛋白质充分结合；③待印迹分子与蛋白质相互作用后，用交联剂交联印迹的蛋白质；④用透析等方法除去印迹分子（图 4-5）。由于起始蛋白质与印迹分子充分作用后，就产生了类似于酶的新的活性中心，从而赋予了新的酶活力。对这种印迹来说，起始蛋白质既可以是无酶活力的蛋白质（牛血清蛋白等），又可以是具有催化活力的酶（如核糖核酸酶、胰蛋白酶、葡萄糖异构酶等），而印迹分子通常是某种酶的抑制剂、底物修饰物、过渡态类似物等。

由于天然生物材料，如蛋白质含有丰富的氨基酸残基，它们与印迹分子会产生很好的识别作用。显然，用这种方法可以制备生物印迹酶。生物印迹类似于分子印迹，只不过主体分子是生物分子。

生物印迹是印迹技术中非常重要的内容之一。利用此技术人们首先获得了有机相催化印迹酶，并做了系统的研究，近年来，人们利用此技术制备出水相生物印迹酶

（1）有机相生物印迹酶 近 20 年来，非水相酶学有了长足的发展。这不仅因为其拓宽的识别优势，更主要的是因为酶在非水环境中表现出特殊特征，如构象刚性、增加热稳定性及改变底物特异性。一个特别令人感兴趣的研究热点是在水相介质中受体诱导的非酶蛋白质或酶产生记忆效应。如果将水相中受体诱导的蛋白质或其他生物大分子冷冻干燥，然后将其置于非水介质中，则其构象刚性保持了诱导产生的结合部位，如果所用的受体是酶底物、酶抑制剂或过渡态类似物，则此生物印迹蛋白表现出酶的性质。

这里以脂肪酶的生物印迹为例介绍有机相催化的制备过程。水溶性脂肪酶在通常状况下是非活性的，其结合部位有一个盖子，当底物脂肪以脂质体形式接近酶时，盖子打开，脂肪的一端与结合部位结合。为了获得高效非水相脂肪酶，Braco 等将适当两亲性的表面活性剂与酶印迹，待表面括性剂分子与酶充分接触后，将酶复合物冷冻干燥，用非水溶剂洗去表面活性剂后，脂肪酶的活

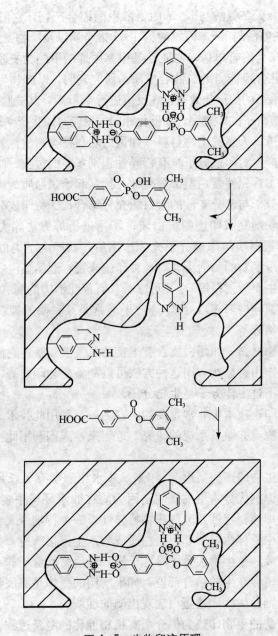

图 4-5 生物印迹原理
a. 印迹分子结合部分变性蛋白
b. 经交联固定、去除印迹分子形成印迹酶　c. 印迹酶结合底物分子
(引自罗贵民，2002)

性中心的盖子被去除,形成了活性中心开启的活性酶。

(2) 水相生物印迹酶　在水溶液中,用印迹分子对酶印迹,然后利用一定的方法使酶的构象固定,就形成了水相生物印迹酶。如 Keyes(1984 年)等报道了首例用这种方法制备的印迹酶。他们选择吲哚丙酸为印迹分子,印迹牛胰核糖核酸酶,待起始蛋白质在部分变性条件下与吲哚丙酸充分作用后,用戊二醛交联固定印迹蛋白质的构象。经透析去除印迹分子后就制得了具有酯水解能力的生物印迹酶。此印迹酶粗酶具有 73 IU/g,而非印迹酶则无酯水解酶活力。粗酶经纯化后,其活力达到 600 IU/g。研究表明,此印迹酶的最适 pH、底物饱和特性、产物抑制等均与天然酶类似,但却具有较宽的底物特异性。它对含芳香环的氨基酸酯(如色氨酸乙酯、苯醛-L-精氨酸乙酯、酪氨酸乙酯等)均表现出相当好的水解活性,而对非芳香氨基酸乙酯(如甘氨酸乙酯、赖氨酸乙酯等)则表现出较低的催化活性。

诚然,现在印迹酶只是处于研究阶段,但由于印迹酶在改变酶的催化性质、催化能力等方面有着其他酶不可比拟的优点,所以它一定会在生产实践中发挥应有的作用。

复 习 思 考 题

1. 什么是克隆酶?试述克隆酶生产的基本过程。
2. 什么是基因的定点诱变技术?目前已建立的定点诱变方法主要有哪些?
3. 什么是抗体酶?抗体酶制备的方法主要有哪些?
4. 简述进化酶、核酸酶、杂合酶、超自然的酶——新酶、人工全合成酶、人工半合成酶以及印迹酶的概念及研究进展。

主 要 参 考 文 献

[1] 郭勇. 酶工程. 第 2 版. 北京:科学出版社,2004
[2] 徐凤彩. 酶工程. 北京:中国农业出版社,2001
[3] 罗贵民. 酶工程. 北京:化学工业出版社,2002
[4] 施巧琴. 酶工程. 北京:科学出版社,2005
[5] 袁勤生,赵健. 酶与酶工程. 上海:华东理工大学出版社,2005
[6] 周晓云. 酶学原理与酶工程. 北京:中国轻工业出版社,2005

第五章 酶的分离纯化

第一节 酶分离纯化的基本策略

酶的分离（separation, isolation）与纯化（purification）是指将酶从细胞或其他含酶的原材料中提取出来，再与杂质分开，从而获得符合使用目的、有一定纯度和浓度的酶制剂的过程。它既是酶学研究的基础，也是酶工程的主要内容，是酶的研究、生产和应用必不可少的环节与过程。因此，酶的分离纯化具有重大的理论与实践意义。

一、酶分离纯化的基本过程

酶的种类繁多，性质各异，分离纯化方法不尽相同。即便是同一种酶，也因其来源不同、用途不同，而使其分离纯化的步骤不一样。普通工业用酶一般无需高度纯化，如洗涤用的蛋白酶，实际上只需经过简单的提取分离即可。而对于食品工业用酶，则需要经过适当的分离纯化，以确保安全卫生。对于基因工程等研究用酶以及分析测试用酶，则需经过高度的纯化。对于医药用酶，特别是注射用酶，不但需经过高度的纯化或制成晶体，而且绝对不能含有热源物质。酶的分离纯化步骤越复杂，酶的收率越低，材料和动力消耗越大，成本就越高，因而在符合质量要求的前提下，应尽可能采用步骤简单、收率高、成本低的方法。虽然不同酶的分离纯化方法不尽相同，通用性差，但是却有大体相似的过程。酶分离纯化的基本过程一般可分为以下 4 个步骤。

1. 预处理 预处理（pretreatment）包括原材料的选择、预处理、破碎细胞等。

2. 粗分级分离 粗分级分离（rough fractionation）又称初步纯化或提取。当酶提取液获得后，选用一套适当的方法，将目的酶与其他杂蛋白质初步分离开来。粗分级分离一般用盐析、等电点沉淀、有机溶剂沉淀、萃取、离心分离等方法。这些方法的特点是简便、处理量大，既能除去大量杂质，又能浓缩酶溶液。

3. 细分级分离 细分级分离（fine fractionation）又称高度纯化，也就是酶的进一步纯化，即酶的精制。用于酶精制的方法一般规模较小，但分辨率很高。通常使用层析法,包括凝胶过滤、离子交换层析、吸附层析、亲和层析等。必要时还可选择电泳法,如等电聚焦电泳等。

4. 浓缩与干燥　浓缩与干燥(concentration and desiccation)是使酶与溶剂尽可能分离的过程。即将较大量或很大量的酶溶液浓缩至较小或很小的体积,甚至使酶与溶剂完全分离,以符合酶制剂的要求。通常所用的方法有旋转蒸发、透析、超滤、冷冻干燥等,也可在冷室中用流动的空气使悬吊着的透析袋中的酶溶液浓缩与干燥。

二、酶分离纯化方法的选择

1. 选择和建立一个特异、灵敏、精确、快速、经济的酶活性测定方法
在酶分离纯化的整个过程中,每一步骤都须检测酶的活性,以跟踪酶的来龙去脉。检测酶活性方法的特异性、灵敏性、准确性在分离纯化的初始阶段尤为重要,因为如果检测方法不可靠,那么很可能连酶在哪一部位存在,到底有没有目的酶这样简单的问题都无法回答。酶活力测定方法越简单、快速,纯化过程中所需等待的时间就越短,就越能够减少酶自然失活给酶纯化带来的不利影响。另外,酶活力测定方法是否经济也很重要。如果某种酶的测活试剂昂贵,且难以得到,所需仪器价格又高,那么必然会造成酶分离纯化成本的升高、经济效益降低。在这种情况下,除非进行科研,且实验室有足够的经济实力,否则必须另外选择其他恰当的测活方法。总而言之,一个好的测活方法的建立,可以说是整个酶分离纯化工作成功的一半。

2. 酶分离纯化方法的选择　酶的分离纯化就是指选择性地将酶从含酶混合溶液中分离出来,或者选择性地将杂质从含酶混合溶液中移除出去。现有酶的分离纯化方法都是依据酶和杂质在性质上的差异而建立起来的,具体有下述几个类型。

①根据分子大小、轻重的差异而建立的分离方法有离心分离法、筛膜分离法、凝胶过滤法等。

②根据溶解度大小不同而建立的分离方法有盐析法、有机溶剂沉淀法、共沉淀法、选择性沉淀法、等电点沉淀法等。

③根据分子所带电荷的正负及多少的差异而建立的分离方法有离子交换层析法、电泳分离法、聚焦层析法等。

④根据分子稳定性的差异而建立的分离方法有选择性热变性法、选择性酸碱变性法等。

⑤根据分子亲和作用的差异而建立的分离方法有亲和层析法、亲和电泳

法等。

在实际工作中,在选择酶的分离纯化方法时,首先应对所纯化的酶的理化性质(如溶解度、相对分子质量的大小、稳定性和在一定的缓冲溶液中解离时所带电荷性质等)有一个比较全面的了解,这样就可以知道在分离纯化时可以选用哪些方法和条件,避免哪些处理,从而得到好的纯化效果。另外,判断采用的方法和条件是否得当,应始终以测定酶活性为标准。一个好的分离纯化方法和条件是比活力提高得快,总活力回收率高,而且重复性好。在纯化工作中,往往不宜重复采用相同的步骤和条件。

酶分离纯化方法及工艺程序的选择策略是:根据对所纯化酶的理化性质分析,选择合适的由不同机制分离单元组成的一套工艺,将含量多的杂质先分离去除,以尽快缩小样品体积,提高目的酶的浓度;并尽早采用高效分离手段,将最昂贵、最费时的分离单元放在最后阶段。也就是说,通常先运用非特异、低分辨的操作单元,如沉淀、超滤、吸附等,去除最主要的杂质,并使酶溶液浓缩。随后采用高分辨的操作单元,如具有高选择性的离子交换色谱、亲和层析等,而将凝胶过滤层析这类分离规模较小、分离速度相对较慢的操作单元放在后面,这样可使分离效益大大提高。另外,在酶分离纯化的过程中,应尽可能在低温(0~4 ℃)操作,防止过酸过碱,防止产生过多的泡沫等,时刻注意保护酶的稳定性,以防止酶变性失活。尤其是随着酶的逐步纯化,杂蛋白含量亦逐步降低,蛋白质之间的相互作用力随之下降,酶更不稳定,因此,更要防止酶变性失活。

三、影响酶分离纯化的因素

由于酶分子一旦离开它赖以存在的生物体或生态环境,其天然构象就容易被破坏,即易变性。因此,酶在分离纯化的过程中很容易变性失活,因而分离纯化酶时应特别注意下述各方面的因素。

1. 温度 整个提纯操作应尽可能在低温下(0~4 ℃)进行,以防止酶的变性失活以及蛋白质水解酶对目的酶的水解破坏作用(尤其是在有机溶剂或无机盐存在下更应注意)。

2. pH 在提纯过程中一般采用缓冲液作为溶剂,防止过酸或过碱。对某一特定的酶,溶剂 pH 的选择应考虑酶的 pH 稳定性以及酶的溶解度。

3. 盐浓度 因为大多数酶是蛋白质,具有盐溶的性质,所以在酶的抽提过程中,可选用合适浓度的盐溶液以促进酶的溶解。但要注意当盐浓度过高时,酶的溶解度反而下降,并且容易引起酶的变性失活。

4. 搅拌 由于剧烈搅拌以及产生过多的泡沫容易引起酶的变性失活,故在酶的提纯过程中应避免剧烈搅拌和产生泡沫。

5. 微生物污染 因大多数酶的化学本质是蛋白质,故酶溶液是微生物生长的良好培养基,在酶的提纯过程中应尽可能防止微生物对酶的污染与破坏。

四、酶分离纯化过程的评价

评价酶分离纯化方法及工艺程序优劣的指标有两个,一是总活力(total activity)的回收率;二是比活力(specific activity)提高的倍数,即提纯倍数。总活力的回收率是表示分离纯化过程中酶活力的损失与回收情况。而比活力是指在特定的条件下,单位质量(如 1 mg)的含酶蛋白质所具有的酶活力单位数,其提高的倍数(提纯倍数)则表示分离纯化方法的效率。提纯倍数越大,总活力回收率越高,则纯化效果就越好。但实际上,提纯倍数与总活力回收率常常难以兼得,应根据具体情况做相应的取舍。

在酶分离纯化的整个过程中,每一步骤都必须做 3 件事:①测定酶活力(IU/mL);②测定蛋白质含量(mg/mL);③测量酶溶液的体积(mL)。然后,将测得的数据按表 5-1 所示加以计算与整理。

表 5-1 酶分离纯化过程相关数据记录格式(设想的提纯步骤)

步骤	总体积 (mL)	蛋白含量 (mg/mL)	总蛋白 (mg)	酶活力 (IU/mL)	总活力 (IU)	比活力 (IU/mg)	提纯 倍数	回收率 (%)
酶的抽提液	1 000	12	12 000	5.0	5 000	0.42	1.0	100
有机溶剂分级	50	15	750	55.0	2 750	3.67	8.7	55.0
离子交换层析	100	2.25	225	20.8	2 080	9.24	22.0	41.6
透析浓缩	10	21	210	202.5	2 025	9.64	23.0	40.5

由表 5-1 可见,在酶分离纯化的过程中,总蛋白、总活力及酶的回收率在不断下降,但酶比活力与酶的提纯倍数却在不断升高。依据酶的提纯倍数与总活力回收率可以评价酶分离纯化各步骤方法及工艺程序的优劣,从而为酶的抽提、纯化以及制剂过程中选择适当的方法与条件,以及改进酶分离纯化方法及工艺程序提供直接的依据。

第二节 粗酶液制备

一、原材料的选择、预处理及破碎细胞

1. 原材料的选择 分离纯化酶首先要选择合适的原材料。原材料选择的

原则是目的酶含量高且稳定性好、便宜易得、取材与酶提取工艺简单、有综合利用价值等。在实践过程中往往很难同时满足上述各条件，这时就需要抓住主要矛盾，全面考虑，综合权衡。例如，要提纯磷酸单酯酶时，尽管肝脏中的磷酸单酯酶含量较高，但因其与磷酸二酯酶共存，提纯时这两种酶很难分开，所以实践中常选用磷酸单酯酶含量较低，但几乎不含磷酸二酯酶的前列腺作为原材料。

2. 原材料的预处理 选择到合适的原材料后，应及时使用，否则目的酶会部分甚至全部失活。若原材料难于很快使用，则需要进行预处理。如血清等动物体液应立即置于$-20\ ℃$冰箱中冷冻保存；动物脏器等材料则应迅速剥去脂肪和筋、皮等结缔组织，冲洗干净，置于$-10\ ℃$冰箱短期保存或$-70\ ℃$低温冰箱中保存数月。对于种子等植物材料应进行去壳、去果胶、脱脂等处理。选用的微生物菌种在接入适当的培养液培养一段时间后，离心收集胞外酶和分泌物等上清液，置于低温冰箱中可短期保存；而沉淀的菌体经破碎细胞后可以从中提取胞内酶。对于含脂肪较多的材料，可在提纯前或提纯过程中进行脱脂处理，常用的方法为：将材料浸泡在有机溶剂（如丙酮、乙醚）中快速加热，然后快速冷却，使熔化的油滴冷却后凝聚成油块而被除去。若目的酶耐高温则可将原材料烘干后长期保存。

3. 细胞破碎 除了胞外酶的提取以外，所有胞内酶的提取均必须先将原材料的细胞破碎，使目的酶从细胞中释放出来，然后再进行提取。破碎细胞有许多方法，常用的有机械破碎法、温度差破碎法、压力差破碎法、超声波破碎法等物理方法以及化学破碎法与酶促破碎法等。

（1）机械破碎法 通过机械运动所产生的剪切力的作用，使细胞破碎的方法称为机械破碎法。按照所使用的破碎机械的不同，可将机械破碎法分为捣碎法、研磨法和匀浆法。

①捣碎法：即利用捣碎机高速旋转叶片所产生的剪切力将组织细胞破碎。此法常用于动物内脏、植物叶芽等比较脆嫩的组织细胞的破碎，也可以用于微生物，特别是细菌的破碎。使用时，先将小块的组织与细胞悬浮于水或其他介质中，置于捣碎机内进行破碎。此方法在实验室和规模生产均可采用。

②研磨法：即利用研钵、细菌磨、石磨、球磨等研磨器械所产生的剪切力将组织细胞破碎，必要时可加入精制石英砂、小玻璃球、玻璃粉、氧化铝等助磨剂，以提高研磨效果。此法常用于微生物和植物组织细胞的破碎。研钵、细菌磨用于实验室研究，石磨、球磨用于工业化生产。研磨法设备简单，但效率较低。

③匀浆法：即利用匀浆器、高压匀浆机产生的剪切力将组织细胞破碎。大

块的组织或细胞团需先用组织捣碎机或研磨器捣碎分散以后才能进行匀浆。匀浆器一般由硬质磨砂玻璃制成，也可由硬质塑料或不锈钢等制成，通常用来破碎那些易于分散、比较柔软、颗粒细小的组织细胞。此法破碎程度高，对酶的破坏也较少，适用于实验室，但难于在工业生产上应用。高压匀浆机非常适合于细菌、真菌的破碎，且处理容量大，一般循环 2～3 次就足以达到破碎要求，适用于工业化生产。

（2）温度差破碎法　即通过温度的突然变化使细胞破碎。例如将冷冻的细胞突然放进较高温度的环境中，或将较高温度的细胞突然冷冻都可使细胞破碎。该法对那些较为脆弱、易于破碎的细胞（如对数生长期的革兰氏阴性菌等）有较好的破碎效果，但在酶的提取时，不能在过高的温度下操作，以免引起酶的变性失活。此法适用于实验室，但难用于工业化生产。

（3）压力差破碎法　通过压力的突然变化使细胞破碎。常用的有以下几种方法。

①高压冲击法：在结实的容器中装入细胞和冰晶、石英砂等混合物，用活塞或冲击锤施以高压冲击，从而使细胞破碎。

②突然降压法：将细胞悬浮液装进高压容器中，加压至 30 MPa 以上，打开出口阀门，使细胞悬浮液经阀门迅速流出，由于出口处压力突然降为常压，从而使细胞迅速膨胀而破碎。突然降压法的另一种形式称为爆破式减压法，是将细胞悬浮液装入高压容器，用氮气或二氧化碳加压到 5～50 MPa，振荡几分钟，使气体扩散到细胞内，然后突然排出气体，压力骤降，使细胞破碎。

③渗透压差法：即利用渗透压的变化使细胞破碎。使用时，将对数生长期的细胞悬浮在高渗透压溶液（如 20% 左右的蔗糖溶液）中平衡一段时间，然后离心收集细胞，迅速投入 4 ℃ 左右的蒸馏水或其他低渗溶液中，由于细胞外渗透压突然降低，从而使细胞破碎。该法适用于膜结合酶、细胞间质酶等的提取，但对具有坚韧的多糖细胞壁的细胞（如植物细胞、霉菌、革兰氏阳性菌等）不适用，除非用其他的方法先除去这些细胞坚韧的细胞壁。

（4）超声波破碎法　在高于 20 kHz 的超声波作用下，使细胞膜产生空穴作用而使细胞破碎。使用该方法时，时间应尽可能短，且容器周围应进行冷却处理（如冰浴），尽量减少热效应引起的酶的失活。此法特别适用于微生物细胞（最好是对数生长期的细胞）的破碎。该法在实验室用具有简便、快捷、效果好等特点，但要在大规模工业化生产中应用困难很多。

（5）化学破碎法　即应用各种化学试剂与细胞膜作用，使细胞膜结构改变而使细胞破碎。常用的化学试剂有甲苯、丙酮、丁醇、氯仿等有机溶剂，还有非离子型的特里顿（Triton）、吐温（Tween）等表面活性剂。表面活性剂处理法对膜结合酶的提取特别有效，在实验室和生产中均已成功使用。

（6）酶促破碎法　在一定条件下，通过外加酶或细胞本身存在酶的催化作用，使细胞破碎。应根据细胞外层结构的特点，选用适当的酶，并根据酶的动力学性质，控制好各种催化条件，使细胞壁破坏，并在低渗透压的溶液中使细胞破裂。如革兰氏阳性菌主要依赖其细胞壁中的肽多糖维持其细胞结构和形态，而溶菌酶能专一性地作用于肽多糖的 β-1,4 糖苷键而使细胞壁被破坏，所以溶菌酶常用于革兰氏阳性菌的细胞破碎。对于革兰氏阴性菌，则在加入溶菌酶的同时，还要加入 EDTA，才能达到细胞破碎的效果。霉菌细胞壁含有几丁质，故几丁质酶可用于霉菌的细胞破碎。有时单一酶不易降解细胞壁，而需要两种或多种酶进行处理。如酵母细胞的破壁至少需要蛋白酶和 β-1,3-葡聚糖酶；纤维素酶、半纤维素酶和果胶酶往往混合使用，作用于植物细胞的细胞壁，而使植物细胞破碎。由于溶菌酶等上述列举酶价格较高，而且外加酶本身混入细胞破碎液中成为杂质，故用外加酶来破碎细胞的方法难以用于规模化的工业生产。此外，可将细胞在一定的 pH 和适宜的温度条件下，保温一段时间，通过细胞本身存在的酶系将细胞破坏，使胞内物质释放，此法称为自溶法。自溶时间一般较长，为防止其他微生物在自溶细胞液中孳生，可加入少量甲苯、氯仿、叠氮钠等防腐剂。另外，通过加入噬菌体去感染细菌，或通过电离辐射等方法，也可以使细胞自溶。

在实际破碎细胞时，应当根据细胞性质与处理量采用适宜的方法。有时在不影响酶活性的前提下，也可将两种或两种以上的方法联合使用，以达到较好的细胞破碎效果。但无论使用何种方法，都需要在一定的缓冲液中进行，有时还需要加入某些保护剂，以防止酶分子的降解与变性失活。细胞破碎后，纯化胞内酶的第一步是除掉细胞碎片。固液分离是酶分离的中心环节，可用离心、过滤、双水相体系萃取、超滤和沉淀法分离、浓缩目的酶。

二、粗酶液的抽提

粗酶液的抽提（extraction）是指在一定的条件下，用适当的溶剂或溶液处理含酶原料，使酶充分溶解到溶剂或溶液中的过程，也称为酶的提取。

1. 酶提取的方法　酶提取时，首先应根据酶的结构和溶解性质以及酶的稳定性，从有利于切断酶与其他物质的联系出发，选择适当的溶剂或溶液以及抽提条件。一般来说，酶都能溶解于水，故通常用水或稀盐、稀酸、稀碱溶液等进行提取。有些酶与脂质结合或含有较多的非极性基团，则可用有机溶剂提取。另外，在酶的提取过程中，为了提高酶的稳定性，避免引起酶的变性失活，可适当加入某些保护剂，如酶作用的底物、辅酶或某些抗氧化剂等。

(1) 稀盐溶液提取　大多数蛋白类酶（P 酶）都溶于水，而且在低浓度的盐存在的条件下，酶的溶解度随盐浓度的升高而增加，这称为盐溶现象。而在盐浓度达到某一界限后，酶的溶解度随盐浓度升高而降低，这称为盐析现象。所以一般采用稀盐溶液进行酶的提取，盐的浓度一般控制在 0.02～0.5 mol/L。例如，固体发酵生产的麸曲中的淀粉酶、蛋白酶等胞外酶，用 0.14 mol/L 的氯化钠溶液或 0.02～0.05 mol/L 的磷酸缓冲液提取。也有少数酶（如霉菌脂肪酶等）用不含盐的清水提取效果较好，这可能与低渗可破坏细胞结构有关。核酸类酶（R 酶）的提取，一般在细胞破碎后，用 0.14 mol/L 的氯化钠溶液提取，得到核糖核蛋白提取液，再进一步与蛋白质等杂质分离得到酶 RNA。

(2) 稀酸溶液提取　有些酶在酸性条件下溶解度较大，且稳定性较好，宜用稀酸溶液提取。提取时要注意溶液的 pH 不能太低，以免使酶变性失活。如胰蛋白酶可用 0.12 mol/L 的硫酸溶液提取。

(3) 稀碱溶液提取　在碱性条件下溶解度大且稳定性好的酶，应采用稀碱溶液提取。例如细菌 L-天冬酰胺酶可用 pH 11.0～12.5 的碱溶液提取。操作时要注意 pH 不能过高，以免影响酶的活性。同时，加碱液的过程要一边搅拌一边缓慢加进，以免出现局部过碱现象，引起酶的变性失活。

(4) 有机溶剂提取　有些与脂质结合牢固或含有较多非极性基团的酶，可以采用与水可以混溶的乙醇、丙酮、丁醇等有机溶剂提取。如采用丁醇提取琥珀酸脱氢酶、胆碱酯酶、细胞色素氧化酶等，都取得了良好的效果。在核酸类酶的提取中，可以采用苯酚水溶液。一般是在细胞破碎、制成匀浆后，加入等体积的 90% 苯酚水溶液，振荡一段时间，结果 DNA 和蛋白质沉淀于苯酚层，而 RNA 溶解于水溶液中。

2. 影响酶提取的主要因素　在酶提取的过程中，主要受到抽提溶剂的性质、用量以及温度、pH 等提取条件的影响。

(1) 抽提溶剂的性质　抽提溶剂的性质对酶的提取影响很大。酸性的酶宜用碱性溶剂抽提，碱性的酶宜用酸性溶剂抽提，极性大的酶宜用极性溶剂抽提，含有较多非极性基团的酶则宜用有机溶剂抽提。

(2) 抽提溶剂的用量　增加抽提溶剂的用量，可以提高酶的提取率。但是过量的抽提溶剂，会使酶的浓度降低，对酶进一步分离纯化不利。抽提溶剂的用量一般为原料体积的 3～5 倍为宜，最好分几次提取。

(3) 温度　提取时的温度对酶的提取效果有明显影响。一般来说，适当提高温度，可以提高酶的溶解度，也可以增大酶分子的扩散速度。但是温度过高，容易引起酶的变性失活，所以提取酶时温度不宜过高。特别是采用有机溶剂提取时，温度应控制在 0~10 ℃ 的低温条件下。有些酶（如细菌碱性磷酸酶、胃蛋白酶等）对温度的耐受性较高，可在室温或更高一些的温度条件下提取。

(4) pH　溶液的 pH 对酶的溶解度和稳定性有显著影响。酶分子中含有各种可解离基团，在一定 pH 条件下，有的可以解离为阳离子，有的可以解离为阴离子。当溶液的 pH 为某一特定值时，酶分子所带的正电荷和负电荷相等，整个分子的净电荷为零，此时的 pH 即为该酶的等电点，并且此时酶分子的溶解度最小。不同的酶分子有不同的等电点。为了提高酶的溶解度，提取酶时溶液的 pH 应该远离酶的等电点，但是溶液的 pH 不宜过高或过低，以免引起酶的变性失活。

(5) 其他因素　在酶的提取过程中，含酶原料的颗粒越小，则扩散面积越大，越有利于提高酶向溶液中的扩散速度。适当的搅拌也有利于提高扩散速度。适当延长提取时间，可以使更多的酶溶解出来，从而提高酶的提取效果。

三、粗酶液的净化与脱色

1. 粗酶液的净化　在酶的抽提液（粗酶液）或发酵液中，往往由于含有细胞、细胞碎片、脂肪微粒等固形杂质而显得浑浊，可采用离心法或过滤法使其澄清。若粗酶液中的核酸、黏多糖等杂质含量高，则会使酶溶液黏度大大增加，从而影响酶的进一步分离纯化。核酸一般可用核酸酶分解或用鱼精蛋白沉淀而除去。至于黏多糖，常用乙醇、单宁酸、离子型表面活性剂等处理除去，有时也用酶除去。如果粗酶液或发酵液的黏度过大，杂质颗粒又很微小，且相对密度也较小，采用离心或过滤进行净化处理的难度就会很大，此时通常需要先使用絮凝剂处理，然后才能进行离心、过滤等净化处理。

絮凝（flocculation）是指在絮凝剂的架桥作用下，将混合液中的杂蛋白等胶体粒子交联成网，并将混合液中的细胞、细胞碎片等固形物质包裹其中，形成约 10 mm 大小絮凝团的过程，从而使粗酶液或发酵液易于净化处理。絮凝剂种类很多，分为无机的、有机的和天然高分子的多种。目前最常用的絮凝剂是有机合成的聚丙烯酰胺类衍生物，其用量少（一般以 mg/L 计），絮凝速度快，絮凝体粗大，分离效果好，适用范围广。它们的主要缺点是存在一定的毒性，一般不宜用于食品及医药工业。近年来发展的聚丙烯酸类阴离子絮凝剂，无毒性，可用于食品和医药工业。

利用某些吸附剂对蛋白质的吸附作用，也有利于粗酶液的净化。例如，在枯草芽孢杆菌的发酵液中，常加入氯化钙和磷酸氢二钠，两者本身生成庞大的凝胶，把蛋白质、菌体和其他不溶性粒子吸附并包裹在其中而沉淀除去。

2. 粗酶液的脱色　食品工业用酶，允许含有原料中的色素，不需脱色；而其他用途的酶可能需要适当程度的脱色。色素物质化学性质的多样性增加了脱色的难度。工业上应用的价廉而有效的脱色剂是活性炭。活性炭脱色的机制是吸附，它既能吸附色素，也能吸附部分酶。活性炭的用量、处理时间、温度等对脱色效果和酶的回收率有影响，活性炭的用量一般为 0.1%～1.5%，可以根据色素的多少而增减。另外，不同方法制得的活性炭吸附能力也不同。例如，用氯化锌法制备的活性炭，对色素和酶的吸附力都强，只适用于色素浓度高的酶液的脱色，如发酵液过滤液的脱色；用水蒸气法制得的活性炭，吸附色素和酶的能力较弱，但其脱臭能力强，适用于经过某种程度精制的酶液的脱色。

另外，离子交换树脂也用于脱色，其中一些离子交换树脂能吸附色素而基本上不吸附酶，用特制的低交联度的大孔性树脂脱色效率较好。但由于酶液中存在可交换的离子，使用这些有离子交换作用的树脂吸附色素的同时，必定会使脱色酶液的 pH 和离子强度发生相应的变化，为此必须将这种树脂先进行缓冲化，使之达到与酶溶液的 pH 和离子强度相一致的程度。目前，工业化生产常采用无离子交换作用的专用脱色树脂，如 Duolite S-30、通用 1 号等。通用 1 号脱色树脂在 pH 5.5 以下吸附色素，而在 5% 碱溶液中脱出色素，脱出色素后用水冲洗至中性，再用两倍树脂体积的 5% 盐酸溶液处理，最后用水洗至 pH 5.5 以下，可再生利用。

不同材料来源的酶溶液应加入不同的脱色剂，以减少色素。例如，从植物材料提取酶时，常加入 0.5%～1% 的吡咯烷酮，在枯草芽孢杆菌淀粉酶和蛋白酶盐析时，加入亚硫酸盐（Na_2SO_3、$NaHSO_3$ 等），都可以除去部分色素。

四、粗酶液的浓缩

酶溶液浓缩的方法很多，如：沉淀法、透析法、超滤法、离心法、离子交换吸附法、凝胶吸水法等，这些方法既是浓缩的方法，又是分离纯化的手段，将在随后几节分别予以介绍。另外，真空浓缩、冷冻浓缩、蒸发浓缩等也可使酶液浓缩，这些方法将在本章第九节予以介绍。

粗酶液的体积往往很大，而酶浓度一般又很低，因此需要经过适当的浓缩后，才可做进一步的纯化。在上述酶溶液浓缩方法中，因为沉淀法与超滤法是最适用于大规模操作的浓缩技术，所以这两种方法也是粗酶液浓缩的最适宜方法。

第三节 沉淀分离

沉淀（precipitation）分离是指通过改变某些条件或添加某种物质，使溶液中某种溶质的溶解度降低，并从溶液中沉淀析出，从而达到与其他溶质分离的技术过程。在蛋白质和酶的分离纯化过程中，经常采用的沉淀分离方法为：盐析法、有机溶剂沉淀法、等电点沉淀法、复合沉淀法、选择性沉淀法和变性沉淀法。

一、盐 析 法

利用盐析法沉淀分离酶是指在酶液中添加一定浓度的中性盐，使酶或杂质从溶液中析出沉淀，从而使酶与杂质分离。该方法是蛋白质和酶分离纯化中应用最早而且至今仍在广泛使用的方法。

1. 基本原理 蛋白质和酶在水溶液中的溶解度受到溶液中盐浓度的影响。一般在低盐浓度的情况下，溶液中盐的解离会增加溶液中蛋白质分子表面的电荷，增强蛋白质分子与水分子间的作用力，因而蛋白质和酶的溶解度随盐浓度的升高而增加，这种现象称为盐溶（salting in）。而当盐浓度升高到一定值后，随着盐浓度的继续升高，高浓度的无机盐离子会从蛋白质分子的水化膜中夺取水分子，破坏水化膜，并中和蛋白质分子表面的双电荷层，从而使蛋白质分子相互结合而发生沉淀，这种现象称为盐析（salting out）。由此可见，蛋白质和酶在水溶液中的溶解度与溶液中盐浓度［更准确地说是离子强度（ionic strength, I）］密切相关，在浓盐溶液中，它们的关系可用下式表示。

$$\lg(S/S_0) = -K_s I$$

式中，S 表示蛋白质或酶在离子强度为 I 时的溶解度（g/L）；S_0 表示蛋白质或酶在离子强度为 0 时（即在纯溶剂中）的溶解度（g/L）；K_s 表示盐析系数；I 表示离子强度。在温度和 pH 一定的条件下，S_0 为一常数，故上式可以改写为

$$\lg S = \lg S_0 - K_s I = \beta - K_s I$$

式中，$\beta = \lg S_0$，主要决定于蛋白质或酶的性质，也与溶液的温度和 pH 有关，当温度和 pH 一定时，β 为一常数。盐析系数 K_s 主要决定于盐的性质，K_s 的大小与离子价数成正比、与离子半径和溶液的介电常数成反比。K_s 也与蛋白质或酶的结构有关。不同的盐对于同种蛋白质具有不同的 K_s，同一种盐

对于不同的蛋白质也有不同的 K_s。K_s 越大，表示盐析的效率越高。对于某一种蛋白质或酶而言，在温度和 pH 等盐析条件确定（即 β 确定），所用的盐确定（即 K_s 确定）之后，蛋白质或酶的溶解度只决定于溶液中的离子强度 I。

离子强度 I 是指溶液中离子强弱的程度，与离子的浓度和离子的价数有关，即

$$I = (\sum c_i z_i^2)/2$$

式中，c_i 表示某一离子的浓度（mol/L）；z_i 表示某一离子的价数。如 0.2 mol/L 的 $(NH_4)_2SO_4$ 溶液的离子强度 $I = (2 \times 0.2 \times 1^2 + 0.2 \times 2^2)/2 = 0.6$

对于含有多种蛋白质或酶的混合液，可采用分段盐析的方法进行分离纯化。如在酶提纯的前期，常常在控制温度和 pH 在恒定的条件下（β 为常数），再通过改变溶液离子强度的方法使不同的蛋白质或酶分离，此法称为 K_s 分段盐析。而当采用其他纯化手段已将大量杂蛋白基本除去，所要的目的酶需结晶时，常采用控制一定的离子强度（K_sI 为常数）、改变温度和 pH 的方法将目的酶析出，此法称为 β 分段盐析，常用于酶提纯的最后阶段。

2. 硫酸铵盐析 硫酸铵盐析是实验室最常用的盐析方法。盐析出某种蛋白质成分所需的硫酸铵浓度一般以饱和度来表示。在实际工作中是将饱和硫酸铵溶液的饱和度定为 100% 或 1，盐析某种蛋白质成分所需的硫酸铵的量折算成 100% 或 1 的百分之几，即称为该蛋白盐析的饱和度。要使溶液达到某一饱和度有以下 2 种方法，可以根据情况选用其一。

（1）添加饱和硫酸铵溶液法 在蛋白质溶液的总体积不大，要求达到的饱和度在 50% 以下时，可选用此方法。在已知盐析出某种蛋白质成分所需要达到的饱和度时，可按下列公式计算出应加入饱和硫酸铵溶液的数量。

$$V = V_0 \frac{c_2 - c_1}{100 - c_2}$$

或

$$V = V_0 \frac{c_2 - c_1}{1 - c_2}$$

式中，V_0 为蛋白质溶液的原始体积；c_2 为所要达到的硫酸铵饱和度；c_1 为原来溶液的硫酸铵饱和度；V 为应加入饱和硫酸铵溶液的体积。

将计算所得体积的饱和硫酸铵溶液加入到混合蛋白质溶液中，即可达到盐析的目的。严格讲，混合两种不同溶液时，混合后的总体积并不等于混合前两种溶液体积之和，而上式中是按相等计算的，所以会产生误差。但实验证明，所造成的误差一般较小，可忽略不计。

（2）添加固体硫酸铵粉末法 在所需达到的饱和度较高，而蛋白质溶液的

体积又不能再过分增大时，采用直接加入固体硫酸铵粉末的方法。欲达到某饱和度可按下列公式计算出应加入固体硫酸铵的数量。

$$X = \frac{G(c_2 - c_1)}{100 - Ac_2}$$

或

$$X = \frac{G(c_2 - c_1)}{1 - Ac_2}$$

X 是将 1 L 饱和度为 c_1 的溶液提高到饱和度为 c_2 时，需要加入固体硫酸铵的质量（g）。G 和 A 为常数，数值与温度有关。达到各种饱和度所需要加固体硫酸铵的克数已列成表（一般生物化学实验书的附录中均有此表），使用时不需要计算，可直接从表中查出。

3. 影响盐析法效果的因素及其调控 盐析效果的好坏与所选择盐的种类与浓度、溶液的 pH 与温度、溶液的蛋白质浓度等因素密切相关，应用盐析法时应对这些因素加以调节控制。

（1）盐的种类与浓度 盐析法通常采用的中性盐有硫酸铵、硫酸钠、硫酸钾、硫酸镁、氯化钠、磷酸钠等。硫酸铵因具有在水中溶解度大、温度系数小、不影响酶的活性、分离效果好、价廉易得等优点，故最为常用。但是，用硫酸铵进行盐析时缓冲能力较差，而且铵离子的存在往往会干扰蛋白质的测定，所以有时也用其他中性盐来进行盐析。不同的酶由于结构不同，故盐析时所需的盐浓度也不相同。同一种酶由于来源不同，盐析时要求的盐浓度也可能不同。此外，酶的浓度不同、杂质成分不同等也对盐析时所需的盐浓度有显著的影响。为此，在实际应用盐析法时，应根据不同的情况，通过试验来确定所需盐的种类与浓度。

（2）溶液的 pH 与温度 盐析时，酶液或蛋白质溶液的 pH 应调节到所需盐析的酶或蛋白质的等电点附近，因为在等电点时，酶或蛋白质的溶解度最小。至于盐析温度，从酶的稳定性和溶解度来考虑，最好控制在 0 ℃左右为宜。由于硫酸铵不易使酶变性失活，故用硫酸铵盐析时，也可维持在室温左右。但对于那些对温度敏感的酶，则应在低温条件下操作。

（3）溶液的蛋白质浓度 为了获得较好的盐析效果，还应调节溶液中的蛋白质浓度。溶液中蛋白质浓度愈高，盐析所需的盐饱和度愈低，所以盐析的蛋白质浓度不宜过低。一般来说，蛋白质浓度应在 1 mg/mL 以上。但蛋白质浓度过高时，盐析界限会变宽，即低浓度无机盐便可使蛋白质析出，使目的蛋白质与其他杂蛋白发生共沉淀作用；反之，蛋白质浓度低，需要无机盐的浓度就高，盐析界限就窄。因此，可以通过稀释作用来调节盐析浓度界限，从而有助于目的蛋白质的分离。不过,蛋白质浓度也不可过低,如在 100 μg/mL 以下,盐析一般很困难,有时甚至根本不能形成沉淀;在 0.1～1 mg/mL 范围内,沉淀虽能生成,但时间较长,而且回收率往往不高。

盐析法的优点是安全(大多数蛋白质和酶在高浓度盐溶液中相当稳定,不易变性失活)、操作简便、使用范围广泛、重复性好、费用低等,故盐析法(特别是硫酸铵盐析法)是实验室进行酶分离纯化广泛采用的方法。盐析法的缺点是分辨率低、纯化倍数较小、硫酸铵易腐蚀离心机、固液较难分开,故该法应用于规模化的酶的提纯,效果并不理想。经过盐析后,一般可使蛋白质或酶的纯度提高约 5 倍,而且可以除去 DNA、RNA 等杂质。但盐析所得酶中仍含有一些杂蛋白与大量的盐,通常需要采用透析、葡聚糖凝胶过滤、超过滤等方法脱盐,并采用其他方法进行进一步纯化。

二、有机溶剂沉淀法

利用酶与其他杂质在有机溶剂中的溶解度不同,通过添加一定量的某种与水互溶的有机溶剂,使酶或杂质沉淀析出,从而使酶与杂质分离。这种方法称为有机溶剂沉淀法。世界酶学史上第一个酶的结晶——脲酶结晶便是由 J. B. Sumner 于 1926 年在刀豆脲酶抽提液中加入 32% 丙酮而获得的。

1. 基本原理 当在酶或蛋白质溶液中加入较多量与水互溶的有机溶剂时,一方面由于有机溶剂与水亲和力大,有机溶剂的水化作用能够破坏溶质分子表面的水化膜,使溶质溶解度降低而沉淀析出;另一方面有机溶剂能降低溶液的介电常数(dielectric constant)(例如 20 ℃时水的介电常数为 80,而 82% 乙醇水溶液的介电常数为 40),而溶液介电常数的降低会使溶质分子间的静电引力增大,也有利于溶质分子间互相吸引而集聚沉淀。由于使不同的蛋白质沉淀所需的有机溶剂浓度不同,因此可以通过调节有机溶剂的浓度使混合溶液中的不同蛋白质达到分级沉淀的目的,该方法称为有机溶剂分级沉淀法,常用来分离提纯蛋白类酶。

2. 影响有机溶剂沉淀法效果的因素及其调控 有机溶剂沉淀法的效果与所选用有机溶剂的种类与用量、溶液的温度、pH、离子强度、溶液中蛋白质的浓度等因素密切相关。应用时,应对这些因素加以选择与调控。

(1) 有机溶剂的种类及用量 酶沉淀分离常用的有机溶剂有乙醇、丙酮、异丙醇、甲醇等,其中丙酮与乙醇具有在水中溶解度大、毒性小、操作方便等优点,故最为常用。有机溶剂的用量一般为酶液体积的 2 倍左右,不同的酶和使用不同的有机溶剂时,有机溶剂的使用浓度有所不同。有机溶剂的浓度常以体积百分比表示，在酶溶液中的加入量可依下式计算。
$$V = V_0(S_2 - S_1)/(S - S_2)$$

式中，V 表示应加入的有机溶剂体积；V_0 表示酶溶液原有的体积；S、S_1、S_2 分别表示待加的、原溶液中含有的、所要达到的有机溶剂的百分比浓度。

(2) 溶液的温度、pH　因为大多数酶蛋白在含有有机溶剂的溶液中（即在低介电常数环境中），蛋白质分子上基团间的作用力会受到影响，超过限度时会使蛋白质变性，特别是在温度较高时，更易变性失活。因此，所有操作必须在 0 ℃ 以下进行，有机溶剂必须冷却至 $-15 \sim -20$ ℃，然后搅拌下缓慢加入，防止局部浓度过高引起酶的变性失活。沉淀析出后要尽快离心或过滤分离，并用预冷缓冲液溶解所得沉淀，以降低有机溶剂浓度，减少有机溶剂对酶活力的影响。至于酶溶液的 pH，一般应调节到欲分离酶的等电点附近，因为在等电点时酶的溶解度最小。用于维持 pH 的缓冲溶液浓度一般应为 $0.01 \sim 0.05$ mol/L。

(3) 溶液中蛋白质的浓度及离子强度　在采用有机溶剂沉淀法时，为了防止混合液中几种蛋白质之间的相互作用及共沉现象的发生，溶液中蛋白质的浓度不宜过高，一般认为应在 $5 \sim 30$ mg/mL 比较合适。在实际操作时，常常于酶溶液中添加少量的正盐，一般盐浓度应为 0.05 mol/L 以下，因为这将有助于增加蛋白质的溶解度，从而提高该方法的分辨率，同时还能减少因有机溶剂引起的酶的变性失活。但加入正盐的浓度一般不得超过 0.05 mol/L，否则，不仅所用有机溶剂的量需增加，而且可能会使盐从蛋白质溶液中析出，影响分离的效果。如果盐浓度过高，则会出现蛋白质共沉现象，严重影响酶分离的效果。另外，还可以利用多价阳离子效应，即在加入有机溶剂后，在溶液 pH 高于待纯化酶等电点的条件下，加入 $0.005 \sim 0.02$ mol/L Zn^{2+} 或其他阳离子（但是在磷酸盐存在的情况下不能用 Zn^{2+}，因为可能产生磷酸锌沉淀），这些多价阳离子常能和蛋白质形成络合物，降低其溶解度。这样，如果处理恰当，则既可减少有机溶剂的用量，又可提高分离的分辨力。

与盐析法相比，有机溶剂沉淀法的优点是：①分辨率较高，即一种酶或蛋白质只在一个比较窄的有机溶剂浓度范围内才会沉淀；②析出的酶沉淀一般易于离心或过滤分离，且不含无机盐杂质，不需要脱盐处理；③有机溶剂容易被除去或回收。故在实验室进行酶分离纯化时，若使用恰当，有机溶剂沉淀法的提纯效果较好。有机溶剂沉淀法的缺点是：有机溶剂易燃、易引起酶的变性失活等，因此，在进行规模化的酶的提纯时，很少使用该方法。

三、等电点沉淀法

当溶液的 pH 大于或小于溶液中某两性电解质等电点 (isoelectric point, pI) 时,由于该两性电解质分子间带有相同的电荷而相互排斥,阻止了分子间集聚而沉淀,故溶解度大。当溶液的 pH 等于溶液中某两性电解质的 pI 时,该两性电解质分子的净电荷为零,分子间的静电排斥力消除,使分子间易于聚集而沉淀。故两性电解质在 pI 时溶解度最低。不同的两性电解质具有不同的 pI,蛋白类酶分子是两性电解质,因此通过调节溶液的 pH 至目的酶分子的 pI 时,便可使绝大部分的目的酶沉淀析出,从而使目的酶与杂质分离,该方法称为等电点沉淀法。在此要特别提醒:在加酸或加碱调节溶液 pH 的过程中,要一边搅拌一边慢慢滴加,以防止局部过酸或过碱引起酶的变性失活。

由于在 pI 时两性电解质分子表面的水化膜仍然存在,故酶等两性电解质在 pI 时仍有一定的溶解性而沉淀不完全,所以在实际使用时,等电点沉淀法往往与其他方法联合使用。在酶的沉淀分离中,等电点沉淀法经常与盐析沉淀法、有机溶剂沉淀法和复合沉淀法等一起使用。由于蛋白质在 pI 附近一定范围的 pH 下都可发生沉淀,只是沉淀的程度不同,并且相当多的蛋白质 pI 很接近,所以该法的分级效果和回收率均不理想,一般只用在酶的粗分离阶段,处理杂蛋白种类较多、且与目的酶 pI 相距较大的样品,因为将这种样品的 pH 调整至某一值后,不仅会使处于等电点状态的杂蛋白沉淀,也可使处于等电点两侧带相反电荷的杂质形成复合物而沉淀,从而可除去大量杂质。例如,纯化动物材料抽提液中的酶时,先将 pH 调至 5 左右,放置片刻,便可除去核蛋白等杂质,使酶液澄清。

四、复合沉淀法

在酶液中加入某种物质,使其与酶形成复合物而沉淀,从而使酶与杂质分离的方法称为复合沉淀法。有的复合沉淀分离后可以直接应用,如菠萝蛋白酶用单宁沉淀而得到的单宁-菠萝蛋白酶复合物可以制成药片,用于治疗咽喉炎等。有的复合沉淀分离后也可以再用适当的方法,使酶从复合沉淀中溶解出来而进一步纯化,如聚乙烯亚胺 (PEI) 在 0.2 mol/L KCl 存在下,能和限制性核酸内切酶 $EcoRI$、DNA 及相关蛋白形成复合沉淀,然后将 KCl 浓度升至 0.6 mol/L 时,$EcoRI$ 又从上述复合沉淀中重新溶解出来,这样 $EcoRI$ 被初步纯化。

常用的复合沉淀剂有非离子型聚合物聚乙二醇（PEG）、聚乙烯亚胺、单宁酸、硫酸链霉素等以及离子型表面活性剂十二烷基磺酸钠（SDS）等。由于PEG等非离子型聚合物无毒、不易燃，而且对大多数蛋白质有保护作用，故复合沉淀法适用于规模化的酶的提纯。

五、选择性沉淀法

某些多聚电解质如聚丙烯酸（PAA）、硫酸糊精以及磷、砷、硅的钨、钼、钒等的杂多酸，能在极低浓度下选择性地和溶液中某种或某类酶结合而沉淀。如PAA分子上有相当多的羧基，其羧基与含较多碱性基团酶（如蛋白酶、磷酸酯酶、溶菌酶等）上的碱性基团形成盐键而沉淀下来，当沉淀分离后再加入钙离子，则形成 PAA-Ca^{2+} 沉淀，酶被游离出来，从而使酶被纯化。PAA-Ca^{2+} 可与 SO_4^{2-} 反应，使PAA游离并被回收利用。上述过程可表示如下

$$PAA + 酶 \longrightarrow PAA-酶 \downarrow$$

$$PAA-酶 + Ca^{2+} \longrightarrow PAA-Ca^{2+} \downarrow + 酶$$

$$PAA-Ca^{2+} + SO_4^{2-} \longrightarrow CaSO_4 \downarrow + PAA$$

PAA的主要优点是无毒性，并能在极低浓度下选择性地沉淀某种或某类酶，故PAA在规模化的酶的提纯中非常有用。已用PAA成功地以工业规模从曲霉 *Aspergillus* spp. 中纯化出淀粉葡萄糖苷酶，从大豆中生产出淀粉酶。

六、变性沉淀法

选择一定的条件使酶液中存在的某些杂蛋白等杂质变性沉淀，而不影响所需要的酶，这种方法称为变性沉淀法。例如，对于热稳定性好的 α-淀粉酶等，可以通过热处理，使大多数杂蛋白受热变性沉淀而被除去。此外，还可以根据酶和所含杂质的特性，通过改变pH或加入某些金属离子或有机溶剂等使杂蛋白变性沉淀而被除去，从而使所需要的酶被纯化。

由于变性沉淀法是选择性地将杂质变性沉淀，而又要对所需要的酶没有明显影响，所以在应用该法之前，必须对欲分离的酶以及酶液中的杂蛋白等杂质的种类、含量及其物理、化学性质做比较全面的分析。

以上介绍了6种酶的沉淀分离方法，其中前5种方法可使酶溶液中的目的酶沉淀，若将目的酶沉淀溶于较少量的缓冲溶液中，就可使酶溶液被纯化的同时又被浓缩。

第四节 过滤分离

过滤（filtration）分离是指在一定的条件下，借助一定的过滤介质，将混合液中的固相与液相以及相对分子量大小不同的物质进行分离的技术过程。根据过滤介质的不同，可将过滤分为膜过滤与非膜过滤两大类。

一、非膜过滤

采用高分子膜以外的材料（如滤纸、滤布、纤维、多孔陶瓷、烧结金属等）作为过滤介质的过滤技术称为非膜过滤，包括粗滤和非膜微滤。

1. 粗滤 借助于过滤介质截留悬浮液中直径大于 $2\ \mu m$ 的大颗粒，使固形物与液体分离的技术称为粗滤。通常所说的过滤就是指粗滤。在实际使用时，应选择那些孔径大小适宜、孔的数量较多又分布均匀、具有一定的机械强度、化学稳定性好的过滤介质。为了加快过滤速度，提高分离效果，经常需要添加助滤剂。常用的助滤剂有硅藻土、活性炭等。粗滤主要用于分离酵母、霉菌、动物细胞、植物细胞、培养基残渣及其他大颗粒固形物。

根据推动力的产生条件不同，过滤分为常压过滤、加压过滤和减压过滤3种。

（1）常压过滤 这是以液位差为推动力的过滤。过滤装置竖直安装，悬浮液置于过滤介质的上方，由于存在液位差，在重力的作用下，液体通过过滤介质而滤下，大颗粒的物质被截留在介质表面，从而达到固液分离。实验室常用的滤纸过滤以及生产中使用的吊篮或吊袋过滤都属于常压过滤。

常压过滤设备简单，操作方便；但过滤速度较慢，分离效果较差，难以大规模连续使用。

（2）加压过滤 这是以压力泵产生的压缩空气的压力为推动力的过滤。生产中常用各式压滤机进行加压过滤。添加助滤剂、降低悬浮液黏度、适当提高温度等措施均有利于加快过滤速度和提高分离效果。

加压过滤设备比较简单，过滤速度较快，过滤效果较好，在生产中被广泛应用。

（3）减压过滤 这是通过在过滤介质的下方抽真空来增加过滤介质上方与下方之间的压力差，推动液体通过过滤介质，而把大颗粒截留在过滤介质表面。实验室常用的抽滤瓶和生产中使用的各种真空抽滤机均属于此类。

减压过滤需要配备有抽真空系统。由于压力差最高不超过 $0.1M\ Pa$，故多用于黏性不大的物料的过滤。

2. 非膜微滤 微滤截留的物质颗粒直径为 0.2～2 μm。在实验室和生产中通常利用微滤技术除去细菌、灰尘等光学显微镜下可以看到的物质颗粒。例如，无菌室和生物反应器的空气过滤，热敏性药物和营养物质的除菌，无菌水、矿泉水、纯生啤酒等软饮料的生产等均常常采用微滤技术。微滤分为膜微滤与非膜微滤，二者的区别仅在于过滤介质。非膜微滤常采用微孔陶瓷、烧结金属等非膜材料作为过滤介质，膜微滤过滤介质将在下面的"膜过滤"中予以介绍。

二、膜 过 滤

膜过滤又称为膜分离技术，是借助于一定孔径的高分子薄膜，将不同大小、不同形状和不同特性的物质颗粒或分子进行分离的技术。常用的高分子薄膜主要是用丙烯腈、醋酸纤维素、尼龙等高分子聚合物制成的，有时也可以采用动物膜，膜的孔径有多种规格可供使用时选择。根据物质通过薄膜的原理和推动力的不同，膜分离可以分为下述四大类。

1. 扩散膜分离 扩散膜分离是利用小分子物质的扩散作用，不断透过半透膜扩散到膜外，而大分子被截留，从而使相对分子量大小不同的物质得以分离。如常见的透析（dialysis）就属于扩散膜分离。下面就介绍一下透析的操作过程与用途。

(1) 透析的操作过程 透析膜可用动物膜、羊皮纸、火棉胶、玻璃纸等制成。透析的一般过程是：①将透析膜制成透析袋、透析管、透析槽等形式；②将欲分离的混合液装在透析膜内侧，透析膜外侧是水或低渗的缓冲液；③不时更换透析膜外侧的水或低渗缓冲液，使混合液中的盐类等小分子杂质不断穿过半透膜而被排出，而酶等大分子仍留在透析膜内侧。

(2) 透析的主要用途 在酶提纯的过程中，透析的主要用途是：①除去酶溶液中的小分子杂质。如盐析后所得酶溶液的脱盐。透析脱盐（图 5-1）设备简单、操作容易。但时间较长，且透析后酶溶液体积较大，浓度较低，主要用于实验研究，难以用于工业化生产。②酶溶液的浓缩。具体方法是：将酶溶液装入透析袋中，然后在密闭容器中缓慢减压，水及无机盐流向膜外，酶溶液即被浓缩。也可将聚乙二醇（PEG）涂于装有酶溶液的透析袋上，置于 4 ℃下，由于干 PEG 粉末有很强的吸收水、盐类等小分子的能力，故透析袋内的酶溶液被浓缩。为防止 PEG 进入酶溶液，最好用相对分子质量大的 PEG（如 PEG20000）。另外，还可以将装有酶溶液的透析袋放入高浓度、吸水性强的聚乙二醇、蔗糖或甘油等溶液中，透析袋内酶溶液中的水、盐类等小分子便会很快扩散到袋外，从而实现袋内酶溶液浓缩的目的。这种方法又称为反透析。

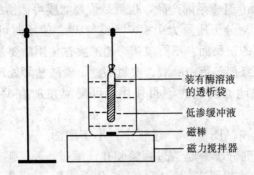

图 5-1　酶的透析脱盐

2. 涡流膜过滤　在规模化提纯酶时，特别是以微生物及其发酵液为原料而得到的酶的粗提液常有凝胶化的趋向，难以用传统方法进行有效过滤。因为使用传统的过滤法时，常发生严重堵塞，除非加大过滤面积，但这又是一个花钱多的解决办法。最近一个技术上的进步是研制出了涡流膜过滤法（cross-flow membrane filtration），它可以代替离心法，用此法所得滤液的比活力比用离心法得到的上清液比活力要高，而且所需时间短，投资也显著降低。此法中，酶的粗提液以直角流向过滤方向，使用足够高的流速，可以通过自我冲洗作用而防止堵塞，但自我冲洗作用产生的剪切力有可能引起酶活力丧失。已用此法成功地将细胞碎片与羧肽酶、芳基酰胺酶分离。关于膜性能的研究还在继续之中，各向同性膜易产生极化现象；具有不对称结构的膜则不易堵塞，而且可处理浓度较高的个别物质。

3. 加压膜分离　加压膜分离是以薄膜两边的流体静压差为推动力的膜分离技术。在静压差的作用下，小于薄膜孔径的物质穿过膜孔，而大于孔径的物质颗粒被截留。

根据所截留的物质颗粒的大小不同，加压膜分离可分为膜微滤、超滤和反渗透3类。

（1）膜微滤　膜微滤是以微滤膜作为过滤介质的膜分离技术，其操作压力一般在0.1 MPa以下。它是微滤的一种类型，关于微滤，在前面已做过介绍，这里不再叙述。

（2）超滤　超滤（ultrafiltration）又称超过滤，是在一定的压力下，借助于超滤膜将混合液中不同大小的物质颗粒或分子进行选择性滤过的分离技术，主要用于分离病毒、纯化各种生物大分子、生物大分子溶液的浓缩等。

超滤的操作压力一般由压缩气体来维持，一般控制在 0.1～0.7 MPa。超滤膜通常用纤维素、聚砜等材料制成，膜上均匀分布有许多微孔，孔径有多种规格，为 2～200 nm 组成系列产品，也就是说超滤膜可截留的颗粒直径为 2～200 nm，相当于相对分子质量为 1×10^3～5×10^5。使用时可根据需要进行选择，同时要注意膜的正反面，不要搞错。超滤膜在使用后要及时清洗，一般可用超声波、中性洗涤剂、蛋白酶液、次氯酸盐、磷酸盐等处理，使膜基本恢复原有通水量。如果超滤膜暂时不再使用，可浸泡在加有少量甲醛的清水中保存。

在酶的超滤分离（图 5-2）过程中，小于超滤膜孔径的杂质与溶剂分子一起透过超滤膜孔而滤过，而酶等大分子物质被截留在超滤膜之上，从而使酶溶液被纯化的同时又被浓缩。若采用不同孔径的超滤膜，还可以对酶液进行分级分离。为了提高酶的分离效果，还可采用串联超滤的方法。但是，对于那些需要小分子辅助因子的酶的纯化，超滤技术不适用。

图 5-2 酶的超滤分离

超滤具有下列优点：①不需加热，更适用于热敏物质的处理；②设备简单，操作方便，处理迅速，条件温和，处理样品无相变化，量可大可小；③能在广泛的 pH 条件下操作，适用范围广等。因此，该技术近年来发展很快。目前，在酶的实验室研究与工业化生产过程中，超滤已成为酶分级分离、除去酶溶液中小分子杂质（如脱盐）与酶溶液浓缩的主要技术手段，但分辨率远不及分子筛层析法。关于分子筛层析法，将在本章第七节予以介绍。

（3）反渗透　反渗透膜的孔径小于 2 nm，被截留的物质分子质量小于 1 000 Da。操作压力为 0.7～13 MPa。主要用于分离各种离子和小分子物质。反渗透技术在无离子水的制备、海水淡化等方面被广泛应用。

4. 电场膜分离　电场膜分离是指在半透膜的两侧分别装上正极和负电极，在电场作用下，带电的小分子物质或离子向着与其本身所带电荷相反的电极移动，透过半透膜，从而达到彼此分离的目的。电渗析和离子交换膜电渗析均属于电场膜分离。

（1）电渗析　用两块半透膜将透析槽分隔成 3 个室，在两块膜之间的中心室装入待分离的混合溶液，在两侧室中装入水或缓冲液并分别接上正极和负电极，接正电极的称为阳极槽，接负电极的称为阴极槽。接通直流电源后，中心室溶液中的阳离子向负极移动，透过半透膜到达阴极槽；而阴离子则向正极移动，透过半透膜移向阳极槽；大于半透膜孔径的物质分子则被截留在中心室中；从而使带不同电荷且分子量大小不同的物质得以分离。实际应用时，可将多个相同的上述透析槽连在一起组成一个透析系统。

渗析时要控制好电压和电流强度。渗析开始的一段时间，由于中心室溶液的离子浓度较高，电压可低些；当中心室的离子浓度较低时，要适当提高电压。

电渗析主要用于酶液或其他溶液的脱盐、海水淡化、纯水制备以及其他带电荷小分子的分离。也可以将凝胶电泳后的含有蛋白质或核酸等的凝胶切开，置于中心室，经过电渗析，使带电荷的大分子从凝胶中分离出来。

(2) 离子交换膜电渗析　离子交换膜电渗析的装置与一般电渗析相同，只是以离子交换膜代替了一般的半透膜。离子交换膜一方面具有一般半透膜的特性，即能够截留大于其孔径的物质颗粒或分子；另一方面，由于它有某种带电基团，根据同性电荷相斥、异性电荷相吸的原理，它只让带异性电荷的物质透过，而把带同性电荷的物质截留。故离子交换膜的选择透过性比一般半透膜强。

离子交换膜电渗析主要用于酶液或其他溶液的脱盐、海水淡化以及从发酵液中分离柠檬酸、谷氨酸等带有电荷的小分子发酵产物等。

第五节　离心分离

离心（centrifugation）分离是借助于离心机旋转所产生的离心力，使不同大小、不同密度的物质分离的技术过程。该技术因其容量大、需时短，而在酶提纯过程中经常用到。如细胞的收集、细胞碎片和沉淀的分离以及酶的纯化等往往都要使用离心分离。离心分离对那些固体颗粒很小或液体黏度很大，过滤速度很慢，甚至难以过滤的悬浮液十分有效；对那些忌用助滤剂或助滤剂使用无效的悬浮液的分离，也能得到满意的结果。

一、离心原理

将样品溶液装入离心机转头中的离心管内，驱动离心机，离心管内的样品物质就会做圆周运动，于是就产生了一个外向的离心力（centrifugal force，F），其大小可用下式表示。

$$F = m\omega^2 r$$

式中，m 为悬浮粒子的有效质量，ω 为离心转头旋转的角速度（rad/s），r 为悬浮粒子离心半径（cm）。悬浮粒子受到离心力的作用后将向离心管底部移动、沉降，由于不同物质的形状、大小、质量、密度等性质不同，在同一液相介质和同一离心力场中，沉降速度就各不相同。一般质量大的沉降速度也大，体积大的沉降速度小，故彼此分离。离心分离只能把各种下沉物或不溶物与溶液分开，无法把分子质量、结构及性质相近的大分子分开。由于离心力越大，达到分离所需的离心时间越短，故在条件许可和不影响分辨率的情况下，可选用稍大一些的离心力，以节省离心时间。

在实践中，常用相对离心力（relative centrifugal force，RCF），RCF 是指悬浮粒子所受到的离心力与其受到的地心引力（即重力 mg，$g=980$ cm/s²）的比值，若离心机每分钟转数（revolutions per minute）用 N（r/min）表示，则因为

$$\omega = \frac{2\pi \times N}{60}$$

所以，有 $RCF = m\omega^2 r / mg = \omega^2 r / g = 1.119 \times 10^{-5} N^2 r$

由上式可见，RCF 是指在离心场中，悬浮粒子受到的离心力是其受到的地心引力（即重力）的多少倍，同时也是一个与悬浮粒子无关的数值，是重力加速度（g）的倍数。RCF 与 N^2 以及 r 成正比。根据上式还可以进行 N 和 RCF 之间的换算。例如某样品要选用 20 000 r/min 离心，离心半径选 3.2 cm，那么 $RCF = 1.119 \times 10^{-5} \times (20\,000)^2 \times 3.2 = 14\,323$ r/min$g$。若转数不变，离心半径选 7.0 cm，那么 $RCF = 1.119 \times 10^{-5} \times (20\,000)^2 \times 7.0 = 31\,332 g$。可见，在同一转速下，由于 r 不同，RCF 彼此之间差别很大。由于离心机转头形状与结构设计的差异，使每台离心机的离心管从管口至管底的各点与旋转轴之间的垂直距离（即旋转半径 r）均不相同，所以在计算时规定：旋转半径 r 均用平均半径 r_{av} 代替，$r_{av} = (r_{min} + r_{max})/2$，其中 r_{min} 与 r_{max} 分别代表最小半径与最大半径。由于离心管从管顶至管底各点的旋转半径 r 均不同，所以在离心时，离心管内处于不同位置的样品粒子所受的 RCF 是不同的，并且样品粒子所受 RCF 随其在离心管中的下沉而变化。科技文献中 RCF 数据通常是指 RCF 的平均值，即指处于离心溶液中心的粒子所受的 RCF。

说明低速离心条件时，常用转速（r/min）与离心分钟数（min）表示；如 4 000 r/min 离心 10 min。说明高速、超速离心条件时，则用 RCF（g）与离心分钟数（min）表示；如 25 000 g 离心 10 min。RCF 更真实地反映出样品粒子在离心管内不同位置的离心力。

二、离心设备

离心的主要设备是离心机。离心机种类多,分类方法多样。

1. 按照样品处理方式与分离形式分　可为两类:定容沉降型和连续注入过滤型。

(1) 定容沉降型离心机　这种类型每次样品处理量相对较小,但处理量是一定的。其利用固液两相的密度差,在无孔离心转子或管子中进行悬浮液的沉降分离。

(2) 连续注入过滤型离心机　这种类型其样品注入往往是连续式的。其利用离心力并通过过滤介质,在有孔离心转子中进行操作;样品处理效率高,每小时可处理几升甚至几立方米样品,适用于工业化生产。

2. 按照容量及使用范围分　可分为工业用和实验室用两类。

(1) 工业用离心机　其容量大,样品处理可达 $2.5\sim10\ m^3/h$,最高转速为 16 000 r/min。

(2) 实验室用离心机　其样品处理量一般每次在 $100\ cm^3$ 以下,最高转速可达 160 000 r/min。

3. 根据离心机的最大转速分　可分为常速、高速和超速 3 类。

(1) 常速离心机　其又称为低速离心机,其最大转速在 8 000 r/min 以内,RCF 在 $10^4 g$ 以下。在酶的分离纯化过程中,其主要用于细胞、细胞碎片和培养基残渣等固形物的分离,也用于酶的结晶等较大颗粒的分离。

(2) 高速离心机　其转速为 $8\times10^3\sim2.5\times10^4$ r/min,RCF 为 $1\times10^4\sim1\times10^5 g$。在酶的分离中,主要用于沉淀、细胞碎片、细胞器等的分离。为了防止高速离心过程中温度升高造成酶的变性失活,高速离心机都设有冷冻装置,称为高速冷冻离心机。

(3) 超速离心机　其转速为 $2.5\times10^4\sim12\times10^4$ r/min,RCF 可高达 $5\times10^5 g$ 甚至更高。超速离心主要用于 DNA、RNA、蛋白质等生物大分子以及细胞器、病毒等的分离纯化,样品纯度的检测,沉降系数和相对分子质量的测定等。超速离心机除了设有冷冻系统和温度控制系统外,还设置了真空系统(目的是减少空气的阻力和摩擦)、安全保护系统、制动系统等一系列附设装置。

三、离心技术

在离心分离时,要根据欲分离物质以及杂质的颗粒大小、密度和特性的不同，选择适当的离心机、离心方法和离心条件。对于常速和高速离心，由于所分离的颗粒的大小和密度相差较大，只要选择好离心速度和离心时间，就能达到较好的分离效果。若希望从样品中分离出两种以上大小和密度不同的颗粒，则需采用差速离心技术。对于超速离心，则可以根据需要采用差速离心、密度梯度离心、等密度梯度离心等技术。

1. 差速离心技术　采用不同的离心速度（或 RCF）和离心时间，使沉降速度不同的颗粒分批分离的技术，称为差速离心（differential centrifugation）技术。操作时，先将均匀的悬浮液装入离心管，选择好离心速度（或 RCF）和离心时间，使大颗粒先被沉降分离。然后，将上清液在加大离心速度（或 RCF）的条件下再进行离心，分离出较小的颗粒。如此离心多次，就使沉降速度不同的颗粒得以分批次分离。

差速离心技术主要用于分离那些大小和密度差异较大的颗粒，其操作简单、方便。但使沉降的颗粒受到挤压，并且所得到的沉降物是不均一的，含有较多杂质，需要经过重新悬浮和再离心若干次，才能获得较好的分离效果。

2. 密度梯度离心技术　密度梯度离心（density gradient centrifugation）技术是指将样品加在密度梯度介质中进行离心，从而使沉降系数比较接近的物质以区带方式得以分离。

操作时，首先要配制好适宜的密度梯度系统。密度梯度系统是在溶剂中加入一定的溶质制成的，这种溶质称为梯度介质。梯度介质应符合 3 个条件：①有足够大的溶解度，以形成所需的密度梯度范围；②不与样品中的组分发生反应；③不引起样品中组分的凝集、变性或失活。常用的梯度介质有蔗糖、甘油等。使用最多的是蔗糖密度梯度系统，其梯度范围是：浓度为 5%～60%，密度为 $1.02～1.30 \text{ g/cm}^3$。密度梯度一般采用密度梯度混合器进行制备。离心前，把样品小心地铺放在预先制备好的密度梯度溶液的表面。经过离心，不同大小、不同形状、有一定沉降系数差异的颗粒在密度梯度溶液中形成若干条界面清楚的不连续区带。然后，再通过虹吸、穿刺或切割离心管的方法，将不同区带中的物质分开收集，从而得到所需要的物质。

在密度梯度离心过程中，区带的位置和宽度随离心时间的不同而改变。若离心时间太长，就会因颗粒的扩散作用使区带变宽。为此，适当增大离心力而缩短离心时间，可以减少由于扩散而导致的区带扩宽现象。

3. 等密度梯度离心技术　当欲分离的不同颗粒的密度范围处于离心介质的密度范围内时，在离心力的作用下，不同浮力密度的颗粒或向下沉降，或向上飘浮，只要时间足够长，就可以一直移动到与它们各自的浮力密度恰好相等的位置（等密度点），形成区带。这种技术称为等密度梯度离心，或称为沉降平衡离心（sedimentation equilibrium centrifugation）。

上述密度梯度离心，由于受到离心介质的影响，欲分离的颗粒并未达到其等密度位置。而等密度梯度离心则要求欲分离的颗粒处于密度梯度中的等密度点。为此，两种梯度离心所采用的离心介质和密度梯度范围有所不同。

等密度梯度离心常用的离心介质是铯盐，如氯化铯（CsCl）、硫酸铯（Cs_2SO_4）、溴化铯（CsBr）等，有时也可以采用三碘苯的衍生物作为离心介质。离心操作时，先把一定浓度的介质溶液与样品液混合均匀，也可以将一定量的铯盐加到样品液中使之溶解。然后，在选定的离心力的作用下，进行足够时间的离心分离。在离心过程中，铯盐在离心力的作用下，在离心力场中沉降，自动形成密度梯度，样品中不同浮力密度的颗粒在其各自的等密度点位置上形成区带而彼此分开。

由于铯盐属于重金属盐，且对铝合金有很强的腐蚀作用。所以在采用铯盐作为离心介质进行离心时，一定要特别小心，防止人员中毒，防止铯盐溶液溅到铝合金的离心转子上。离心转子使用后，要仔细清洗和干燥。有条件的话，最好采用钛合金离心转子来完成此类操作。

在酶提纯的过程中，合理应用以上介绍的离心技术，不仅可提高目的酶的纯化倍数，而且可使目的酶溶液得到浓缩。

第六节　萃取分离

萃取（extraction）是指一个液相中的部分溶质转移至另一液相，即溶质在互不相溶的两液相间重新分配的过程。利用酶在互不相溶的两液相之间溶解度的不同而使酶得到纯化或浓缩的方法称为酶的萃取分离。萃取分离是一种酶、蛋白质等的初步分离纯化技术。在液-液萃取过程中常用有机溶剂作为萃取试剂，因而常称液-液萃取为有机溶剂萃取（organic solvent extraction）。近年来，有机溶剂萃取与胶体化学、超临界流体技术等其他新型分离技术相结合，产生了一系列新的萃取分离技术，如双水相萃取（two-aqueous phase system extraction）、超临界流体萃取（supercritical fluid extraction）、反胶束萃取（reversed micelle extraction）等，从而使萃取分离技术不断地向广度与深度发展，更有效地用于分离提取各种酶、蛋白质、核酸、氨基酸等不同种类生物活性物质。

一、有机溶剂萃取

有机溶剂萃取的两相分别为水相和有机溶剂相，利用溶质在水和有机溶剂中的溶解度不同而使溶质被分离。常用的有机溶剂主要有乙醇、丙酮、丁醇、苯酚等。例如，用丁醇萃取微粒体或线粒体中的酶；用苯酚萃取 RNA 等。

有机溶剂萃取的基本过程如下：①根据欲萃取组分的特性选择适宜的有机溶剂，选择时主要从溶解度方面考虑，同时应充分注意酶在有机溶剂中的稳定性。②将含有欲分离酶的水溶液与预冷至 0～10 ℃的有机溶剂充分混合。然后，让其静置分层。③将水相和有机相分开。④通过适当加热或者抽真空等方法，尽快除去有机溶剂，获得所需要的酶。

有机溶剂萃取法比沉淀法分离程度高，比离子交换法选择性好，速度快，周期短，便于连续操作，容易实现自动化，故适用于规模化的酶的分离。但由于有机溶剂容易引起酶蛋白和酶 RNA 的变性失活，所以在酶的萃取过程中，应在 0～10 ℃的低温条件下进行，并要尽量缩短酶与有机溶剂接触的时间。

二、双水相萃取

双水相萃取是指因待分离物（如酶等）在两个互不相溶的水相中溶解度的不同，而使待分离物分离的技术。

1. 双水相系统的形成 当两种不同水溶性聚合物都溶于水中且浓度达到一定值时，体系会自然地形成互不相容的两相，两种聚合物分别溶于两相中，即构成双水相系统。这主要是由于聚合物分子的空间位阻作用，相互间无法渗透，而具有强烈的相分离倾向，在一定条件下即可分为两相。一般认为，聚合物水溶液的疏水性差异是产生相分离的主要推动力，且疏水性

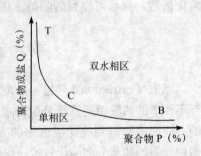

图 5-3 双水相系统相图

差异越大，相分离倾向也越大。另外，近年发现某些聚合物水溶液与一些无机盐溶液混合时，也可形成双水相系统，其机理尚不清楚。但前者与后者都要满足系统的分相条件，否则只能得到均一的单相溶液，而不能获得期望的双水相系统（图 5-3）。

在图 5-3 中，曲线 TCB 下方的区域是均匀的单相区，而 TCB 的上方区域则是双水相区。可见，只有当构成两相的溶质 P 和 Q 达到一定的浓度时，才可形成双水相系统。

能构成双水相系统的聚合物和盐很多，但最常用的是聚乙二醇（PEG）/葡聚糖（dextran）和 PEG/磷酸盐系统，原因是这两种系统经药理检验证明是

无毒的。

2. 酶双水相萃取的原理 当酶分子进入双水相系统后,由于其表面性质、电荷作用以及各种力(疏水键、氢键、离子键等)的存在,使其在两相间按其分配系数进行选择性分配。在很大的浓度范围内,要分离酶的分配系数与浓度无关,而与被分离酶的性质及选定的双水相系统的性质相关。换句话说,酶在两相中分配系数并不是一个确定的值,它受许多因素影响,主要有:①两相的组成;②高分子聚合物的分子质量、浓度、极性等以及离子的种类、浓度、电荷等;③两相溶液的比例;④酶的分子质量、电荷、极性等;⑤温度、pH等。关于酶在两相中如何分配,目前尚无成熟的理论,但只要通过试验确定了上述影响因素,便可得到合适的酶的分配系数,从而实现酶分离纯化的目的。

若在高分子聚合物上引入亲和配基,如酶的底物、辅助因子、可逆性抑制剂等,可以进行双水相亲和萃取,从而达到更好的分离效果。

3. 酶双水相萃取的优缺点 酶双水相萃取的主要优点是:①两相含水量均很高,与酶有很好的相容性。另外,PEG 和葡聚糖这类聚合物可作为蛋白质和酶的稳定剂,故即使在常温下操作,酶活力也不易损失。②所需设备简单,仅需一个可使粗提液与两相系统充分混合及放置的储罐和一个离心力不高的普通离心机或使两相迅速分离的分离器,且处理容量大,适用于规模化的酶的提纯。③特别适用于从含有菌体或细胞碎片等杂质的粗酶液中直接提纯目的酶。此法不仅可以克服离心和过滤中的限制因素,而且可使酶与多糖、核酸等可溶性杂质迅速分离,提纯倍数为 2~16 倍,有相当大的实用价值。④还可用于酶的精制,即经过几次连续的双水相萃取,便可使酶达到相当高的纯度。

双水相萃取的缺点有:①系统中水的含量高,分离后的酶液浓度低,需要浓缩以提高酶浓度;②分离后的酶液含有高分子聚合物或盐类,需要将其除去。

三、超临界流体萃取

超临界流体萃取又称为超临界萃取,是利用欲分离物质与杂质在超临界流体中溶解度的不同而达到分离的一种萃取技术。

在不同的温度和压力条件下,物质可以不同的形态存在,如固体(solid,S)、液体(liquid,L)、气体(gas,G)、超临界流体(supercritical fluid,SCF)等,如图 5-4 所示。当温度(T)和压力(p)超过某物质的超临界点时,该物质成为 SCF。

在相同的压力和温度条件下,同一物质的液相和气相的物理特性是截然不同的；如在 0.1 MPa（1atm）下，10 ℃时，CO_2 液体和气体的密度分别是 0.86 g/mL 和 0.14 g/mL。当温度和压力达到某一特定的数值时，气体和液体的物理特性就会趋于相同，这个数值称为超临界点；如 CO_2 的超临界点的温度为 31.1 ℃，超临界压力为 7.38 MPa，超临界密度为 0.46 g/mL。当温度和压力超过其超临界点时，两相变为一相，这种状态下的流体称为 SCF。

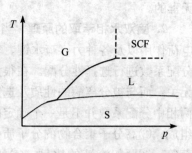

图 5-4　超临界系统相图

SCF 的物理特性和传质特性通常介于液体和气体之间，适宜作为萃取溶剂。SCF 具有和液体同样的溶解能力，其溶解能力又与其密度有很大的关系，SCF 的密度比气体大得多，与液体较为接近，因此超临界流体萃取具有很高的萃取速度。随着温度和压力的变化，SCF 对物质的萃取具有选择性，萃取后易分离。SCF 的扩散系数接近于气体，是通常液体的近百倍。SCF 的黏度大大低于液体的黏度，接近气体的黏度，有利于物质的扩散。在 SCF 中，不同的物质有不同的溶解度，溶解度大的物质溶解在超临界流体中，与不溶解或溶解度小的物质分开。然后，通过升高温度、降低压力，使 SCF 变为气态，从而得到所需的物质。

作为萃取剂的 SCF 必须具备以下条件：①具有良好的化学稳定性，对设备无腐蚀性。②临界温度不能太高或太低，最好在室温附近或操作温度附近；操作温度应低于被萃取溶质的分解温度或变质温度。③临界压力不能太高，可节约压缩动力费用。④选择性要好，容易制得高纯度制品；溶解度要高，可减少溶剂的循环量。⑤萃取剂要便宜易得。

不同的物质有不同的超临界点和超临界密度。目前在超临界萃取中最常用的 SCF 是 CO_2，特别适用于生物活性物质的提取分离。

CO_2 超临界萃取的工艺过程由萃取和分离两个步骤组成。萃取在萃取罐中进行，将原料装入萃取罐，通入一定温度和压力的超临界 CO_2，将欲分离的组分萃取出来。分离在分离罐中进行，是通过升高温度、降低压力的方法将超临界 CO_2 气化，从而获得目的物。

四、反胶束萃取

反胶束萃取是利用反胶束将酶或其他蛋白质从混合液中萃取出来的一种分离纯化技术。

将表面活性剂溶于有机溶剂中,并使其浓度超过临界胶束浓度,便会在有机溶剂内形成一种纳米尺度的聚集体,这种聚集体称为反胶束,又称为反胶团。反胶束溶液是透明的、热力学稳定的系统。在反胶束中,表面活性剂的非极性基团在外,与非极性的有机溶剂接触,而极性基团则排列在内,形成一个极性核,此极性核具有溶解极性物质的能力,极性核溶解于水后,就形成了水池。当含有此种反胶束的有机溶剂与酶的水溶液接触后,酶及其他亲水物质能够进入此水池内,由于水层和极性基团的保护,保持了酶的天然构型,不会造成酶的失活。

反胶束系统作为液-液萃取方法,更具有选择性。其基本过程是:首先在一定的条件下,将酶从水相中萃取到反胶束相中。然后,再在一定的条件下,将酶从反胶束相中转移到第二种水相,即将酶从有机相中提取出来。

在酶的反胶束萃取中,最常用的是阴离子表面活性剂。如 AOT(Aerosol OT),其化学名为丁二酸乙基己基酯磺酸钠。这种表面活性剂的特点为双链,极性基团小,所形成的反胶束较大,有利于大分子蛋白质进入。AOT 通常与有机溶剂正烷烃($C_6 \sim C_{10}$)等一起使用。

第七节 层析分离

层析(chromatography)分离又称色谱分离,是利用混合液中各组分的物理、化学性质及生物学特性(主要指吸附能力、溶解度、分子大小、分子带电性质及大小、分子亲和力等)的不同,使各组分以不同比例分布在两相中。其中一个相是固定的,称为固定相;另一个相是流动的,称为流动相。当流动相流经固定相时,各组分以不同的速度移动,从而使不同的组分得以分离。

在酶的实验室研究和规模化提纯中最常用的层析分离形式是柱层析。

一、柱层析的基本装置与过程

1. 基本装置 柱层析的基本装置如图 5-5 所示。

(1)层析柱 层析柱一般为玻璃管制成,其下端为细口,出口处带有玻璃烧结板或尼龙网。柱的直径和长度之比一般为 1∶10 到 1∶50。采用极细固定相装柱时,宜采用比例小的层析柱;反之,则宜采用比例大的层析柱。层析柱的内壁直径不能小于 1 cm,若直径过小,则会影响到分离效果。商品层析柱有不同规格,可满足不同的需要。

(2)恒流装置 在层析过程中,必须保证流动相以恒定的速度流过固定相,因此流动相的加入必须有恒流装置加以控制。常用的恒流装置是恒流泵,它可以产生均一的流速,并且流速是可调的。

(3) 检测装置　较高级的柱层析装置一般都配置检测器(常见的检测器为核酸蛋白检测仪)和记录仪。

(4) 接收装置　洗脱液的接收可以手工用试管一管一管接,不过最好使用自动部分收集器,这种仪器带有上百支试管,可准确定时换管,自动化程度很高。

2. 基本过程

(1) 基质的预处理　有些层析用基质不能直接使用,需要进行预处理。预处理方法因基质而异,例如离子交换剂需漂洗、酸碱反复浸泡等,凝胶则需预先溶胀等,各种基质的预处理方法详见产品介绍。

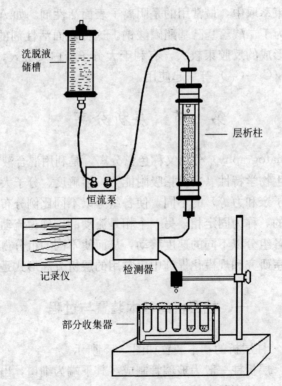

图 5-5　柱层析的基本装置示意图

(2) 装柱　柱子装的质量好与差,是柱层析法能否成功分离纯化物质的关键步骤之一。

柱子的选择是根据层析的基质和分离的目的而定的,注意一定将柱子洗涤干净再装柱。

将层析用的基质(如葡聚糖凝胶等)在适当的溶剂或缓冲液中溶胀,并用适当的方法洗涤处理,以除去其表面可能吸附的杂质。再用去离子水(或蒸馏水)洗涤干净并真空抽气,以除去其内部的气泡。然后,将基质均匀装入层析柱中。要求柱中基质表面平坦并在表面上留有2～3 cm高的缓冲液,同时关闭出水口。这里要特别提示:柱子要装得均匀,不能分层,不能有气泡,不能干柱等,否则要重新装柱。

(3) 平衡 柱子装好后,要用所需的缓冲液(有一定的pH和离子强度)平衡柱子。即用恒流泵在恒定压力、恒定的流速下过柱子(平衡与洗脱时的流速尽可能保持相同),平衡液体积一般为3～5倍柱床体积,以保证平衡后柱床体积稳定及基质充分平衡。

(4) 加样 加样量的多少直接影响分离的效果。一般来讲,加样量尽量少些,分离效果比较好。通常加样量应少于20％(体积分数)的操作容量,体积应低于5％(体积分数)的柱床体积,对于分析性柱层析,一般不超过柱床体积的1％(体积分数)。当然,最大加样量必须在具体实验条件下经多次试验后才能决定。

应注意的是,加样时应缓慢小心地将样品溶液加到固定相表面,尽量避免冲击基质,以保持基质表面平坦。

(5) 洗脱 洗脱的方式可分为简单洗脱、分步洗脱和梯度洗脱3种。

①简单洗脱:柱子始终用同样的一种溶剂洗脱,直到层析分离过程结束为止。如果被分离物质对固定相的亲和力差异不大,其区带的洗脱时间间隔(或洗脱体积间隔)也不长,采用这种方法是适宜的。

②分步洗脱:用几种洗脱能力递增的洗脱液进行逐级洗脱。它主要针对混合物组成简单、各组分性质差异较大或需快速分离时适用。

③梯度洗脱:当混合物中组分复杂且性质差异较小时,一般采用梯度洗脱。它的洗脱能力是逐步连续增加的,梯度可以是浓度梯度、极性梯度、离子强度梯度、pH梯度等。

当对所分离的混合物的性质了解较少时,一般先采用线性梯度洗脱的方式去尝试,但梯度的斜率要小一些,尽管洗脱时间较长,但对性质相近的组分分离更为有利。与此同时,也应注意洗脱时的速率。速率太快,各组分在固定相与流动相两相中平衡时间短,相互分不开,仍以混合组分流出;速率太慢,将增大物质的扩散,同样达不到理想的分离效果。要通过多次试验才能摸索出一个合适的流速。总之,必须经过反复的试验与调整,才能得到最佳的洗脱条件。另外,还应特别注意在整个洗脱过程中千万不能干柱,否则分离纯化将会前功尽弃。

(6) 收集、鉴定及保存　一般是采用自动部分收集器来收集分离纯化的样品。由于检测系统的分辨率有限，洗脱峰不一定能代表一个纯净的组分。因此，每管的收集量不能太多，一般每管 $1 \sim 5$ mL，如果分离的物质性质很相近，可降低至每管 0.5 mL，这要视具体情况而定。在合并一个峰的各管溶液之前，还要进行鉴定。对于不同种类的物质要采用不同的鉴定方法。最后，为了保持所得产品的稳定性与生物活性，一般在脱盐、浓缩后，再冷冻干燥，并在低温下保存。

(7) 基质的再生　许多基质可以反复使用多次，而且价格昂贵，所以层析后要回收处理，以备再用，严禁乱倒乱扔。这也是一个科研工作者的科学作风问题。各种基质的再生方法可参阅具体层析实验及有关文献。

二、常用层析方法

1. 离子交换层析　离子交换层析 (ion exchange chromatography) 是一种利用离子交换剂对混合物中各种离子结合力（或称静电引力）的不同而使混合物中不同组分得以分离的层析方法。

离子交换剂是由不溶于水的惰性高分子聚合物基质、电荷基团和平衡离子 3 部分组成。电荷基团与高分子聚合物共价结合，形成一个带电荷的基团；平衡离子是结合于电荷基团上的相反离子，它能与溶液中其他的离子基团发生可逆的交换反应。平衡离子为正电荷的离子交换剂能与带正电荷的离子基团发生交换作用，称为阳离子交换剂；反之，称为阴离子交换剂。离子交换反应可以表示为

阳离子交换反应：$(R\text{-}X^-) Y^+ + A^+ \rightleftharpoons (R\text{-}X^-) A^+ + Y^+$

阴离子交换反应：$(R\text{-}X^+) Y^- + A^- \rightleftharpoons (R\text{-}X^+) A^- + Y^-$

其中，R 代表离子交换剂的高分子聚合物基质，X^- 和 X^+ 分别代表阳离子交换剂和阴离子交换剂中与高分子聚合物共价结合的电荷基团，Y^+ 和 Y^- 分别代表阳离子交换剂和阴离子交换剂的平衡离子，A^+ 和 A^- 分别代表溶液中的正离子基团和负离子基团。如果 A 离子与离子交换剂的结合力强于 Y 离子，或者提高 A 离子的浓度，或者通过改变其他一些条件，可以使 A 离子将 Y 离子从离子交换剂上置换出来。也就是说，在一定条件下，溶液中的某种离子基团可以把平衡离子置换出来，并通过电荷基团结合到固定相上，而平衡离子则进入流动相，这就是离子交换层析的基本置换反应。各种离子与离子交换剂上的电荷基团的结合是由静电力引起的，是一个可逆的过程，离子交换层析就是

利用样品中各种离子与离子交换剂结合力的差异,通过改变离子强度、pH 等条件改变各种离子与离子交换剂的结合力,并通过在不同条件下的多次置换反应,从而实现混合物样品中不同的离子化合物分离的目的。

应用离子交换剂来纯化酶,既可用于实验室研究,也可用于酶的大规模纯化。可以把目的酶交换吸附于离子交换剂上,然后再洗脱下来,也可以把杂质吸附于离子交换剂上,而使目的酶首先被洗脱出来。

另外,先将目的酶吸附到离子交换剂上,再用少量盐溶液洗脱下来,可使目的酶被纯化的同时得到浓缩,这种酶的浓缩方法被称为离子交换吸附法。

2. 凝胶层析 凝胶层析(gel chromatography)又称凝胶过滤(gel filtration)、凝胶排阻层析(gel exclusion chromatography)、分子筛层析(molecular sieve chromatography)等,它是一种利用凝胶把混合物中不同组分按分子质量大小顺序进行分离的层析技术。

在层析柱中装入具有多孔网状结构的葡聚糖凝胶颗粒,当含有不同组分的样品进入凝胶层析柱后,比凝胶颗粒孔穴孔径大的分子不能扩散到凝胶颗粒内部的网状孔穴中,完全被排阻在凝胶颗粒之外,即只能在凝胶颗粒之间的空隙随流动相向下流动,它们的流程短,所以首先被洗脱出来。而比凝胶颗粒孔穴孔径小的分子则可以进入凝胶颗粒内部的孔穴中,被洗脱出来需要经历的流程长,也就是说后被洗脱出来。由此可见,混合样品经过凝胶层析柱时,各个组分是按分子质量从大到小的顺序依次被洗脱出来的,因而可达到分离的目的(图 5-6)。

传统的凝胶过滤介质(如 Sephadex、Bio-gel)由于机械强度差,不适于

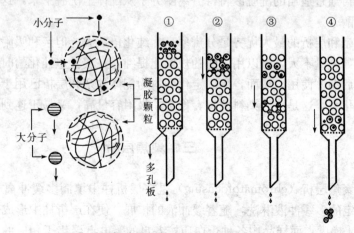

图 5-6 凝胶层析基本原理示意图
①样品上柱 ②洗脱开始(小分子被滞留,大分子向下移动,大分子与小分子开始分开)
③大分子与小分子完全分开 ④大分子已被洗脱出层析柱而小分子还滞留在层析柱中

大规模操作。介质颗粒坚硬、耐压对大规模操作来说特别重要。因为它决定能否获得高流速。近年开发了各种类型的坚硬凝胶，如 Sephacryl、Ultrogel AcA、Trisacryl、Fractogel、Superose、Cellulofine 等。已有一些用坚硬材料的凝胶过滤方法进行较大规模提纯酶的实例。

当在酶溶液中加入一些干凝胶 Sephadex G-25（或 Sephadex G-50）时，由于酶分子的相对分子质量一般很大，不能渗入到上述凝胶的网孔中，而酶溶液中的水以及小分子杂质可以渗入到这些干凝胶的网孔而使干凝胶溶胀。当凝胶充分溶胀后将其过滤，便可实现酶溶液被纯化的同时又得到浓缩，这种方法被称为凝胶吸水法。

3. 亲和层析　生物分子间存在很多特异性的相互作用，如我们熟悉的抗原-抗体、酶-底物或抑制剂、激素-受体等等，它们之间都能够专一而可逆地结合，这种结合力就称为亲和力。亲和层析（affinity chromatography）就是将具有亲和力的两类分子中的一类固定在不溶性基质上，利用分子间亲和力的特异性和可逆性，对另一类分子进行分离纯化。被固定在基质上的分子称为配体，配体和基质是共价结合的，构成亲和层析的固定相，称为亲和吸附剂。

利用亲和层析纯化酶时，首先选择与待分离酶有亲和力的底物或可逆抑制剂作为配体，再将配体共价结合在适当的不溶性基质（如常用的 Sepharose-4B 等）上，形成亲和吸附剂。然后，将制备好的亲和吸附剂装柱平衡。当酶溶液通过亲和层析柱时，待分离酶分子就与配体发生特异性的结合，从而留在固定相上，而其他杂质不能与配体结合，仍在流动相中，并随洗脱液流出。然后，再通过适当的洗脱液将待分离酶分子从配体上洗脱下来，这样就得到了纯化的酶。

亲和层析的最大优势是分辨率高、纯化倍数大。但亲和吸附剂一般价格昂贵，处理量不大，难以用于酶的规模化提纯。在实验室纯化酶时，一般只在纯化的后期才使用。然而，用固定化染料为配体的亲和层析已用于很多酶的大规模纯化上，这是因为染料便宜、稳定、吸附容量高，又易于连到载体上。

三、聚焦层析

聚焦层析（chromatofocusing）是在层析柱中填满多缓冲离子交换剂，并以特定的多缓冲液淋洗，随着缓冲液的扩展，便在层析柱中形成一个自上而下的 pH 梯度，而样品中各种蛋白质按各自的等电点聚焦于相应的 pH 区段，并随 pH 梯度的扩展不断下移，最后便分别从层析柱中洗出。

聚焦层析步骤如下：

①根据样品等电点选择适宜的多缓冲液和多缓冲离子交换剂。

②调整多缓冲液 pH 至梯度上限,以该多缓冲液平衡多缓冲离子交换剂,然后装柱。

③调整多缓冲液的 pH 至下限,以此 pH 缓冲液流洗层析柱,层析柱内就形成了从多缓冲液 pH 下限到上限连续升高的 pH 梯度。

④加样,并以下限 pH 多缓冲液洗脱,分部收集并检测。

⑤洗脱完成后,先用达 pH 上限的多缓冲液平衡柱子,再以调至 pH 下限的多缓冲液流过层析柱,直至流出液的 pH 从多缓冲液的上限降为下限为止。此时用过的多缓冲离子交换剂得到再生,可继续使用。

聚焦层析是一种十分简便有效的分离纯化方法,它往往可达到其他物理化学分离方法所不能达到的纯化效果,因而日益为人们所接受和采用。如果和其他方法和用则效果更为显著。

四、蛋白质的高效液相色谱分离分析法简介

高效液相色谱(high performance liquid chromatography,HPLC)的原理与经典液相色谱相同。但是,由于它采用了高效色谱柱、高压泵和高灵敏检测器,因此,它的分离效率、分析速度和灵敏度大大提高了。高效液相色谱仪由输液系统、进样系统、分离系统、检测系统和数据处理系统组成。

蛋白质(酶)的种类繁多,理化性质各异,要从复杂的生物物质中分离出某种蛋白质(酶)面临着的问题也就不同了。这就要求我们采用不同类型的色谱柱以满足不同的要求。如在实验室小规模分离分析时,一般使用分析型 HPLC,但随着分离分析规模扩大时,则必须使用制备用液相色谱仪。制备用的液相色谱仪,其共同特点是柱长和柱径都比较大。柱长和柱径的选择依制备的目的和产量而定。对于大口径柱子,泵系统的输流能力可达 100 mL/min。大多数制备用色谱仪配有微电脑控制的自动收集系统,可对样品中的目的成分进行选择性收集。但对含量较大而不复杂的样品,自动收集没有手工收集方便。手工收集还可进行循环纯化操作。

第八节 电泳分离

一、电泳基本原理

蛋白质分子中除 N 端的 α-氨基和 C 端的 α-羧基外,还有许多可解离的侧

链基团，如 Asp 和 Glu 侧链的羧基、Lys 的 ε-氨基、Arg 的胍基等。这些可解离基团中有些可发生酸式解离，有些可发生碱式解离，因此蛋白质是多价的两性电解质。

当溶液 pH 大于或小于蛋白质等电点时，蛋白质分子就带一定量的电荷。在直流电场中，带正电荷的蛋白质分子向阴极移动，带负电荷的蛋白质分子向阳极移动，这种现象称电泳（electrophoresis）。电泳速度一般用迁移率来表示，迁移率（U）是指：带电分子在单位电场强度（E）下的移动速度（v），即 $U=v/E$。迁移率的大小与蛋白质分子本身的大小、形状和所带净电荷量有关，主要取决于蛋白质所带净电荷量与相对分子量的比值。即净电荷数量愈大，则迁移率愈大；相对分子量愈大，则迁移率愈小；球状分子的迁移率大于纤维状分子的迁移率。在一定的电泳条件下，不同的蛋白质分子，由于其净电荷量、分子大小、形状的不同，故有不同的迁移率。因此，可以利用电泳法将多种蛋白质的混合物加以分离，并进行进一步的检测与分析。

二、常用电泳方法

（一）凝胶电泳

凝胶电泳是以各种具有网状结构的多孔凝胶作为支持体的电泳技术。由于凝胶电泳同时具有电泳和分子筛的双重作用，故具有很高的分辨率。凝胶电泳所采用的支持体通常是聚丙烯酰胺凝胶。聚丙烯酰胺凝胶电泳（polyacrylamide gel electrophoresis，PAGE）按其凝胶的组成系统可以分成连续凝胶电泳、不连续凝胶电泳、浓度梯度凝胶电泳和 SDS-凝胶电泳等 4 种。

1. 连续凝胶电泳　连续凝胶电泳所采用的凝胶是相同的，即采用相同浓度的单体和交联剂，用相同 pH 和相同浓度的缓冲液制备成连续均匀的凝胶，然后在同一条件下进行电泳。

2. 不连续凝胶电泳　这种电泳的主要特点是：①使用两种不同浓度的凝胶系统；②配制两种凝胶的缓冲溶液成分，其 pH 不同，并且与电泳槽中电极缓冲液的成分、pH 也不相同。电泳凝胶分为两层，上层胶为低浓度的大孔胶，称为浓缩胶或成层胶；下层胶则是高浓度的小孔胶，称为分离胶或电泳胶。可见，凝胶浓度、成胶成分、pH 与电泳缓冲系统各不相同，形成了一个不连续系统。不连续凝胶电泳最主要的优点就是使蛋白质样品经浓缩胶后，形成紧密地压缩层进入分离胶。蛋白质各成分预先分开且压缩成层，可以减少在电泳时，成分间由于自由扩散而造成的区带相互重叠所带来的干扰，这样就提高了电泳的分辨能力。由于这个优点，少量的蛋白质样品（1～100 μg）也能分离得很好。

在上述连续凝胶电泳中，只使用一层分离胶即可。

3. 浓度梯度凝胶电泳 这种电泳使用的凝胶，其丙烯酰胺浓度由上至下形成由低到高的连续梯度。梯度凝胶内部孔径由上而下逐渐减小。电泳后不同分子质量的颗粒停留在与其大小相对应的位置上，故此，浓度梯度凝胶电泳适宜用于测定球蛋白等分子的分子质量。

4. SDS-凝胶电泳 在聚丙烯酰胺凝胶制备时，加入1‰~2‰的十二烷基磺酸钠（SDS），制成SDS-聚丙烯酰胺凝胶。SDS-凝胶电泳主要用于测定蛋白质的分子质量。

上述4种凝胶电泳系统有各自不同的应用目的，在使用时应根据需要加以选择，然后按各自的方法制备好凝胶。

（二）等电点聚焦电泳

等电点聚焦电泳又称为等电点聚焦或电聚焦，是20世纪60年代后期发展起来的电泳技术。在酶的等电点测定与酶与其他蛋白质的分离中广泛使用。

在电泳系统中，加进两性电解质载体。当接通直流电时，两性电解质载体即形成一个由阳极到阴极连续增高的pH梯度。当酶或其他两性电解质进入这个体系时，不同的两性电解质即移动到（聚焦于）与其等电点相当的pH位置上，从而使不同等电点的物质得以分离。这种电泳技术称为等电点聚焦电泳。

等电点聚焦电泳的显著特点有：①分辨率高，可将等电点仅相差0.01~0.02个pH单位的蛋白质分开。②随着电泳时间的延长，区带越来越窄，而其他电泳随着电泳时间的延长和移动距离的增加，由于扩散作用而使区带越来越宽。③样品混合液可以加在电泳系统的任何部位，经过电泳，由于电聚焦作用，各组分都可以聚焦到各自等电点pH的位置。④浓度很低的样品都可以分离，而且重现性好。⑤可以准确地测定酶或其他蛋白质、多肽等两性电解质的等电点。

等电点聚焦电泳的缺点主要是：①电泳过程要求使用无盐溶液，而有些酶和蛋白质在无盐溶液中溶解度较低，可能会产生沉淀。②电泳后样品中各组分都聚焦到各自的等电点，对某些在等电点时溶解度低或可能变性的组分不适用。

三、高效毛细管电泳

它是离子或带电粒子在直流电场的驱动下，在毛细管中按其淌度或分配系数的不同而进行的一种高效、快速分离的电泳新技术。在毛细管和电泳槽内充满相同组成或相同浓度的缓冲液，样品从毛细管的一端加入，在毛细管两端加上一定的电压后，带有电荷的溶质便朝与其带电荷极性相反的电极方向移动。由于样品中各组分间的淌度不同，其迁移速度各不相同，经一定时间电泳后，各组分按其速度或淌度的大小顺序，依次到检测器被检出。用峰谱的迁移时间可做定性分析；按其峰的高度或峰面积可做定量分析。

由于传统的电泳技术受焦耳热限制，只能在低电场下进行电泳操作，分离时间长，分辨率低，分辨效果受到制约。而毛细管具有良好的散热功能，允许在毛细管两端加上高电压（至 30 kV），毛细管的纵向电场强度可达到 400 V/cm 以上，因而操作时间短（一般小于 30 min），分辨率高，加样量少（不足 $1\mu L$），样品浓度可低于 10^{-4} mol/L。因此高效毛细管电泳（HPCE）具有高效、快速、样品用量少等优点，同时自动化程度高，操作简便，溶剂消耗少，环境污染少。在生物化学和分析化学中，它是发展很快的一种分离分析新技术。

四、亲和电泳

用亲和配基共价偶联于电泳凝胶（如聚丙烯酰胺凝胶）上，由于亲和作用，待分离酶与配基结合后，在电泳中不会移动，而其他杂蛋白不与配基结合，将按照其电泳淌度分离开来。以聚丙烯酰胺凝胶亲和电泳为例，需制备下述 3 种胶。

(1) 浓缩胶　其作用是将样品浓缩成薄层，由厚度约 5 mm 的大孔径胶组成。

(2) 亲和胶　也是厚度约 5 mm 的大孔径胶组成，凝胶上共价偶联了亲和配基。

(3) 分离胶　长 5~6 cm，由不带配基的小孔径胶组成。

其操作与圆盘电泳相似。该方法分离量小。

第九节　酶制剂工艺

一、酶的浓缩与干燥

酶的浓缩与干燥都是酶与溶剂分离的过程，二者均为酶分离纯化的重要环节。

1. 酶的浓缩　浓缩是从低浓度酶液中除去部分水或其他溶剂而成为高浓

度酶液的过程。

浓缩的方法很多。前面各节所述的沉淀法、透析法、超滤法、离心法、离子交换吸附法、凝胶吸附法等都能起到酶液浓缩的作用。用各种吸水剂（如硅胶、聚乙二醇等）吸去水分，也可以达到浓缩效果。在此不再阐述。这里主要介绍常用的蒸发浓缩。

蒸发浓缩是通过加热或者减压方法使溶液中的部分溶剂汽化蒸发，使溶液得以浓缩的过程。由于酶在高温条件下不稳定，容易变性失活，故酶液的浓缩通常采用真空浓缩。即在一定的真空条件下，使酶液在 60 ℃以下进行浓缩。

影响蒸发速度的因素很多，除了溶剂和溶液的特性以外，还有温度、压力、蒸发面积等。一般说来，在不影响酶活力的前提下，适当提高温度、降低压力、增大蒸发面积都可以使蒸发速度提高。

蒸发装置多种多样，在酶液浓缩中主要采用各种真空蒸发器和薄膜蒸发器。可以根据实际情况选择使用。

2. 酶的干燥　干燥是将固体、半固体或浓缩液中的水分或其他溶剂除去一部分，以获得含水分较少的固体物质的过程。

在固体酶制剂的生产过程中，为了提高酶的稳定性，便于保存、运输和使用，一般都必须进行干燥。常用的干燥方法有真空干燥、冷冻干燥、喷雾干燥、气流干燥、吸附干燥等。

（1）真空干燥　真空干燥是在与真空系统相连接的密闭干燥器中，一边抽真空一边加热，使酶液在较低的温度条件下蒸发干燥的过程。在真空泵之前需要设置水蒸气凝结收集器，以免汽化产生的水蒸气进入真空泵。酶液真空干燥的温度一般控制在 60 ℃以下。

（2）冷冻干燥　冷冻干燥是先将酶液降温到冰点以下，使之冻结成固态，然后在低温下抽真空，使冰直接升华为气体，从而得到干燥的酶制剂。

冷冻干燥得到的酶质量较高，结构保持完整，活力损失少，但是成本较高，特别适用于对热非常敏感而价值较高的酶类的干燥。

（3）喷雾干燥　喷雾干燥是通过喷雾装置将酶液喷成直径仅为几十微米的雾滴，分散于热气流中，水分迅速蒸发而得到粉末状的干燥酶制剂。

喷雾干燥由于酶液分散成为雾滴，直径小，表面积大，水分迅速蒸发，只需几秒钟就可以达到干燥。在干燥过程中，由于水分迅速蒸发，吸收大量热量，使雾滴及其周围的空气温度比气流进口处的温度低，只要控制好气流进口温度，就可以减少酶在干燥过程中的变性失活。

（4）气流干燥　气流干燥是在常压条件下，利用热气流直接与固体或半固体的物料接触，使物料的水分蒸发而得到干燥制品的过程。

气流干燥设备简单，操作方便，但是干燥时间较长，酶活力损失较大。需要控制好气流的温度、速度和流向，同时要经常翻动物料，使之干燥均匀。

（5）吸附干燥　吸附干燥是在密闭的容器中用各种干燥剂吸收物料中的水分，达到干燥的目的。

常用的吸附剂有硅胶、无水氯化钙、氧化钙、无水硫酸钙、五氧化二磷、各种铝硅酸盐的结晶等，可以根据需要选择使用。

二、酶的结晶

结晶是指分子通过氢键、离子键或分子间力形成规则并且周期性排列的一种固体形式。由于各种分子间形成结晶的条件不同，也由于变性蛋白质和酶不能形成结晶，因此，结晶既是一种酶是否纯净的标志，又是一种酶和杂蛋白分离的方法。

1. 基本原理　结晶形成的过程是自由能降至最小的过程。当自由能降至最小并逐渐达到平衡状态时，溶质分子开始结晶作用，平衡状态的热力学和动力学参数决定于溶剂和溶质的理化特性。当溶液处于过饱和状态时，分子间的分散或排斥作用小于分子间的相互吸引作用，便开始形成沉淀或结晶，由于溶液的过饱和，维持水合物的水分子相对减少而且不足，溶质分子相互接触机会增加而聚集。但是，当溶液过饱和的速度过快时，溶质分子聚集太快，便会产生无定形的沉淀。如果控制溶液缓慢地达到过饱和点，溶质分子就可能排列到晶格中，形成结晶。所以，在操作上必须注意：①要调整溶液，使之缓慢地趋向于过饱和点；②调整溶液的性质和环境条件，使尽可能多的溶质分子相互接触，形成结晶。

2. 影响因素

（1）酶的纯度　一般来说，酶越纯，越容易获得结晶，一般酶纯度应达到50％以上。

（2）酶蛋白的浓度　对大多数酶来说，蛋白质浓度在 3～50 mg/mL 较好。一般来说，酶蛋白浓度越高，越有利于分子间相互碰撞而聚合，但是酶蛋白浓度过高，往往形成沉淀；酶蛋白浓度过低，不易生成晶核。

（3）晶种　有些不易结晶的酶，需加入微量的晶种才能形成结晶。

（4）温度　结晶温度一般控制在 0～4 ℃范围内，低温条件不仅使酶溶解度降低，有利于酶结晶的生成，而且酶不易变性。

（5）pH　pH 是酶结晶的一个重要条件，选择 pH 应在酶的稳定范围内，一般选择在被结晶酶的 pI 附近。

(6) 金属离子　许多金属能引起或有助于酶的结晶。不同酶选用不同金属离子。

不同酶蛋白的结晶条件也往往不同。为了获得某种酶蛋白的结晶，往往需要进行一些适当的预备实验摸索。

3. 结晶的主要方法

(1) 盐析法　在适当条件下，保持酶的稳定性，慢慢改变盐浓度进行结晶。其中，最常用的是硫酸铵和硫酸钠。一般是将盐加入到比较浓的酶溶液中至溶液呈浑浊为止，然后放置，并缓慢增加盐浓度。

(2) 有机溶剂法　一般在含有少量无机盐和适宜的 pH 条件下，于冰浴中缓慢滴入有机溶剂，并不断搅拌，当酶溶液微微浑浊时，在冰箱中放置几小时后，便有可能获得结晶。

(3) 透析平衡法　透析平衡法是将酶溶液装入透析袋中，对一定的盐溶液或有机溶剂进行透析平衡，酶溶液可缓慢达到饱和而析出结晶。

(4) 等点法　酶蛋白在其等电点时溶解度最小，通过改变酶溶液的 pH 可以缓慢地达到过饱和而析出酶蛋白结晶。

三、酶的制剂与保存

1. 常见酶制剂类型

(1) 液体酶制剂　包括稀酶液和浓缩酶液。一般除去固体杂质后，不再纯化而直接制成，或加以浓缩而成。这种酶制剂不稳定，且成分复杂，可作为某些工业用酶。

(2) 固体酶制剂　发酵液经杀菌后直接浓缩或喷雾干燥制成。有的加入淀粉等填充料，用于工业生产。有的经初步纯化后制成，如用于洗涤剂、药物生产。用于加工或生产某种产品时，务必除去起干扰作用的杂酶，才不会影响质量。固体酶制剂适于运输和短期保存，成本也不高。

(3) 纯酶制剂　包括结晶酶，通常用做分析试剂和医疗药物，要求较高的纯度和一定的活力单位数。医疗注射酶，还必须除去热源。

(4) 固定化酶制剂　详见本书第七章。

2. 酶制剂的保存　为了维持酶制剂的稳定，延长酶制剂的保存期，应注意以下几点。

(1) 温度　应在低温条件下（0~4 ℃）保存。有的需更低温度。低温保存时，加适量甘油或多元醇对酶有保护作用。

(2) pH　pH 应在酶的 pH 稳定范围内，常采用缓冲液来维持。

(3) 酶蛋白浓度　一般酶浓度高较稳定，低浓度时易于解离、吸附或发生表面变性失活。

(4) 氧　有些酶易于氧化而失活，因此酶制剂保存时，尽可能隔绝空气。

另外，为了提高酶的稳定性，常加入一些酶的稳定剂。如对于巯基酶，可加入巯基保护剂二巯基乙醇、谷胱甘肽、二硫苏糖醇等。

复习思考题

1. 简述酶分离纯化方法及工艺程序的选择策略。
2. 如何对酶分离纯化方法及工艺程序的优劣进行评价？
3. 破碎细胞有哪些方法？试述它们的优、缺点及适用对象。
4. 简述影响酶提取的主要因素及影响规律。
5. 简述粗酶液净化、脱色及浓缩的原理与方法。
6. 比较各种沉淀分离方法的优、缺点，并说明是适用于实验室研究还是适用于规模化的酶的提纯。
7. 简述各种层析分离方法的原理。
8. 酶溶液浓缩的方法有哪些？简述这些方法的原理。

主要参考文献

[1] 郭勇．酶工程．第2版．北京：科学出版社，2004
[2] 徐凤彩．酶工程．北京：中国农业出版社，2001
[3] 罗贵民．酶工程．北京：化学工业出版社，2002
[4] 施巧琴．酶工程．北京：科学出版社，2005
[5] 袁勤生，赵健．酶与酶工程．上海：华东理工大学出版社，2005
[6] 周晓云．酶学原理与酶工程．北京：中国轻工业出版社，2005

第六章 酶分子的化学修饰

第一节 酶分子化学修饰的基本原理和要求

通过各种方法使酶分子的结构发生某些改变，从而改变酶的某些特性和功能的技术过程称为酶分子修饰。酶的化学修饰可以简单地定义为在分子水平上对酶进行改造，即在体外将酶的侧链基团通过人工方法与一些化学基团，特别是具有生物相容性的大分子进行共价连接，从而改变酶的酶学性质的技术。

一、酶分子化学修饰的基本原理

酶分子是具有完整的化学结构和空间结构的生物大分子。酶分子的结构决定了其性质和功能。当酶分子的结构发生改变时将会引起其性质和功能的改变。正是酶分子的完整空间结构赋予其生物催化功能，具有催化效率高、专一性强和作用条件温和的特点。但是在另一方面，也是酶分子的结构具有稳定性较差、活性不够高和可能具有抗原性等弱点，使酶的应用受到限制。为此，通过修饰可以使酶分子结构发生某些改变，提高酶的活力，增强酶的稳定性，降低或消除酶的抗原性等。酶分子改造是酶工程也是生物科学基础研究的一项重要课题，通过酶分子修饰，研究和了解酶分子中主链、侧链、组成单位、金属离子和各种物理因素对酶分子空间构象的影响，可以进一步探讨其结构与功能之间的关系，在理论上为生物大分子结构与功能关系的研究提供实验依据和证明（酶活性中心存在就是通过酶分子化学修饰来证实的），又是改善酶学性质和提高应用价值的非常有效的措施，是科学技术发展的必然趋势。所以，酶分子修饰在酶和酶工程研究方面具有重要的意义。

一般地说，酶分子改造有以下几种措施。

①酶蛋白主链经水解酶限制性（部分）水解去掉部分非活性部位主链，有时酶活性会上升，酶稳定性提高，或置换掉一级结构上某些氨基酸残基，使活性部位构象发生一些变化，从而达到改性目的。

②用双功能基团试剂戊二醛、聚乙二醇（PEG）等将酶蛋白分子之间、亚基之间或分子内不同肽链部分间进行共价交联，可使分子活性结构加固，并可提高其稳定性。有人用戊二醛交联修饰磷酸化酶来提高其耐热、抗冷性能。

③利用小分子或大分子物质对活性部位或活性部位之外的侧链基团进行共价化学修饰，以改变酶学性质。

④辅因子置换有时可增强酶活力。例如添加 Ca^{2+} 取代淀粉酶分子中其他金属离子可使酶稳定性上升。

20 世纪 80 年代以来，已将酶分子修饰与基因工程技术结合在一起，通过基因定位突变和聚合酶链式反应（PCR）技术，改变 DNA 中的碱基序列，使酶分子的组成和结构发生改变，从而获得具有新的特性和功能的酶分子。由于酶分子被修饰的信息储存在 DNA 分子中，通过基因克隆和表达，就可通过生物合成不断获得具有新的特性和功能的酶，使酶分子修饰展现出更加广阔的前景。

酶分子修饰技术不断发展，修饰方法多种多样。然而，归纳起来，主要包括金属离子置换修饰、大分子结合修饰、侧链基团修饰、肽链有限水解修饰、氨基酸置换修饰、核苷酸置换使得氨基酸置换修饰和酶分子的物理修饰等。

二、酶分子化学修饰的要求

酶化学修饰所用的各种方法手段很多，但基本原则是充分利用修饰剂所具有的各类化学基团的特性，或直接或经过一定的活化过程与酶分子上某种氨基酸残基（一般尽量选择非酶活必需基团）产生化学反应，对酶分子结构进行改造。酶化学修饰时，必须注意下述几个问题。

1. 修饰剂的要求　在选择修饰剂时要考虑：①修饰剂的分子质量、修饰剂链的长度对蛋白质的吸附性；②修饰剂上反应基团的数目及位置；③修饰剂上反应基团的活化方法与条件。一般情况下，要求修饰剂具有较大的分子质量、良好的生物相容性和水溶性、修饰剂分子表面有较多的反应活性基团及修饰后酶活的半衰期较长。

2. 酶性质的了解　对被修饰的酶应有较全面的了解，其中包括有：①酶活性部位情况；②酶的稳定条件、酶反应最适条件；③酶分子侧链基团的化学性质及反应活泼性等。

3. 应条件的选择　修饰反应一般总是尽可能在酶稳定的条件下进行，尽量少破坏酶活性功能的必需基团。反应的最终结果是要得到酶和修饰剂的高结合率及高酶活回收率。因此，选择反应条件时要注意：①反应体系中酶与修饰剂的分子比例；②反应体系的溶剂性质、盐浓度和 pH 条件；③反应温度及时间。以上的反应条件随修饰反应的类型不同而不同，需要经过大量实验才能确定。

第二节　酶分子修饰的原则

蛋白质修饰时，首先要对修饰试剂和修饰条件进行选择，为提高修饰反应的专一性，获得满意的修饰结果做准备或奠定基础。修饰反应进行过程中要建立适当的方法对反应进程进行追踪，获得一系列有关修饰反应的数据，并对数据进行分析，确定修饰部位和修饰程度，由此对修饰结果进行合理的解释。

一、修饰反应专一性的控制

如果对与催化活性、底物结合或构象维持有关的功能基团未知时，可通过反复试验了解上述问题。在此过程中，修饰剂及修饰反应条件的选择至关重要，直接影响修饰反应的专一性。

1. 试剂的选择　根据修饰目的和专一性的要求来选择试剂。例如，对氨基的修饰可有几种情况：修饰所有氨基，而不修饰其他基团；仅修饰α-氨基；修饰暴露的或反应性高的氨基以及修饰具有催化活性的氨基等。修饰的部位和程度一般可用选择适当的试剂和反应条件来控制。如果要改变蛋白质的带电状态或溶解性，则必须选择能引入最大电荷量的试剂，用顺丁烯二酸酐可将中性的巯基和酸性条件下带正电荷的氨基转变成在中性条件下带负电的衍生物；如果要修饰的蛋白质对有机溶剂不稳定，必须在水介质中进行反应，则应选择在水中有一定溶解性的试剂。在选择试剂时，还必须考虑反应生成物容易进行定量测定。如果引入的基团有特殊的光吸收或者在酸水解时是稳定的，则可测定光吸收的变化或做氨基酸全分析，这是最方便的。用同位素标记的试剂虽较麻烦，但有其优越性，它可对蛋白质修饰反应进行连续测定，进行反应动力学的研究。试剂的大小也要注意。试剂体积过大，往往由于空间障碍而不能与作用的基团接近。一般来说，试剂的体积小一些为宜，这样既能保证修饰反应顺利进行，又可减少因空间障碍而破坏蛋白质分子严密结构的危险。

一般地说，选择蛋白质修饰剂要考虑如下一些问题：修饰反应要完成到什么程度？对个别氨基酸残基是否专一？在反应条件下，修饰反应有没有限度？修饰后蛋白质的构象是否基本保持不变？是否需要分离修饰后的衍生物？反应是否需要可逆？是否适合于建立快速、方便的分析方法？在决定选择某一修饰方法之前，对上述问题必须有一个权衡的考虑。

用于修饰酶活性部位的氨基酸残基的试剂应具备以下一些特征：选择性地与一个氨基酸残基反应；反应在酶蛋白不变性的条件下进行；标记的残基在肽

中稳定,很易通过降解分离出来,进行鉴定;反应的程度能用简单的技术测定。当然,不是单独一种试剂就能满足所有这些条件。一种试剂可能在某一方面比其他试剂优越,而在另一方面则较差。因此,必须根据实验目的和特定的样品来决定使用什么样的试剂。

2. 反应条件的选择 蛋白质与修饰剂作用时,控制合理的反应条件,对于顺利进行蛋白质的修饰非常重要。反应时,首先不能造成蛋白质的不可逆变性。其次是有利于专一性修饰蛋白质。为此,反应条件应尽可能在保证蛋白质特定空间构象不变或少变的情况下进行。反应的温度、pH都要小心控制。另外,反应介质和缓冲液组成对于修饰蛋白质也很重要。缓冲液可改变蛋白质的构象或封闭反应部位,因而影响修饰反应,如磷酸盐是某些酶的竞争性抑制剂,因而该离子的结合可能封闭修饰部位。碳酸酐酶的酯酶活力能被氯离子抑制,因而修饰反应所用缓冲液不应含有氯离子。

3. 反应的专一性 在蛋白质化学修饰研究中,反应的专一性非常重要。若修饰剂专一性较差,除控制反应条件外,还可利用其他途径来实现修饰的专一性。

(1) 利用蛋白质分子中某些基团的特殊性 活性蛋白质特殊的空间结构能影响某些基团的活性。蛋白水解酶分子中的活性 Ser 是一个很突出的例子。二异丙基氟磷酸酯(DFP)能与胰凝乳蛋白酶的活性 Ser 作用,结果迅速导致酶失活。但 DFP 在同样条件下却不能与胰凝乳蛋白酶原及一些简单的模拟化合物作用。在蛋白质分子中特别活泼的基团,如上述活性 Ser 在适当条件下只是其本身发生作用,而其他基团皆不作用,这种现象称为位置专一性,这是由于它在蛋白质分子中所处的位置环境所决定的。

(2) 选择不同的反应 pH 蛋白质分子中各功能基的解离常数(pK_a)是不同的。所以控制不同的反应 pH,也就控制了各功能基的解离程度,从而有利于修饰的专一性。例如,用溴(碘)代乙酸(或它的酰胺)对蛋白质进行修饰时,试剂可与 Cys、Met、His 的侧链及羧基、氨基发生作用。当反应 pH 为 6 时,只专一地与 His 的咪唑基作用;当反应 pH 为 3 时,则专一地与甲硫氨酸侧链作用。在这样酸性 pH 下,比较活泼的巯基和氨基都以带质子的形式存在,而变成不活泼状态,如下式所示。

$$ICH_2COO^- + 蛋白质—SH \longrightarrow 蛋白质—S—CH_2COO^- + H^+ + I^-$$

$$ICH_2COO^- + 蛋白质—SCH_3 \longrightarrow 蛋白质—\overset{\underset{|}{CH_3}}{S}—CH_2COO^- + I^-$$

$$ICH_2COO^- + 蛋白质—NH_2 \longrightarrow 蛋白质—N—CH_2COO^- + H^+ + I^-$$

$$ICH_2COO^- + 蛋白质—咪唑基—NH \longrightarrow 蛋白质—咪唑基—N—CH_2COO^-$$

(3) 利用某些产物的不稳定性 在高 pH 下，用氰酸、二硫化碳、O-甲基异脲和亚氨酸可将氨基转变成脲和胍的衍生物。虽然巯基也能与上述试剂作用，但因 pH 高，与巯基形成的产物迅速被分解。

(4) 亲和标记 亲和标记是实现专一性修饰的重要途径。亲和标记试剂除了要能与蛋白质作用外，还要求试剂的结构与蛋白质作用的底物或抑制剂相似。因此，在作用前，试剂先以非共价形式结合到蛋白质的活性部位上，然后再发生化学作用，将试剂置于活性部位基团上。这种方法在研究酶的活性部位时特别有用。例如，对甲基苯磺酰氟能作用于胰凝乳蛋白酶的活性 Ser 上。

(5) 差别标记 在底物或抑制剂存在下进行化学修饰时，由于它们保护着蛋白质的活性部位基团，使这些基团不能与试剂作用。然后将过量的底物或抑制剂除去，所得到的部分修饰的蛋白质再与含同位素标记的同样试剂作用，结果只有原来被底物或抑制剂保护的基团是带放射性同位素标记的。用这一方法可直接得到蛋白质发挥功能作用的必需基团。

(6) 利用蛋白质状态的差异 有时在结晶状态下进行反应，可以提高修饰的专一性。例如，核糖核酸酶在晶体状态下进行羧甲基化时，反应主要集中在 His_{119} 上，对 His_{12} 的修饰很少，两者之比为 60∶1。但在水溶液中进行同样的修饰时，两者之比为 15∶1，换言之，在晶体状态下羧甲基化反应的专一性比溶液状态下提高 3 倍。

二、修饰程度和修饰部位的测定

1. 分析方法 修饰酶的修饰基团和修饰程度的测定常用光谱法。该方法具有简单、适用、能容易计算出修饰速度等优点。此法要求修饰后的衍生物具有独特的光谱或它的光谱与修饰剂的不同，这种方法为直接法。但能符合这个条件的试剂不多。

最常使用的是间接法。被修饰的蛋白质经总降解和氨基酸分析后鉴定修饰部位。被修饰的残基经分离纯化后，可通过它含有的同位素标记量或通过有色修饰剂的光谱强度、顺磁共振谱、荧光标记量、修饰剂的可逆去除等来测定反应程度。测定一个被修饰氨基酸的出现，要比测定多个相同氨基酸中有一个消失更准确。理想的情况是被修饰的氨基酸在水解条件下是稳定的，而且在层析图谱中有一个独特的位置。使用蛋白水解酶降解一般可避免不稳定问题。但有些修饰了的残基，即使在酶解条件下也不稳定，或者其他残基阻碍蛋白水解酶对临近肽键的进攻。这时常进行残基部位的第二次修饰，以产生另外一种更稳定的修饰。由第二次修饰的结果，可以得到第一次修饰的程度。例如，已经乙酰化的蛋白质再经二硝基苯酰化,然后酸水解,测定 DNP-氨基酸和回收氨基酸的数目,再与总数进行比较,则能知道修饰程度。

2. 化学修饰数据的分析 化学修饰中,可以测定许多实验参数,这些参数是与修饰残基的数目及其对蛋白质生物活性的影响相关联的。这里只介绍表示化学修饰数据的最常用的方法以及从这类数据分析中所能得到的信息。

(1) 化学修饰的时间进程分析 时间进程分析数据是化学修饰的基本数据之一。如果修饰过程中有光谱变化,可直接追踪个别侧链的修饰。但常常是追踪修饰对蛋白质某些酶学参数(活性、变构配体的调节作用等)的影响来监测修饰过程。根据获得的时间进程曲线,可以了解修饰残基的性质和数目、修饰残基与蛋白质生物活性之间的关系等。时间进程曲线的测定实际上是蛋白质失活速度常数的测定。在大多数修饰实验中,修饰剂相对于可能修饰的残基是大大过量的,此时可以认为是假一级反应。从残余活力的对数对时间所作的半对数图可求出失活的速度常数。

若蛋白质中有两个以上残基与活力有关,且与修饰剂反应速度很不相同,则所得残余活力对数对修饰时间的半对数图为多相的。

有时修饰剂在修饰反应过程中本身又发生水解作用(如焦碳酸二乙酯),可先在同样条件下实验测定试剂水解的速度常数,然后再求出表观一级失活速度常数 K_{obs} 值。

在修饰剂与靶蛋白不形成特殊复合物的情况下,K_{obs} 对修饰剂浓度所作的图应为一直线,且通过原点。在有些例子中,在用亲和试剂修饰蛋白质时,在亲和试剂和蛋白质之间先形成可逆的特殊复合物,然后再发生失活作用。这时,由 K_{obs} 对试剂浓度作图,则得一条双曲线。

现以色氨酸合成酶 A 亚基 Arg_{148}(apo-β-2-Arg_{148})的化学修饰为例,说明修饰数据的分析。用苯甲酰甲醛修饰色氨酸合成酶 A 亚基(apo-β-2),可使该亚基丧失丝氨酸脱氨酶活力(图 6-1)。用图 6-1a 的数据计算假一级速度常数,再用速度常数的倒数对试剂浓度的倒数作图,得图 6-1b。

图 6-1 表明,苯甲酰甲醛在使亚基失活以前,与该亚基形成了可逆复合物,由图算得解离常数为 3.7 mmol。这种分析并不能指出,要使亚基失活必须修饰多少个残基。但是,用放射性苯甲酰甲醛修饰时,则可测定每个亚基被修饰的 Arg 的物质的量,以此物质的量对残余活力百分数作图,则可见,每个亚基只有一个部位被修饰(图 6-2)。图 6-2 中的插图为修饰酶的紫外吸收差谱。二苯甲酰甲醛与 Arg 加合物的消光系数为 11 000/(mol·cm)。用此消光系数可算得每个亚基大约被修饰 0.96 个 Arg,与用放射性方法测得值是一致的。用溴化氰裂解修饰的亚基,分离含放射性标记的片断,经氨基酸分析得

第六章 酶分子的化学修饰

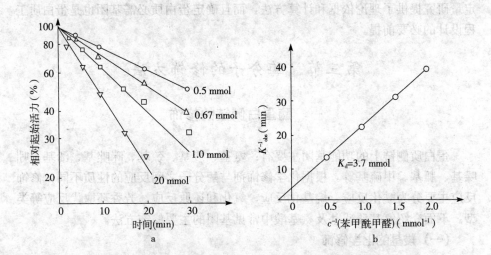

图 6-1 色氨酸合成酶 A 亚基化学修饰的数据分析图
a. 苯甲酰甲醛浓度对色氨酸合成酶 A 亚基失活速度的影响
b. 由 a 图算出的一级速度常数（K_{obs}）的倒数对试剂浓度的倒数作图，
由横轴截距（$1/K_d$）算得解离常数为 3.7 mmol

知，此片断为含 2 个 Arg 的肽。再用胃蛋白酶水解这个溴化氰裂解片断，得到一个单一标记的片断，经氨基酸分析得知，这个片断含有 Arg_{148}。

（2）确定必需基团的性质和数目　蛋白质分子中某类侧链基团在功能上虽有必需和非必需之分，但它们往往都能与某一试剂起反应。长期以来，人们没有找到生物活力与必需基团之间的定量关系，也就无法从实验数据中确定必需基团的性质和数目。1961 年，Ray 等提出用比较一级反应动力学常数的方法来确定必需基团的性质和数目，但此法的局限性很大。

1962 年，邹承鲁提出更具普遍应用意义的统计学方法，建立了邹氏作图法。用此法可在不同修饰条件下，确定酶分子中必需基团的数目和性质。邹氏作图法的建立不仅为蛋白质修饰研究由定性描述转入

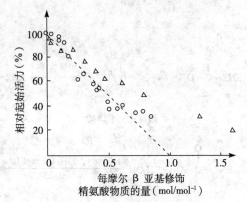

图 6-2 苯甲酰甲醛修饰 β 亚基的
程度对其活力的影响
△示修饰程度可由修饰后在 250 nm 处吸收值
A_{250} 的变化来确定
○示修饰程度通过放射性试剂修饰后
放射性 ^{14}C 的加入量来确定

定量研究提供了理论依据和计算方法，而且确定蛋白质必需基团也是蛋白质工程设计的必要前提。

第三节 酶分子的修饰方法

一、酶蛋白侧链的修饰

蛋白质侧链上的功能基团主要有：氨基、羧基、巯基、咪唑基、酚基、吲哚基、胍基、甲硫基等。根据化学修饰剂与酶分子之间反应的性质不同，修饰反应主要分为酰化反应、烷基化反应、氧化和还原反应、芳香环取代反应等类型。下面介绍氨基酸残基及氨基酸中常见基团的主要修饰方法。

（一）羧基的化学修饰

几种修饰剂与羧基的反应如图 6-3 所示。其中，水溶性的碳二亚胺类特定修饰酶的羧基已成为最普通的标准方法，它在比较温和的条件下就可以进行。但是在一定条件下，Ser、Cys 和 Tyr 也可以反应。

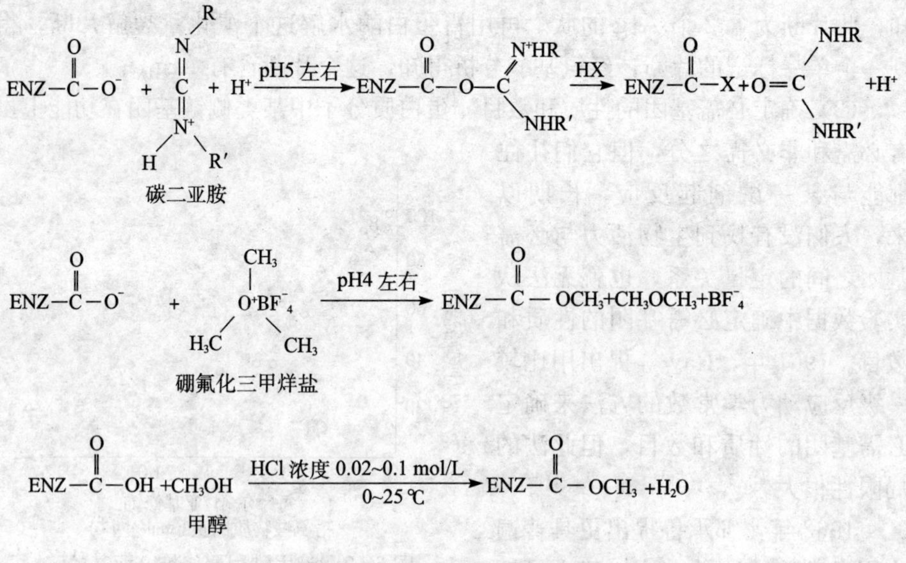

$$ENZ-C(=O)-O^- + \underset{\underset{R'}{|}}{\overset{\overset{R}{|}}{C}}\overset{N}{\underset{N^+H}{\parallel}} + H^+ \xrightarrow{pH5 \ 左右} ENZ-C(=O)-O-C\underset{NHR'}{\overset{N^+HR}{\parallel}} \xrightarrow{HX} ENZ-C(=O)-X + O=C\underset{NHR'}{\overset{NHR}{\diagup}} + H^+$$

碳二亚胺

$$ENZ-C(=O)-O^- + \underset{\underset{CH_3}{|}}{\overset{\overset{CH_3}{|}}{O^+}}BF_4^- \xrightarrow{pH4 \ 左右} ENZ-C(=O)-OCH_3 + CH_3OCH_3 + BF_4^-$$
H_3C　CH_3
硼氟化三甲烊盐

$$ENZ-C(=O)-OH + CH_3OH \xrightarrow[0 \sim 25\ ℃]{HCl \ 浓度 \ 0.02 \sim 0.1\ mol/L} ENZ-C(=O)-OCH_3 + H_2O$$
甲醇

图 6-3　修饰剂与羧基的反应
R、R'. 烷基　HX. 卤素、一级或二级胺　ENZ. 酶

（二）氨基的化学修饰

Lys 的 $\varepsilon-NH_2$ 以非质子化形式存在时亲核反应活性很高，因此容易被选择性修饰，可供利用的修饰剂也很多，如图 6-4 所示。

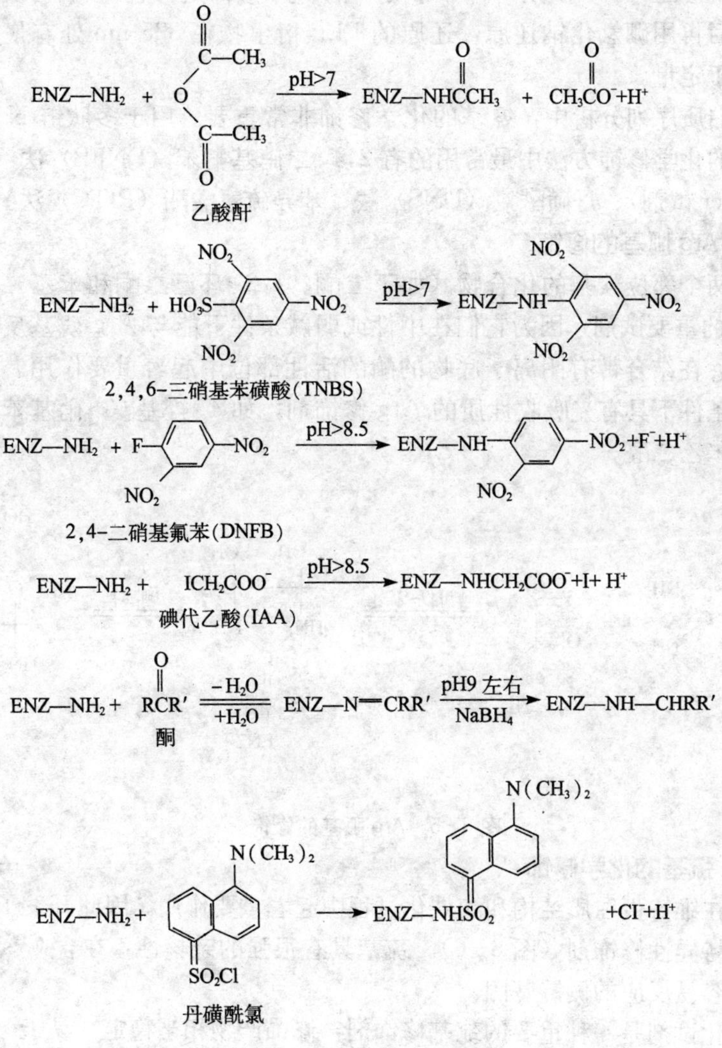

$$\text{ENZ—NH}_2 + (\text{CH}_3\text{CO})_2\text{O} \xrightarrow{\text{pH}>7} \text{ENZ—NHCCH}_3 + \text{CH}_3\text{CO}^- + \text{H}^+$$

乙酸酐

$$\text{ENZ—NH}_2 + \text{HO}_3\text{S-C}_6\text{H}_2(\text{NO}_2)_3 \xrightarrow{\text{pH}>7} \text{ENZ—NH-C}_6\text{H}_2(\text{NO}_2)_3$$

2,4,6-三硝基苯磺酸(TNBS)

$$\text{ENZ—NH}_2 + \text{F-C}_6\text{H}_3(\text{NO}_2)_2 \xrightarrow{\text{pH}>8.5} \text{ENZ—NH-C}_6\text{H}_3(\text{NO}_2)_2 + \text{F}^- + \text{H}^+$$

2,4-二硝基氟苯(DNFB)

$$\text{ENZ—NH}_2 + \text{ICH}_2\text{COO}^- \xrightarrow{\text{pH}>8.5} \text{ENZ—NHCH}_2\text{COO}^- + \text{I}^- + \text{H}^+$$

碘代乙酸(IAA)

$$\text{ENZ—NH}_2 + \text{RCR}' \xrightleftharpoons[+\text{H}_2\text{O}]{-\text{H}_2\text{O}} \text{ENZ—N=CRR}' \xrightarrow[\text{NaBH}_4]{\text{pH9 左右}} \text{ENZ—NH—CHRR}'$$

酮

$$\text{ENZ—NH}_2 + \text{丹磺酰氯} \longrightarrow \text{ENZ—NHSO}_2\text{-C}_{10}\text{H}_6\text{-N(CH}_3)_2 + \text{Cl}^- + \text{H}^+$$

丹磺酰氯

图 6-4　氨基的修饰

氨基的烷基化已成为一种重要的 Lys 修饰方法，修饰剂包括有卤代乙酸、芳基卤和芳香族磺酸。在硼氢化钠等氢供体存在下，酶的氨基能与醛或酮发生还原烷基化反应，所使用的羰基化合物取代基的大小对修饰结果有很大影响。其中，三硝基苯磺酸（TNBS）是非常有效的一种氨基修饰剂，它与 Lys 反应，在 420 nm 和 367 nm 处能够产生特定的光吸收。

氰酸盐使氨基甲氨酰化形成非常稳定的衍生物，是一种常用的修饰 Lys 的手段，该方法优点是氰酸根离子小，容易接近要修饰的基团。

磷酸吡哆醛（PLP）是一种非常专一的 Lys 修饰剂，它与 LYS 反应，形成希夫碱后再用硼氢化钠还原，还原的 PLP 衍生物在 325 nm 处有最大光吸收，可用于定量。

在蛋白质序列分析中，氨基的化学修饰非常重要。用于多肽链 N 末端残基的测定的化学修饰方法中最常用的有 2,4-二硝基氟苯（DNFB）法（DNFB 又称 Sanger 试剂）、丹磺酰氯（DNS）法、苯异硫氰酸酯（PITC）法。

（三）Arg 胍基的修饰

具有两个邻位羰基的化合物（如丁二酮、1,2-环己二酮和苯乙二醛）是修饰 Arg 的重要试剂，因为它们在中性或弱碱条件下能与 Arg 残基反应（图 6-5）。Arg 在结合带有阴离子底物的酶的活性部位中起着重要作用。还有一些在温和条件下具有光吸收性质的 Arg 修饰剂，如 4-羟基-3-硝基苯乙二醛和对硝基苯乙二醛。

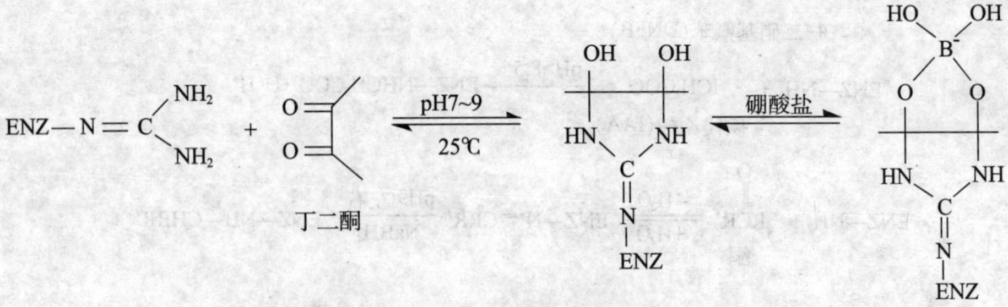

图 6-5 Arg 胍基的修饰

（四）巯基的化学修饰

巯基在维持蛋白质结构和酶催化过程中起着重要作用。因此开发了许多修饰巯基的特异性修饰剂（图 6-6）。巯基具有很强的亲核性，在含 Cys 的酶分子中是最容易反应的侧链基团。

烷基化试剂是一种重要的巯基修饰剂，修饰产物相当稳定，易于分析。已开发出许多基于碘乙酸的荧光试剂。

马来酰亚胺或马来酸酐类修饰剂能与巯基形成对酸稳定的衍生物。N-乙基马来酰亚胺是一种反应专一性很强的巯基修饰剂，反应产物在 300 nm 处有最大吸收。

有机汞试剂，如对氯汞苯甲酸对巯基专一性最强，修饰产物在 250 nm 处有最大吸收。

5,5′-二硫代-双（2-硝基苯甲酸）（DTNB，Ellman 试剂）也是最常用的巯基修饰剂，它与巯基反应形成二硫键，释放出 1 个 2-硝基-5-硫苯甲酸阴离

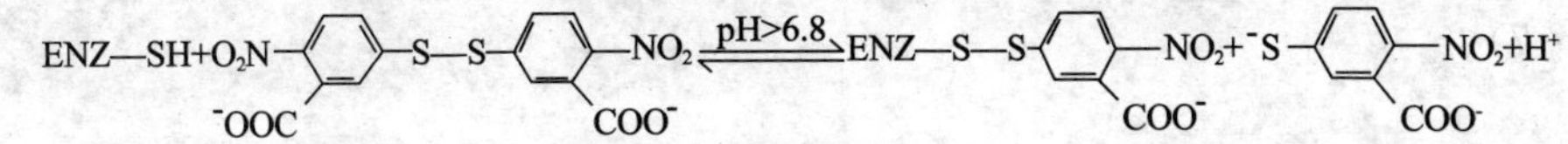

5,5′-二硫代-双(2-硝基苯甲酸)(DTNB)

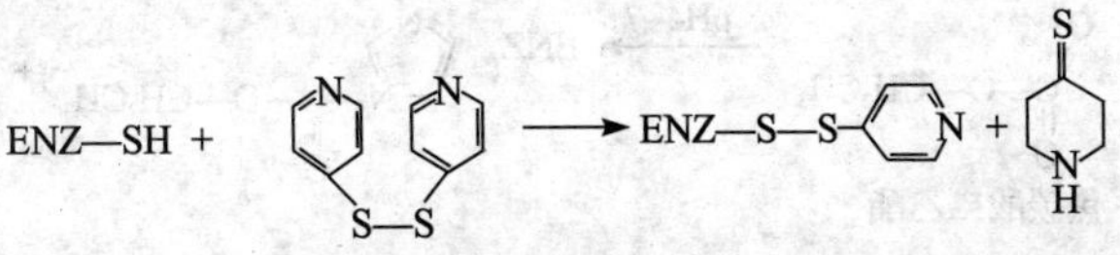

4,4′-二硫二吡啶(4-PDS)

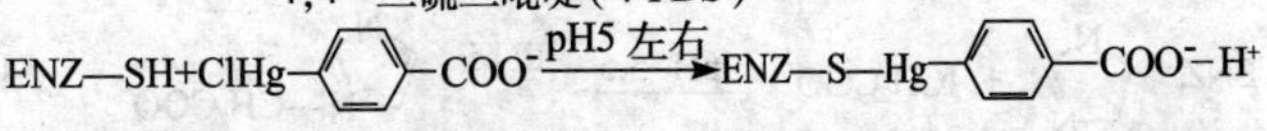

对氯汞苯甲酸(PMB)

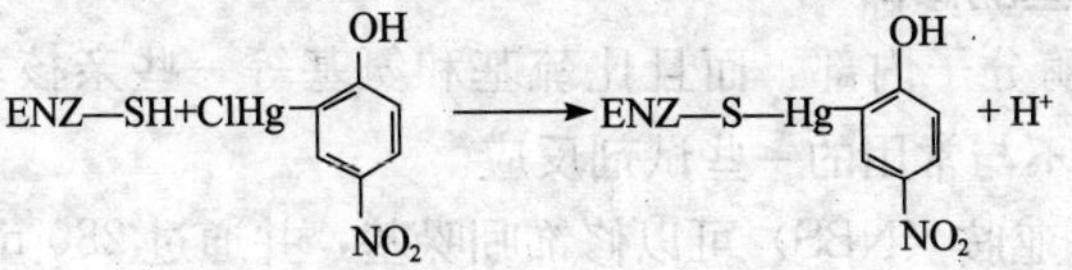

2-氯汞-4-硝基苯酚(MNP)

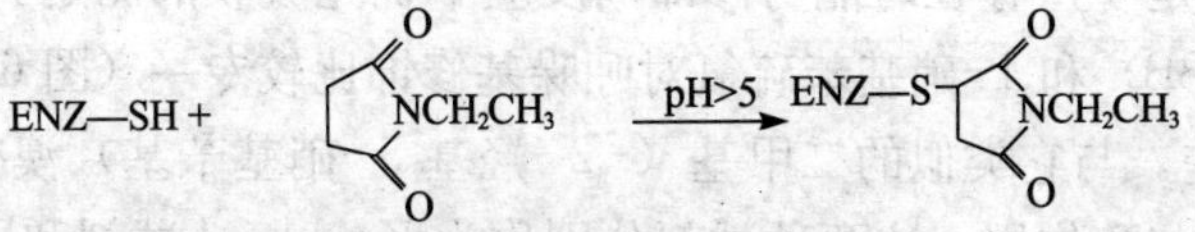

N-乙基马来酰亚胺(NEM)

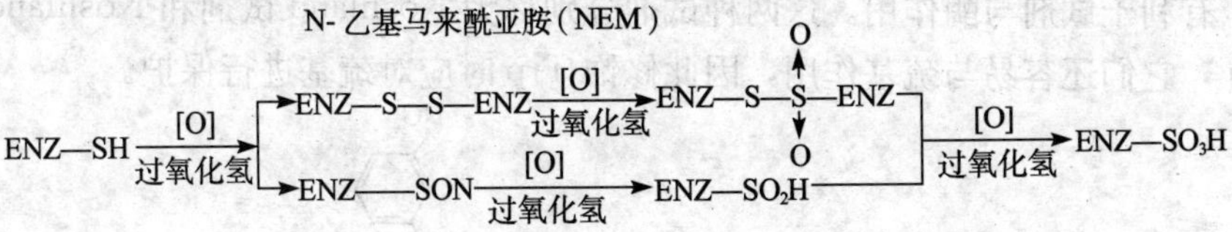

图 6-6　巯基的修饰

子，此阴离子在 412 nm 处有最大吸收，因此能够通过光吸收的变化跟踪反应程度。虽然目前在酶的结构与功能研究中半胱氨酸的侧链的化学修饰有被蛋白质定点突变的方法所取代的趋势，但是 Ellman 试剂仍然是当前定量酶分子中巯基数目的最常用试剂，用于研究巯基改变程度和巯基所处环境，最近它还用于研究蛋白质的构象变化。

(五) His 咪唑基的修饰

His 残基位于许多酶的活性中心，常用的修饰剂有焦碳酸二乙酯（diethylpyrocarbonate，DPC）和碘代乙酸。DPC 在近中性 pH 下对 His 有较好的专一性，产物在 240 nm 处有最大吸收，可跟踪反应和定量。碘代乙酸和焦碳酸二乙酯都能修饰咪唑环上的两个氮原子，碘代乙酸修饰时，有可能将 N_1 取代

和 N_3 取代的衍生物分开,从而可观察修饰不同的氮原子对酶活性的影响(图 6-7)。

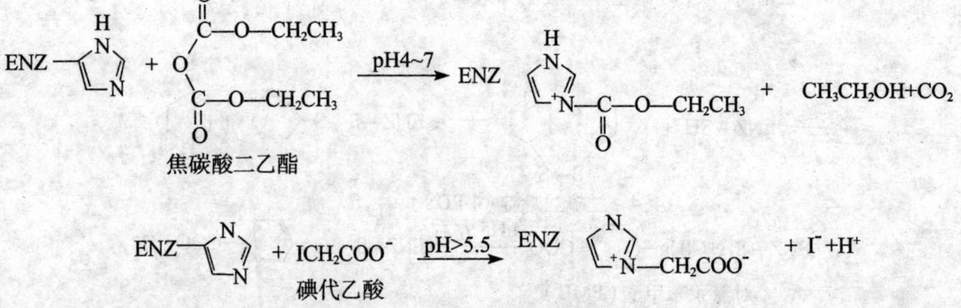

图 6-7 His 咪唑基的修饰

(六) Trp 吲哚基的修饰

Trp 一般位于酶分子内部,而且比巯基和氨基等一些亲核基团的反应性差,所以 Trp 一般不与常用的一些试剂反应。

N-溴代琥珀酰亚胺(NBS)可以修饰吲哚基,并通过 280 nm 处光吸收的减少跟踪反应,但是 Tyr 存在时能与修饰剂反应干扰光吸收的测定。2-羟基-5-硝基苄溴(HNBB)和 4-硝基苯硫氯对吲哚基修饰比较专一(图 6-8)。但是 HNBB 水溶性差。与它类似的二甲基(-2-羟基 5-硝基苄基)溴化锍易溶于水,有利于试剂与酶作用。这两种试剂分别称为 Koshland 试剂和 Koshland 试剂 II,它们还容易与巯基作用,因此修饰 Trp 时应对巯基进行保护。

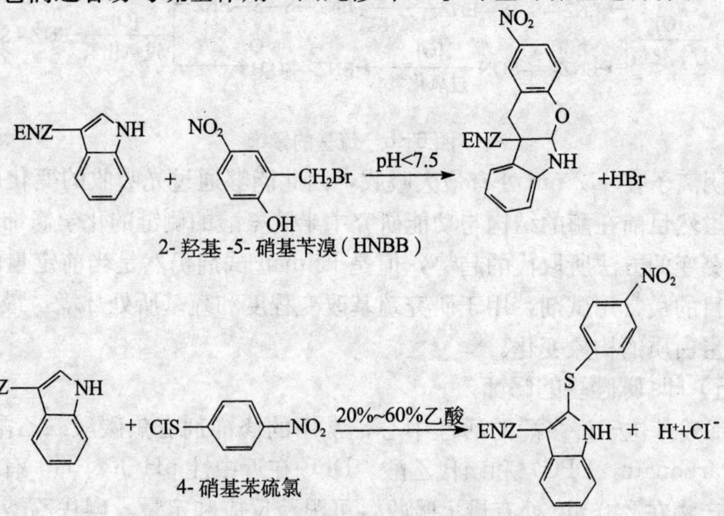

图 6-8 Trp 吲哚基的修饰

(七) Tyr 残基和脂肪族羟基的修饰

Tyr 残基的修饰包括酚羟基的修饰和芳香环上的取代修饰（图 6-9）。Thr 和 Ser 残基的羟基一般都可以被修饰酚羟基的修饰剂修饰，但是反应条件比修饰酚羟基严格些，生成的产物也比酚羟基修饰形成的产物更稳定。

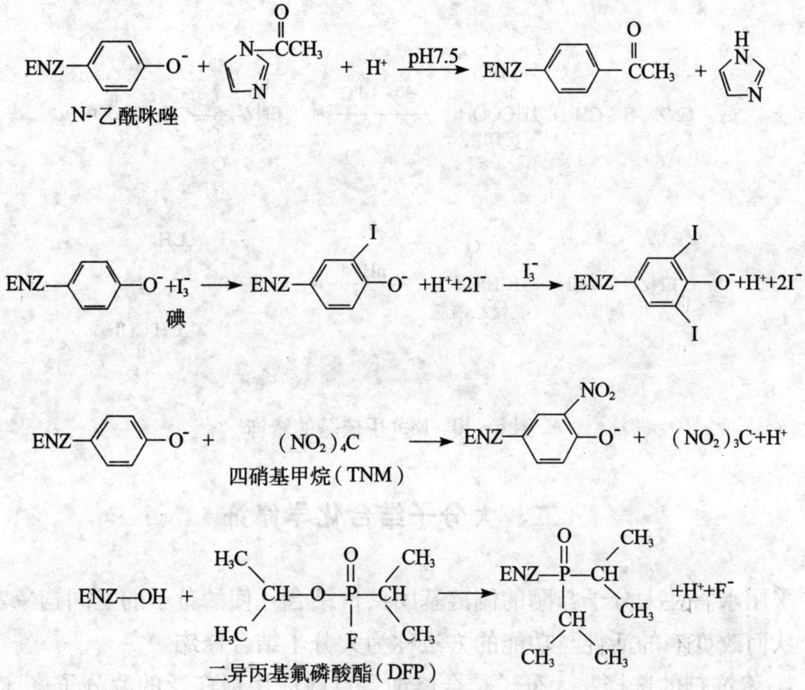

图 6-9 Tyr 残基和脂肪族羟基的修饰

四硝基甲烷（TNM）在温和条件下可高度专一性地硝化 Tyr 的酚基，生成可电离的发色基团 3-硝基酪氨酸，它在酸水解条件下稳定，可用于氨基酸定量分析。

Thr 和 Ser 残基的专一性化学修饰相对比较少。Ser 参与酶活性部位的例子是丝织酸蛋白水解酶。酶中的丝氨酸残基对酰化剂（如二异丙基氟磷酸酯）具有高度反应性。苯甲基磺酰氟（PMSF）也能与此酶的 Ser 作用，在硒化氢存在下，能将活性 Ser 转变为硒代半胱氨酸，从而把丝氨酸蛋白水解酶变成了谷胱甘肽过氧化物酶。

(八) Met 甲硫基的修饰

虽然 Met 极性较弱，在温和条件下，很难选择性修饰。但是由于硫醚的硫原子具有亲核性，所以可用过氧化氢、过甲酸等氧化成 Met 亚砜，用碘代乙酰胺等卤化烷基酰胺使Met烷基化（图6-10）。

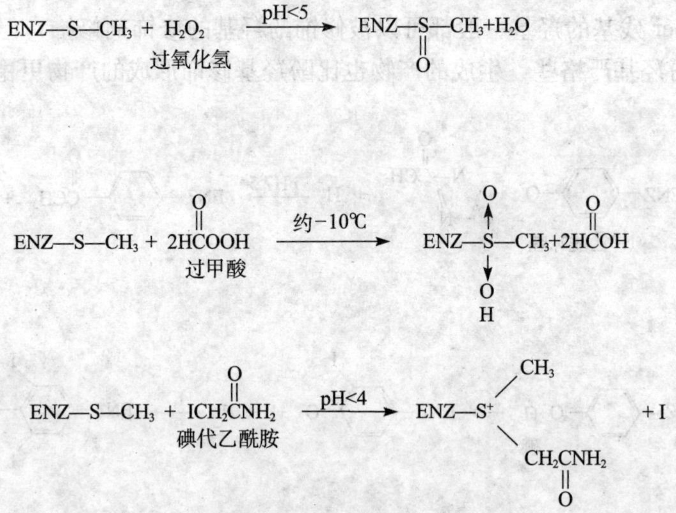

$$ENZ—S—CH_3 + H_2O_2 \xrightarrow{pH<5} ENZ—\overset{O}{\underset{\|}{S}}—CH_3 + H_2O$$
过氧化氢

$$ENZ—S—CH_3 + 2HCOOH \xrightarrow{约-10℃} ENZ—S—CH_3 + 2HCOH$$
过甲酸

$$ENZ—S—CH_3 + ICH_2CNH_2 \xrightarrow{pH<4} ENZ—S^+ \begin{matrix}CH_3 \\ CH_2CNH_2\end{matrix} + I$$
碘代乙酰胺

图6-10　Met甲硫基的修饰

二、大分子结合化学修饰

采用水溶性大分子与酶的侧链基团共价结合，使酶分子的空间构象发生改变，从而改变酶的活性与功能的方法称为大分子结合修饰。

1. 修饰剂的选择　大分子结合修饰是目前应用最广泛的酶分子修饰方法。大分子结合修饰采用的修饰剂是水溶性大分子，例如，聚乙二醇（PEG）、右旋糖酐、蔗糖聚合物（ficoll）、葡聚糖、环状糊精、肝素、羧甲基纤维素、聚氨基酸等。要根据酶分子的结构和修饰剂的特性选择适宜的水溶性大分子。

在众多的大分子修饰剂中，相对分子质量为1 000～10 000的PEG应用最为广泛。因为它溶解度高，既能够溶解于水，又能够溶于大多数有机溶剂，通常没有抗原性也没有毒性，生物相容性好。分子末端具有两个可以被活化的羟基，可以通过甲氧基化将其中一个羟基屏蔽起来，成为只有一个可被活化羟基的单甲氧基聚乙二醇（MPEG）。

2. 修饰剂的活化　作为修饰剂使用的水溶性大分子含有的基团往往不能直接与酶分子的基团进行反应而结合在一起。在使用之前一般需要经过活化，才能使活化基团在一定条件下可以与酶分子的某侧链基团进行反应。

例如，常用的大分子修饰剂单甲氧基聚乙二醇可以采用多种不同的试剂进行活化,制成可以在不同条件下对酶分子上不同基团进行修饰的聚乙二醇衍生物。用于酶分子修饰的主要聚乙二醇衍生物如下。

(1) 聚乙二醇均三嗪衍生物 单甲氧基聚乙二的醇羟基与均三嗪(三聚氯氰)在不同的反应条件下反应,制得活化的聚乙二醇均三嗪衍生物 $MPEG_1$ 和 $MPEG_2$。通过这些衍生物分子上的活泼的氯原子,可以对天冬酰胺酶等酶分子上的氨基进行修饰。

(2) 聚乙二醇琥珀酰亚胺衍生物 单甲氧基聚乙二醇的羟基与琥珀酰亚胺类物质反应,生成 MPEG 琥珀酰亚胺琥珀酸酯(SS-MPEG)、MPEG 琥珀酰亚胺琥珀酸胺(SSAMPEG)、MPEG 琥珀酰亚胺碳酸酯(SC-MPEG)等衍生物。这些衍生物可以在 pH 7~10 的条件下对酶分子的氨基进行修饰。

(3) 聚乙二醇马来酸酐衍生物 聚乙二醇与马来酸酐反应生成具有蜂巢结构的聚乙二醇马来酸酐共聚物(PM)。共聚物中的马来酸酐可以通过酰胺键对酶分子上的氨基进行修饰。

(4) 聚乙二醇胺类衍生物 单甲氧基聚乙二醇上的羟基与胺类化合物反应,生成的聚乙二醇胺类衍生物,可以对酶分子上的羧基进行修饰。

右旋糖酐可以用高碘酸(HIO_4)进行活化处理等。

3. 修饰 将带有活化基团的大分子修饰剂与经过分离纯化的酶液,以一

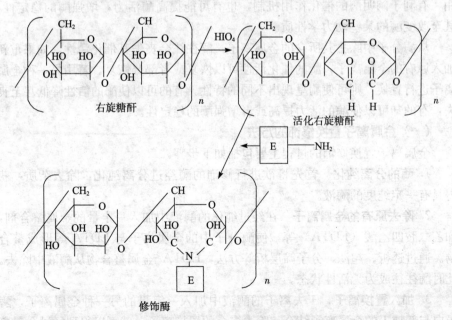

图 6-11 右旋糖酐修饰酶分子的过程

定的比例混合，在一定的温度、pH等条件下反应一段时间，使修饰剂的活化基团与酶分子的某侧链基团以共价键结合，对酶分子进行修饰。例如，右旋糖酐先经过高碘酸（HIO_4）活化处理，然后与酶分子的氨基共价结合（图6-11）。

4. 分离 酶经过大分子结合修饰后，不同酶分子的修饰效果往往有差别，有的酶分子可能与一个修饰剂分子结合，有的酶分子则可能与两个或多个修饰剂分子结合，还可能有的酶分子没有与修饰剂分子结合。为此，需要通过凝胶层析等方法进行分离，将具有不同修饰度的酶分子分开，从中获得具有较好修饰效果的修饰酶。

三、金属离子置换修饰

许多酶的催化作用需要辅助因子的帮助，辅因子分为有机辅因子和无机辅因子两大类。无机辅因子主要是各种金属离子。这些金属离子，往往是酶活性中心的组成部分，对酶催化功能的发挥有重要作用。把酶分子中的金属离子换成另一种金属离子，使酶的特性和功能发生改变的修饰方法称为金属离子置换修饰。通过金属离子置换修饰，可以了解各种金属离子在酶催化过程中的作用，有利于阐明酶的催化作用机制，也有可能提高酶活力，增强酶的稳定性，甚至改变酶的某些动力学性质。

从酶分子中除去其所含的金属离子，酶往往会丧失其催化活性。如果重新加入原有的金属离子，酶的催化活性可以恢复或者部分恢复。若用另一种金属离子进行置换，则可使酶呈现出不同的特性。有的可以使酶的活性降低甚至丧失，有的却可以使酶的活力提高或者增强酶的稳定性。

（一）金属离子置换修饰的方法

金属离子置换修饰的过程主要包括如下步骤。

1. 酶的分离纯化 首先将欲进行修饰的酶经过分离纯化，除去杂质，获得具有一定纯度的酶液。

2. 除去原有的金属离子 在经过纯化的酶液中加入一定量的金属螯合剂，如乙二胺四乙酸（EDTA）等，使酶分子中的金属离子与EDTA等形成螯合物。通过透析、超滤、分子筛层析等方法，EDTA-金属螯合物从酶液中除去。此时酶往往成为无活性状态。

3. 加入置换离子 于去离子的酶液中加入一定量的另一种金属离子，酶蛋白与新加入的金属离子结合，除去多余的置换离子，就可以得到经过金属离子置换后的酶。

金属离子置换修饰只适用于那些在分子结构中本来含有金属离子的酶。用于金属离子置换修饰的金属离子一般都是二价金属离子，如 Ca^{2+}、Mg^{2+}、Mn^{2+}、Zn^{2+}、Co^{2+}、Cu^{2+}、Fe^{2+} 等。

（二）金属离子置换修饰的作用

经过金属离子置换后的酶，其特性和催化功能往往发生改变，所以该修饰可以达到下列目的。

1. 阐明金属离子对酶催化作用的影响 通过金属离子置换修饰，可以了解各种金属离子在酶催化过程中的作用，阐明金属离子对酶催化作用的影响，从而有利于阐明酶的催化作用机制。

有些酶通过金属离子置换修饰后可以显著提高酶活力。例如，α-淀粉酶分子中大多数含有钙离子，有些则含有 Mg^{2+}、Zn^{2+} 等其他离子，所以一般的 α-淀粉酶是杂离子型的。如果将其他杂离子都换成钙离子，则可以提高酶活力，并显著增强酶的稳定性。结晶的钙型 α-淀粉酶的活力比一般结晶的杂离子型 α—淀粉酶的活力提高 3 倍以上，而且稳定性大大增加。因此，在 α-淀粉酶的发酵生产、保存和应用过程中，添加一定量的 Ca^{2+}，有利于提高和稳定 α-淀粉酶的活力。再如，将锌型蛋白酶的 Zn^{2+} 除去，然后加进 Ca^{2+}，置换成钙型蛋白酶，其酶活力可以提高 20%～30%。

有些酶分子中的金属离子被置换以后，其稳定性显著增强。例如，铁型超氧化物歧化酶（Fe-SOD）分子中的 Fe^{2+} 被 Mn^{2+} 置换，成为锰型超氧化物歧化酶（Mn-SOD）后，其对过氧化氢的稳定性显著增强。对叠氮钠（NaN_3）的敏感性显著降低。

2. 改变酶的动力学特性 有些经过金属离子置换修饰的酶，其动力学性质有所改变。例如，酰基化氨基酸水解酶的活性中心含有 Zn^{2+}，用 Co^{2+} 置换后，其催化 N-氯-乙酰丙氨酸水解的最适 pH 从 8.5 降低为 7.0。同时该酶对 N-氯-乙酰蛋氨酸的米氏常数 K_m 增大，亲和力降低。

第四节 化学修饰酶的性质

酶修饰后其酶学性质会发生变化，其中以热稳定性、体内半衰期及抗原性减小等变化最为显著。

一、化学修饰酶的热稳定性

许多修饰剂分子存在多个活性反应基团，因此常常可与酶形成多点交联，相对固定酶的分子构象，增强酶的热稳定性。PEG 修饰酶在热稳定性上没有明显提高，主要可能是 PEG 和酶是单点交联，相对地难以产生固定酶分子构象的效应。

酶催化功能的发挥需要这种高度有序的天然构象来保证。如果从热力学角度看，酶天然构象高度有序，熵值小，应该说是不稳定的，但是酶分子结构中内部基团间的相互作用、基团与外相水溶液间的相互作用，能产生补偿的焓值和熵值，使整个酶分子结构的熵值最后处于一种平衡状态，紧密有序的构象得以维持。当酶发生热失活时，虽说是一个复杂的过程，但现在人们普遍认为主要是因为酶分子内基团间的相互作用在受热情况下发生变化，原先的平衡力受到破坏，于是酶分子天然构象就向热力学上熵值高方向变化，即从紧密有序趋于松散，折叠结构打开，最终导致酶催化功能的丧失。

酶化学修饰则是基于上述观点，从增强酶天然构象的稳定性着手来减少酶热失活。酶化学修饰通过将酶与修饰剂交联后，就可能使酶的天然构象产生"刚性"，不易伸展打开，并同时减小酶分子内部基团的热振动，从而增强酶的热稳定性（表 6-1）。

表 6-1 天然和修饰酶的热稳定性对比

酶	修饰剂	天然酶		修饰酶	
		温度/时间	残留酶活（%）	温度/时间	残留酶活（%）
腺苷脱氨酶	右旋糖酐	37 ℃/100 min	80	37 ℃/100 min	100
α-淀粉酶	右旋糖酐	65 ℃/2.5 min	50	65 ℃/2.5 min	50
α-淀粉酶	右旋糖酐	60 ℃/5 min	50	60 ℃/5 min	50
胰蛋白酶	右旋糖酐	100 ℃/30 min	46	100 ℃/30 min	64
过氧化氢酶	右旋糖酐	50 ℃/10 min	40	50 ℃/10 min	90
溶菌酶	右旋糖酐	100 ℃/30 min	20	100 ℃/30 min	99
α-糜蛋白酶	右旋糖酐	37 ℃/6 h	0	37 ℃/6 h	70
β-葡萄糖苷酶	右旋糖酐	60 ℃/40 min	41	60 ℃/40 min	82
尿酸酶	人血清白蛋白	37 ℃/48 h	50	37 ℃/48 h	95
α-葡萄糖苷酶	人血清白蛋白	55 ℃/3 min	50	55 ℃/3 min	50
L-天冬酰胺酶尿激酶	人血清白蛋白	37 ℃/4 h	50	37 ℃/4 h	50
尿激酶	人血清白蛋白	60 ℃/5 min	25	60 ℃/5 min	85
尿激酶	聚丙烯酰胺丙烯酸	37 ℃/2 d	50	37 ℃/2 d	100
糜蛋白酶	肝素	37 ℃/6 h	0	37 ℃/6 h	80
L-天冬酰胺酶	聚乳糖	60 ℃/10 min	19	60 ℃/10 min	63
葡萄糖氧化酶	聚乙烯酸	50 ℃/4 h	52	50 ℃/4 h	77
谷氨酰胺酶	糖肽	45 ℃/10 min		45 ℃/10 min	增加
胰凝乳蛋白酶	聚（N-乙烯吡咯烷酮）	75 ℃/117 h	61	75 ℃/117 h	100
L-天冬酰胺酶	聚丙氨酸	50 ℃/7 min	50	50 ℃/7 min	50

二、化学修饰酶的抗原性

有些修饰剂在消除酶抗原性上并无作用。譬如 PVP 修饰酶在重复用于体内后，会诱导体内产生抗体使酶失活。糖类物质包括右旋糖酐也不容易消除酶的抗原性，这类修饰酶在体内仍可诱发过敏反应。现在比较公认的是 PEG 和人血清白蛋白在消除酶抗原性上效果明显。

酶分子结构上除了蛋白水解酶的"切点"外，还有一些氨基酸残基组成了抗原决定簇，当酶作为异源蛋白进入机体后，就会诱发产生抗体，抗原抗体决定簇的基团与修饰剂形成共价键，这样就可能破坏酶分子上抗原决定簇的结构，使酶的抗原性降低乃至消除。同时，大分子修饰剂也同样能"遮盖"抗原决定簇和阻碍抗原、抗体产生结合反应。修饰酶的抗原性变化见表 6-2。

表 6-2 修饰酶的抗原性变化

酶	修饰剂	抗原性
胰蛋白酶	PEG	消除
过氧化氢酶	PEG	消除
精氨酸酶	PEG	消除
腺苷脱氨酶	PEG	消除
尿酸酶	PEG	消除
谷氨酰胺酶-天冬酰胺酶	PEG	消除
超氧化物歧化酶	白蛋白	消除
L-天冬氨酰酶	白蛋白	消除
α-葡萄糖苷酶	白蛋白	降低
核糖核酸酶	聚 DL-丙氨酸	降低
链激酶	PEG	降低
胰蛋白酶	聚 DL-丙氨酸	降低
L-天冬酰胺酶	聚 DL-丙氨酸	降低

三、化学修饰酶在体内的半衰期

许多酶经过化学修饰后，由于增强了抗蛋白水解酶、抗抑制剂和抗失活因子的能力以及对热稳定性的提高，体内半衰期都比天然酶延长，这对提高酶的活性具有很重要的意义（表 6-3）。

表 6-3 天然和修饰酶的体内半衰期对比

酶	修饰剂	半衰期或酶活残留率/时间	
		天然酶	修饰酶
羧肽酶	右旋糖酐	3.5 h	17 h
精氨酸酶	右旋糖酐	1.4 h	12 h
α-淀粉酶	右旋糖酐	16%/2 h	75%/2 h
谷氨酰胺酶-天冬酰胺酶	糖肽	1 h	8.2 h
L-天冬酰胺酶	聚丙氨酸	3 h	21 h
尿酸酶	白蛋白	4 h	20 h
α-葡萄糖苷酶	白蛋白	10 min	3 h
超氧化物歧化酶	白蛋白	6 min	4 h
尿激酶	白蛋白	20 min	90 min
氨基己糖苷酶 A	PVP	5 min	35 min
精氨酸酶	PEG	1 h	12 h
腺苷脱氨酶	PEG	30 min	28 h
L-天冬酰胺酶	PEG	2 h	24 h
过氧化氢酶	PEG	0%/6 h	10%/8 h
尿酸酶	PEG	18%/3 h	65%/3 h

四、化学修饰酶的最适 pH

有些酶经过化学修饰后，最适 pH 发生变化，这在生理和临床应用上都有意义（表 6-4）。例如猪肝尿酸酶的最适 pH 为 10.5，在 pH 为 7.4 生理环境时仅剩 5%～10%酶活，但该酶修饰后，最适 pH 范围扩大了，在 pH 为 7.4 时，仍保留有 60%酶活，这就更有利于酶在体内发挥作用。解释这一现象的假设是修饰尿酸酶的微环境更稳定，当酶在 pH 为 7.4 时，酶活性部位仍能处于相对偏碱的环境内行使催化功能，或者是修饰酶被"固定"于一个更活泼的状态，并且当基质 pH 下降时，酶仍能保持这种活泼状态使催化功能不受影响。

表 6-4 天然和修饰酶的最适 pH 对比

酶	修饰剂	最适 pH	
		天然酶	修饰酶
尿酸酶（猪肝）	白蛋白	10.5	7.4～8.5
糜蛋白酶	肝素	8.0	9.0
吲哚-3-链烷羟化酶	聚丙烯酸	3.5	5.0～5.5
尿酸酶（猪肝）	PEG	8.2	9
产朊假丝酵母尿酸酶	PEG	8.2	8.8

再如吲哚-3-链烷羟化酶修饰后，最适 pH 从 3.5 变到 5.0～5.5。这样当 pH 为 7 左右时，修饰酶的酶活比天然酶强 3 倍，在生理环境下修饰酶抗肿瘤效果要比天然酶大得多。

五、化学修饰酶 K_m 的变化

绝大多数酶经过修饰后，最大反应速度 v_{max} 没有变化。但有些酶在修饰后，K_m 会增大。据研究认为，这可能主要是交联于酶上的大分子修饰剂所产生的空间障碍影响了底物对酶的接近和结合。但人们同时认为，修饰酶抵抗各种失活因子的能力增强和体内半衰期的延长，能够弥补 K_m 增大的缺陷，不影响修饰酶的应用价值（表 6-5）。

表 6-5　天然酶和修饰酶的 K_m 对比

酶	修饰剂	K_m 天然酶	K_m 修饰酶
苯丙氨酸解氨酶	PEG	6×10^{-5}	1.2×10^{-4}
猪肝尿酸酶	PEG	2×10^{-5}	7×10^{-5}
产朊假丝酵母尿酸酶	PEG	5×10^{-5}	5.6×10^{-5}
L-天冬酰胺酶	白蛋白	4×10^{-5}	6.5×10^{-5}
尿酸酶	白蛋白	3.5×10^{-5}	8×10^{-5}
腺苷脱氨酶	右旋糖酐	3×10^{-5}	7×10^{-5}
吲哚-3-链烷羟化酶	聚丙烯酸	2.4×10^{-6}	7.0×10^{-6}
吲哚-3-链烷羟化酶	聚顺丁烯二酸	2.4×10^{-6}	3.4×10^{-6}
猪肝尿酸氧化酶	PEG	2×10^{-5}	6.9×10^{-5}
产朊假丝酵母尿酸氧化酶	PEG	5.0×10^{-5}	5.6×10^{-5}
精氨酸酶	PEG	6.0×10^{-3}	1.2×10^{-2}
谷氨酰胺酶—天冬酰胺酶	糖肽		不变
胰蛋白酶	右旋糖酐		不变
L-天冬酰胺酶	聚丙氨酸		不变

六、蛋白质化学修饰的局限性

①某种修饰剂对某一氨基酸侧链的化学修饰专一性是相对的，很少有对某一氨基酸侧链绝对专一的化学修饰剂。因为同一种氨基酸残基在不同酶分子中所存在的状态不同，所以同一种修饰剂对不同酶的修饰行为也不同。

②化学修饰后酶的构象或多或少都有一些改变，因此这种构象的变化将妨碍对修饰结果的解释。但是，如果在实验中控制好温度、pH 等实验条件，选

择适当的修饰剂，这个问题可以得到解决。

③酶的化学修饰只能在具有极性的氨基酸残基侧链上进行，但是 X 射线衍射结构分析结果表明，其他氨基酸侧链在维持酶的空间构象方面也有重要作用，而且从种属差异的比较分析，它们在进化中是比较保守的。目前还不能用化学修饰的方法研究这些氨基酸残基在酶结构与功能关系中的作用。

④酶化学修饰的结果对于研究酶结构与功能的关系能提供一些信息，如某一氨基酸残基被修饰后，酶活力完全丧失，说明该残基是酶活性所必需的。但为什么是必需的，还得用 X 射线和其他方法来确定。因此化学修饰法研究酶结构与功能关系尚缺乏准确性和系统性。

综上所述，可以看到酶化学修饰这项新技术在一定程度上将会大大改善天然酶的一些不足之处，使其更适合用于实际应用需要。在各种客观条件下，如何保持酶的稳定性是一个首要的问题，它不仅可以降低使用成本、延长使用寿命、改善反应条件，还可改变最适反应 pH，降低 K_m，提高酶活性，减少或消除抗原性，增加抗蛋白水解能力，甚至使酶分子具备对细胞的亲和力或穿透性，这些都是在实际应用中亟待改进和解决的关键技术。酶化学修饰可以在这方面发挥作用。

第五节 酶化学修饰的应用

酶化学修饰是通过各种方法使酶分子的结构发生某些改变，这样既可用来研究酶的结构与功能的关系，也可通过改变酶的特性和催化功能得到稳定而高效的酶用于生产。因此，通过酶分子修饰，人为地改变天然酶的某些性质，创造天然酶所不具备的某些优良特性甚至创造出新的活性，概括起来有：①提高生物活性（包括某些在修饰后对效应物的反应性能改变）；②增强在不良环境中的稳定性；③针对特异性反应降低生物识别能力，解除免疫原性；④产生新的催化能力等，扩大酶的应用范围，提高酶的应用范围。

一、在酶学研究方面的应用

从 20 世纪 50 年代开始，酶分子的侧链基团修饰已经成为生物化学和酶学研究的热点。主要用于研究酶的结构与功能的关系，在理论上为酶的结构与功能关系的研究提供实验依据。

（一）酶的活性中心研究

酶分子修饰在研究酶的活性中心的必需基团时经常采用。如果某基团经过修饰后不引起酶活力的显著变化，则可以认为此基团不处在酶的活性中心位置；如果对某基团进行修饰以后，酶活力显著降低或完全丧失，则此基团很可能是酶催化中心的必需基团。

（二）酶的空间结构研究

采用具有荧光特性的修饰试剂对酶分子的侧链基团进行修饰，借助荧光光谱研究，可以分析各基团在酶分子中的空间分布情况，了解在溶液中酶分子的空间构象；研究酶分子的解离-缔合现象。

通常情况下，酶分子表面基团能与修饰剂反应，而不能与修饰剂反应的基团一般是埋藏在分子内或形成次级键。采用巯基修饰剂进行修饰，可以了解酶分子中半胱氨酸的数目及其分布情况，确定肽链的数目和二硫键的数目。

（三）酶的作用机制的研究

通过酶分子修饰作用，可以了解各种残基及其侧链基团在酶催化过程中的作用。常用的修饰方法有亲和标记法、差异标记法、氨基酸置换法等。

1. 亲和标记法 通过亲和标记试剂对酶分子进行修饰的方法称为亲和标记法。与酶分子的某一特定部位（通常是酶的活性部位）有特异的亲和力，可以与这个特殊部位结合而进行酶分子修饰的试剂称为亲和标记试剂。通常采用酶的底物类似物作为亲和标记试剂，如表6-6所示。

表6-6 某些酶常用的亲和标记试剂

酶	亲和标记试剂	修饰的残基
天冬氨酸转氨酶	β-溴丙酮酸	Cys
	β-溴苯氨酸	Lys
羧肽酶B	α-N-溴乙酸-D-精氨酸	Glu
	溴乙酸氨基苄琥珀酸	Met
α-胰凝乳蛋白酶	L-苯甲磺酰苯丙氨酰氯甲酮苯甲烷磺酰氯	His_{57}
		Ser_{195}
胰蛋白酶	L-苯甲磺酰赖氨酰氯甲酮	His
木瓜蛋白酶	L-苯甲氨酰苯丙氯氨酰甲酮	Cys
反丁烯二酸酶	溴代甲基反丁烯二酸	Met, His
半乳糖苷酶	溴代乙酰-β-D-半乳糖胺	Met
乳酸脱氢酶	3-溴乙酸吡啶	Cys, His
溶菌酶	2′,3′-环氧丙基-β-D-（N-乙酰葡萄糖胺）	Asp_{52}
蛋氨酰-tRNA合成酶	对硝基苯-氨甲酰-蛋氨酰 tRNA	Lys
RNA聚合酶	5-甲酰尿苷-5′-三磷酸	Lys

2. 差别标记法 在酶的作用底物或竞争性抑制剂存在的条件下，对酶分子进行修饰，由于底物或竞争性抑制剂对酶分子活性中心上的结合基团有保护作用，使之不被修饰。然后除去底物或竞争性抑制剂，再用带有放射性同位素标记或荧光标记的修饰剂进行修饰，则原来受到底物或竞争性抑制剂保护的基

团带上放射性标记或荧光标记，经过检测，可以知道活性中心上的结合基团。

3. 氨基酸置换法 通过定点突变技术或化学方法，将酶蛋白分子中的某个氨基酸残基置换为另一种氨基酸残基，观察其对酶催化反应的影响和变化，分析、了解该氨基酸残基在酶催化过程中的作用。

二、在医药领域中的应用

酶作为生物催化剂，其高效性和专一性是其他催化剂所无法比拟的。因此，酶在疾病的诊断治疗和预防方面有广泛的应用。但由于酶作为蛋白质在体内不稳定，具有抗原性，在体内半衰期短，不能在靶部位聚集、不合适的最适 pH 等缺点严重影响其使用效果。如何提高酶的稳定性、解除抗原性、改变酶学性质（最适 pH、最适温度、K_m 值、催化活性和专一性），扩大酶的应用范围的研究越来越引起人们的重视。通过酶分子修饰，可以明显提高酶的稳定性，减少或消除其抗原性，延长其半衰期，拓宽酶的应用范围，提高应用价值。

1. 降低或者消除酶抗原性 化学修饰是分子酶工程的重要手段之一。事实证明，只要选择合适的修饰剂和修饰条件，在保持酶活性的基础上，能够在较大范围内改变酶的性质，如在医药方面，通过酶分子化学修饰可以显著降低甚至消除酶的抗原性。

酶的大分子修饰是酶的化学修饰的最主要方法。前文已述，其原理是利用可溶性大分子，如聚乙二醇（PEG）、聚乙烯吡咯烷酮（PVP）、聚丙烯酸（PAA）、聚氨基酸、葡聚糖、环糊精、乙烯/顺丁烯二酰肼共聚物、羧甲基纤维素、多聚唾液酸、肝素等可通过共价键连于酶分子表面，对酶的表面进行化学修饰，形成覆盖层。其中，相对分子质量在 500～20 000 范围内的 PEG 类修饰剂应用最广，它是既能溶于水，又可以溶于绝大多数有机溶剂的两亲分子，它一般没有免疫原性和毒性，其生物相容性已经通过美国 FDA 认证。PEG 分子末端有两个能被活化的羟基，但是化学修饰时多采用单甲氧基聚乙二醇（MPEG）。

聚乙二醇、右旋糖酐、肝素等可溶性大分子制备的修饰酶具有许多有利于应用的新性质。如聚乙二醇修饰的天冬酰胺酶不仅可降低或消除酶的抗原性，而且可以提高酶的抗蛋白质水解的能力，延长酶在体内的半衰期，提高药效。该方面成功的例子有下述几个。

①具有较强抗肿瘤作用的 L-天冬酰胺酶（L-asparaginase），能将肿瘤细胞生长所需的 L-天冬酰胺水解为天冬氨酸和氨，从而特异并有效地抑制肿瘤

细胞的恶性生长。但由于它来源于微生物，对人而言是一种外源性蛋白质，有较强的免疫原性，限制了其临床应用。近年来，许多研究结果表明，用聚合物修饰能较好地克服这些缺陷。目前主要采用 PEG 和右旋糖酐这两种修饰因子进行修饰。PEG 修饰可显著降低免疫原性。

②具有抗癌作用的精氨酸酶，用 PEG 修饰后，修饰率为 53% 时，酶活力保持 65%，其抗原性被消除，与抗体结合能力和诱导产生新抗体的能力均消失，在血液中停留时间延长，显著地延长了肝移植后的小鼠生命。抗癌剂苯丙氨酸氨裂解酶和色氨酸酶经 PEG 修饰后也得到类似的结果。

③作为酶缺损症治疗剂的葡萄糖醛酸苷酶、葡萄糖苷酶、半乳糖苷酶、腺苷脱氨酶经 PEG 修饰后，延长了它们在血液中的停留时间，提高了抗蛋白酶水解的能力，抗原性和免疫原性都有不同程度的减少或消失。

④有望用于治疗痛风和高尿酸血症的尿酸酶，由于尿酸酶作为异体蛋白质用于治疗时有可能产生抗原性。因此，尿酸酶可通过 PEG 修饰，使尿酸酶活力保持 45%，抗原性完全消失，还延长了酶活力在血液中的保持时间。

2. 提高医药用酶活力　化学修饰酶能够提高酶对热、酸、碱和有机溶剂的耐性，改变酶的底物专一性和最适 pH 等酶学性质。成功的例子如下。

①具有抗肿瘤活性的色氨酸分解酶和 3-烷基吲哚-α-羟化酶，由于它的最适 pH 是 3.5，在生理 pH 条件下酶活力很低，所以限制了它的临床应用。以多聚物聚丙烯酸或聚顺丁烯二酸修饰这种酶，使其最适 pH 向中性提高，结果使其在 pH 7.0 的酶活力增加了 3 倍。因此，化学修饰酶可能提高在生理 pH 条件下酶活力很低的某些医用酶的医疗价值。

②氧化还原酶中的谷胱甘肽过氧化物酶是不稳定的，但人们对它很感兴趣。通过使用化学修饰的方法，用不稳定的氧化型硒原子取代胰蛋白酶（trypsin）中 Ser_{195} γ 位的氧原子，将胰蛋白酶（trypsin - Ser_{195} - CH_2OH）转变为硒代胰蛋白酶（trypsin - Ser_{195} - CH_2Se），硒化胰蛋白酶失去了还原酶的活力，而表现出较强的谷胱甘肽过氧化物酶的活力，它催化谷胱甘肽的氧化还原反应。

③甲氧基聚乙二醇（MPEG）共价修饰的过氧化氢酶在有机溶剂中的溶解性和酶活性也得到提高，在三氯乙烷中酶活力是天然酶的 200 倍，在水溶液中酶活力是天然酶的 15~20 倍。念珠菌同脂肪酶（CRL）修饰后，在异辛烷中的稳定性和活力提高许多。脂肪酶和蛋白酶被 MPEG 修饰后，可溶于有机溶剂，并具有催化酯合成、酯交换和肽合成的能力。

3. 增强医药用酶的稳定性　通过酶分子修饰的医药用酶，可以显著增强其稳定性。

①具有抗氧化、抗辐射、抗衰老功能的超氧化物歧化酶（SOD）是一类广泛存在于生物体内的金属酶，能催化超氧阴离子歧化反应，是氧自由基的天然清除剂，可清除细胞外液中存在的超氧阴离子（O_2^-），它可以抵抗大脑或心脏由于缺血后再灌注造成的损伤，是一种具有重要药用价值的很有前途的药用酶。但是由于它有半衰期短和异体蛋白质抗原性的缺点，限制了其临床应用。该酶经过大分之结合修饰，形成聚乙二醇-超氧化物歧化酶（PEG-SOD），其稳定性显著提高，在血浆中的半衰期可延长 350 倍。

②酶的化学修饰也是寻找新型的生物催化剂的一个有效的工具。如辣根过氧化物酶用 MPEG 共价修饰后，在极端 pH 条件下抗变性能力提高，耐热性也有所增强。

③α-胰凝乳蛋白酶表面的氨基修饰成亲水性更强的—$NHCH_2COOH$ 后，该酶抗不可逆热失活的稳定性在 60 ℃可提高 1 000 倍。在更高温度下稳定化效应更强。这种稳定的酶能经受灭菌的极端条件而不失活。

④使用双功能基团试剂（如戊二醛、PEG 等）将酶蛋白分子之间、亚基之间或分子内不同肽链部分进行共价交联，可使酶分子活性结构加固，并可提高其稳定性，增加酶在非水溶液中的使用价值。例如，在半合成青霉素和半合成头孢菌素的研究和生产中有重要用途的青霉素酰化酶，采用葡聚糖二乙醛进行分子内交联修饰后，可以使该酶在 55 ℃下的 $t_{1/2}$ 提高 9 倍，而 v_{max} 保持不变。丝氨酸蛋白酶、胰蛋白酶可以通过修饰由常温酶变为嗜热酶，其最适温度从 45 ℃提高到 76 ℃。

4. 制成酶传感器 以甲苯胺蓝修饰碳糊微电极为基体，将葡萄糖脱氢酶（GDH）用丝素蛋白质膜固定于修饰微电极表面制成了生物传感器。这种葡萄糖脱氢酶微电极具有抗干扰能力强、灵敏度高、响应快等优点。该传感器面积小，稳定性、重现性均好，是一种很有发展前途的生物传感器。通过化学交联法将醇脱氢酶（ADH）固定在铂碳电极表面，使用 N-甲基吩嗪甲基硫酸盐（PMS）和铁氰化钾为介体，间接测定酶促反应中生成的 NADH，如果电极每天测定 30 次，可以使用两周。这种方法的优点是简单、快速、选择性高，并且线性范围宽，可以在临床、饮料行业应用。

三、在工业方面的应用

酶作为蛋白质性质的催化剂，参与生物体内各种化学反应，具有高效性和高度专一性、反应条件温和、酶的活性可以调节控制等特点，已在食品、轻工、化工等工业生产中广泛应用。然而由于酶本身就是蛋白质，其高级结构对环境条件十分敏感,如对热、酸、碱、有机溶剂等均不够稳定,在水溶液中容易失活,使其应用受到了一定的限制。通过酶分子的修饰,可以显著提高酶的活力,增强酶的稳定性,还可以改变某些酶的动力学特性,使酶更能满足工业生产的需求。

1. 提高工业酶的活力　采用适当的修饰方法对酶分子进行修饰,可以使酶的活力得到显著的提高。

①胰蛋白酶可以用于蛋白质水解物、蛋白胨、多肽和氨基酸等的生产。用右旋糖酐修饰胰蛋白酶,不仅增加了热稳定性,而且也使自动水解作用降低。该酶经右旋糖酐修饰后在 pH8.1,37 ℃保温 2 h,酶活力没有丧失,而未修饰酶则丧失 85%的酶活力。

②α-淀粉酶、β-淀粉酶可以用于淀粉水解物,如糊精、葡萄糖等的生产。用右旋糖酐修饰 α-淀粉酶、β-淀粉酶,可有效地提高酶的热稳定性。α-淀粉酶在 65 ℃的半衰期大约是 2.5 min,修饰酶在 65 ℃的半衰期增加到 63 min;α-淀粉酶在 60 ℃的半衰期是 3.5 min,用右旋糖酐修饰后增加到 175 min。α-淀粉酶分子中有 Ca^{2+} 等金属离子,通过金属离子置换修饰,将杂离子型 α-淀粉酶全部置换为钙型 α-淀粉酶,其酶活力可以提高 3 倍以上,而且稳定性大大增强。因此,在 α-淀粉酶的发酵生产、保存和应用过程中,添加一定量的钙离子,有利于提高 α-淀粉酶的活力和稳定性。

③将锌型蛋白酶的锌离子除去,然后加进 Ca^{2+},置换成钙型蛋白酶,其酶活力可以提高 20%～30%。

2. 增强工业用酶的稳定性　酶分子经过修饰,可以显著增强稳定性。

①木瓜蛋白酶、菠萝蛋白酶、胰蛋白酶、α-淀粉酶、β-淀粉酶等是食品工业中广泛应用的酶,经过大分子结合修饰,其稳定性均显著提高。

②胰蛋白酶通过物理修饰,将酶的原有空间构象破坏后,再在不同的温度条件下,使酶重新构建新的空间构象。结果表明,在 50 ℃的条件下重新构建的酶的稳定性比天然酶提高 5 倍。

③枯草芽孢杆菌蛋白酶的交联酶晶体在有机溶剂和水溶液中的稳定性大大增加,枯草芽孢杆菌蛋白酶经预处理,冻干形成交联晶体,其酶活力可提高 13 倍。

3. 改变酶的动力学特性　有些酶经过分子修饰以后,其动力学特性会发生某些变化,更有利于工业生产。

①葡萄糖异构酶能催化葡萄糖转化为果糖,在果糖、果葡糖浆的生产中有重要应用价值。经过琥珀酰化修饰后,葡萄糖异构酶的最适 pH 下降 0.5,并增强酶的稳定性,更加有利于果葡糖浆和果糖的生产。而糖化酶固定在阴离子

载体上后，其最适 pH 由 4.6 升至 6.8，与葡萄糖异构酶的最适 pH 7.5 靠近了，因而可以简化制备高果糖浆的工艺过程。

②将胰凝乳蛋白酶 Met_{192} 氧化成亚砜，则使该酶对含芳香族或大体积脂肪族取代基的专一性底物的 K_m 提高 2~3 倍，但对非专一性底物的 K_m 不变。

③用胰蛋白酶对天冬氨酸酶进行有限水解切去 10 个氨基酸后，酶活力提高 5.5 倍。活化酶仍是四聚体，亚单位分子质量变化不大。

④利用定点突变法在 *Bacillus lentus* 枯草芽孢杆菌蛋白酶（SBL）的特定位点中引入 Cys，然后用甲基磺酰硫醇（methanethiosulfonate）试剂进行硫代烷基化，得到一系列新型的化学修饰突变枯草芽孢杆菌蛋白酶。酶的 K_{cat}/K_m 值随疏水基团 R 的增大而增大，而且绝大部分 CMM 的 K_{cat}/K_m 值都大于天然酶，有些甚至增加了 2.2 倍。

四、在抗体酶研究开发方面的应用

前文已述，抗体酶（abzyme）又称为催化性抗体（catalytic antibody），是一类具有催化功能的抗体。

抗体酶可以通过诱导法或修饰法产生。诱导法是在免疫系统中采用半抗原或酶抗原进行诱导而产生。修饰法是将抗体进行分子修饰，即采用氨基酸置换修饰或者侧链基团修饰，在抗体与抗原的结合部位引进催化基团，从而成为具有催化活性的抗体酶。

氨基酸置换修饰采用定点突变技术，将抗体与抗原结合部位的某个氨基酸残基置换成另一个氨基酸残基，从而使抗体分子具有催化活性。例如，舒尔兹（Schultz）等人采用定点突变技术，将抗体 MOPC315（对二硝基苯专一结合的抗体）的结合部位上的 Tyr_{34} 置换成 His，获得具有显著酶解活性的抗体酶。

侧链基团修饰是将抗体与抗原结合部位上的某个基团进行修饰，从而使抗体具有催化功能。采用此法可以将巯基或咪唑基等引进抗体的结合部位，而获得具有水解活性的抗体酶。

五、在有机介质酶催化反应中的应用

在有机介质的酶催化中，通常采用冻干的酶粉悬浮在有机溶剂中进行催化。由于酶粉一般不溶于有机溶剂，难以均匀地分布，致使酶的催化效率较低。

如果对酶分子进行侧链基团修饰，使酶分子表面的基团增强疏水性，就可能使酶溶解于有机溶剂，均匀地分布于溶剂中，就有可能提高酶的催化效率和稳定性。

例如，采用单甲氧基聚乙二醇对脂肪酶、过氧化氢酶、过氧化物酶等酶分子表面上的氨基进行共价结合修饰，得到的修饰酶能够均一地溶解于苯、氯仿等有机溶剂中，并具有较高的催化活性和稳定性。

复习思考题

1. 什么是酶分子的化学修饰？有何作用？
2. 举例说明酶主链切断修饰。
3. 什么是大分子结合修饰？有何作用？
4. 定点突变技术在酶分子修饰中有什么作用？简述其主要技术过程。
5. 简述金属离子置换修饰的主要修饰过程和作用。
6. 酶分子的物理修饰有什么作用？

主要参考文献

[1] 袁勤生，赵健主编. 酶与酶工程. 上海：华东理工大学出版社，2005
[2] 罗贵民主编. 酶工程. 北京：化学工业出版社，2002
[3] 罗九甫. 酶和酶工程. 上海：上海交通大学出版社，1996
[4] 郭勇主编. 酶工程原理与技术. 北京：高等教育出版社，2005
[5] 郭勇主编. 酶工程. 第二版. 北京：科学技术出版社，2004

第七章 固定化酶与固定化细胞

酶反应一般都在水溶液中进行，属于均相反应。均相酶反应体系在使用过程中存在着许多不足之处，例如，酶的稳定性较差，在温度、pH、无机离子等外界因素的影响下，容易变性失活；酶与底物和产物混在一起，反应结束后，难于回收利用，而且难于实现连续化酶反应；酶反应结束后与产物混在一起，无疑给产物的进一步分离纯化带来一定的困难。这些对于现代生产来说，还不是一种理想的酶的应用方法。

如果将酶束缚于特殊的相，使它与整体相（或整体流体）分隔开，但仍能进行底物和效应物（激活剂或抑制剂）的分子交换，就能克服均相酶反应体系的上述不足之处。20世纪50年代开始逐步发展起来了固定化的新技术。1969年，日本千畑一郎首次应用固定化氨基酰化酶大规模生产L-氨基酸，实现了酶应用历史上的一次重大变革，促使酶工程作为一个独立的学科从发酵工程中脱颖而出。随着固定化技术的发展，作为固定化的对象不仅有酶，也可以是动植物细胞、微生物细胞、原生质体、细胞器等，这些固定化物可统称为固定化生物催化剂。

第一节 酶的固定化

酶的固定化最初被认为是将水溶性酶与不溶性载体结合起来，成为不溶于水的酶的衍生物，所以曾叫过水不溶酶、固定酶和固相酶。但是后来发现，也可以将酶包埋在凝胶内或置于超滤装置中，高分子底物与酶在超滤膜一边，而反应产物可以透过膜逸出，在这种情况下，酶本身仍处于溶解状态，只不过是被固定在一个有限的空间内不能再自由流动。因此，用水不溶酶或固相酶的名称就不恰当了。1971年，第一届国际酶工程会议上正式建议采用固定化酶（immobilized enzyme）的名称。

所谓固定化酶，是指被结合到载体上或被限制在一定的空间内，能连续地进行反应，反应后可以回收重复使用的酶。固定化酶与游离酶相比，具有下列优点：①极易将固定化酶与底物、产物分开；②可以在较长时间内进行反复分批反应和装柱连续反应；③在大多数情况下，能够提高酶的稳定性；④酶反应过程能够加以严格控制；⑤产物溶液中没有酶的残留，简化了提纯工艺；⑥较游离酶更适合于多酶反应;⑦可以增加产物的收率,提高产物的质量;⑧酶的使用效率提高,成本降低。

但是,酶经固定化后也会产生如下一些不利因素:①由于多一步固定化操作,固定化时酶活力有损失;②由于固定化需要载体,因而多了载体成本费及固定化操作费用;③固定化酶颗粒的扩散阻力会使反应速率下降;④只能适用于可溶性底物和小分子底物,对大分子底物不适宜;⑤与完整菌体相比,不适宜于多酶反应,特别是需要辅助因子的反应,同时对胞内酶需经分离后,才能固定化。

一、固定化酶的制备原则

固定化酶的应用目的各不相同,制备的方法多种多样,但制备过程中都要遵循以下几个基本原则。

①必须注意保持酶的催化活性及专一性。在酶的固定化过程中,必须注意酶活性中心的氨基酸残基不发生变化,也就是酶与载体的结合部位不应当是酶的活性部位,而且要尽量避免那些可能导致酶蛋白高级结构破坏的条件。由于酶蛋白的高级结构是凭借氢键、疏水作用力、离子键等弱键维持,所以固定化时要采取尽量温和的条件,尽可能保护好酶蛋白的活性基团。

②固定化应有利于生产自动化、连续化。为此,用于固定化的载体必须有一定的机械强度,不能因机械搅拌而破碎或脱落。

③固定化酶应有最小的空间位阻,尽可能不妨碍酶与底物的接近,以提高产品的产量。

④酶与载体必须结合牢固,从而使固定化酶能回收储藏,以便反复使用。

⑤固定化酶应有最大的稳定性,所选载体不与底物、产物或反应液发生化学反应。

⑥固定化酶成本要低,以利于工业使用。

二、酶的固定化方法

酶的固定化方法一般分为三大类:载体结合法、交联法和包埋法。
(一)载体结合法
载体结合法根据酶和载体结合的作用力的不同,又可分为物理吸附法、离子交换吸附法和共价结合法。

1. 物理吸附法　通过氢键、疏水作用和 π 电子亲和力等物理作用,将酶固定于水不溶载体上的固定化方法称为物理吸附法。此类载体较多，无机载体有氧化铝、活性炭、皂土、高岭土、硅胶、多孔玻璃、羟基磷灰石、磷酸钙、金属氧化物等；有机载体有淀粉、纤维素、骨胶原、火棉胶、白蛋白等；最近，大孔型合成树脂、陶瓷等载体也十分引人注目。此外，还有通过疏水性吸附酶的疏水基载体（丁基或己基葡聚糖凝胶）以及以单宁作为配基的纤维素衍生物等载体。

物理吸附法具有酶活性中心不易被破坏和酶高级结构变化少，因而酶活力损失很少的优点。若能找到适当的载体，这是很好的方法。但是它有酶与载体相互作用力弱、酶易脱落等缺点。

2. 离子交换吸附法 酶通过离子键与含有离子交换基团的水不溶性载体相结合的固定化方法称为离子交换吸附法。常用的载体为阴离子交换剂和阳离子交换剂。阴离子交换剂有 DEAE-纤维素（或葡聚糖凝胶）、TEAE-纤维素、Amberlite IRA-93、Amberlite IRA-410、Amberlite IRA-900 等；阳离子交换剂有 CM-纤维素、Amberlite CG-50、Dowe X-50 等。

离子交换吸附法有操作简单、处理条件温和、酶的高级结构和活性中心的氨基酸残基不易被破坏、酶活回收率较高的优点。但是载体和酶的结合力比较弱，容易受缓冲液种类或 pH 的影响，在 pH 和离子强度等改变时，酶容易从载体上脱落下来。所以，用离子交换吸附法制备的固定化酶，在使用时一定要严格控制好 pH、离子强度、温度等操作条件。迄今为止，已有许多酶用离子交换吸附法固定化成功的例子，例如 1969 年最早应用于工业生产的固定化氨基酰化酶就是使用多糖类阴离子交换剂——DEAE-葡聚糖凝胶固定化的。

3. 共价结合法 酶的活性非必需侧链基团和载体的功能基团之间形成共价键而固定的方法称为共价结合法。对载体的一般要求是具有较好的亲水膨润性、结构疏松、表面积大、有一定的机械强度、带有在温和条件与酶共价结合的功能基团、没有或很少有非专一性吸附。常用的载体主要有纤维素、琼脂糖凝胶、葡聚糖凝胶、甲壳质、氨基酸共聚物、甲基丙烯醇共聚物、多孔玻璃等。可与载体共价结合的酶的侧链基团有氨基、羧基、酚羟基、巯基、羟基、咪唑基、吲哚基、胍基等，被偶联的基团应是酶活性的非必需基团，否则将导致酶失去活性。在通常情况下，由于载体上的功能基团和酶的侧链基团之间不具有直接反应的能力，要形成共价键，往往需要先进行活化。由于活化反应通常比较激烈，易导致酶的变性失活，故一般总是首先将载体上的功能基团活化，在载体上引入活泼基团，然后再在比较温和的条件下，将酶与载体上活化功能基团发生偶联反应，形成共价键。

根据载体的功能基团和酶的非必需侧链基团的性质，常用的活化和偶联反应主要有以下几种。

(1) 重氮反应　将含苯氨基的载体与亚硝酸反应,生成重氮盐衍生物,使载体引入了活泼的重氮基团,然后再在温和(pH 8~9)条件下与酶分子上相应的基团(如游离氨基、组氨酸的咪唑基、酪氨酸的酚羟基)直接进行偶联反应制得联氮化合物,或在过量重氮盐存在下还可与酶分子的N端氨基或赖氨酸的ε-氨基形成双偶联氮化合物(图7-1)。

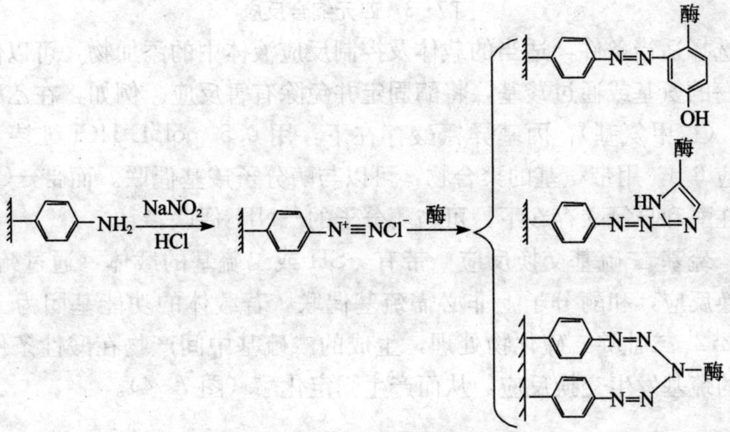

图7-1　重氮反应

很多酶,尤其是酪氨酸含量较高的木瓜蛋白酶、脲酶、葡萄糖氧化酶、碱性磷酸酯酶、β-葡萄糖苷酶等能与多种重氮化载体连接,从而获得活性较高的固定化酶。

(2) 芳香烃化反应　含羟基的载体可在碱性条件下和均三氯三嗪等反应,引入活泼的卤素基后,能直接与酶的氨基、酚羟基、巯基等偶联反应,产生固定化酶(图7-2)。

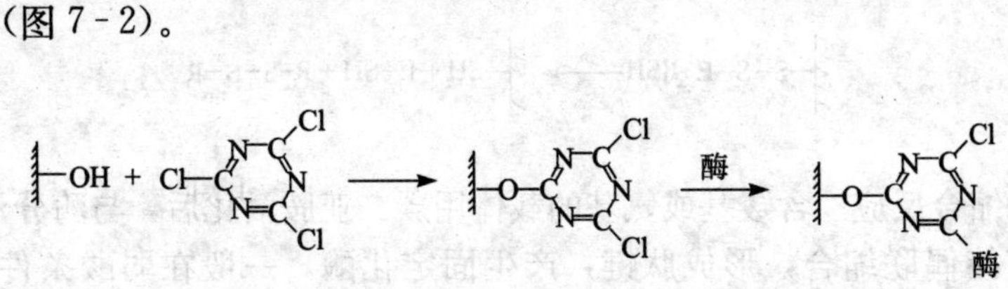

图7-2　芳香烃化反应

(3) 四元缩合反应　利用四元化合物(羧酸、胺、醛和异氰酸)发生缩合反应,形成N-取代酰胺。在反应中,羧酸(R_1)和胺化合物(R_2)形成酰胺键,醛(R_3)和异氰酸(R_4)结合形成酰胺氮的侧链(图7-3)。

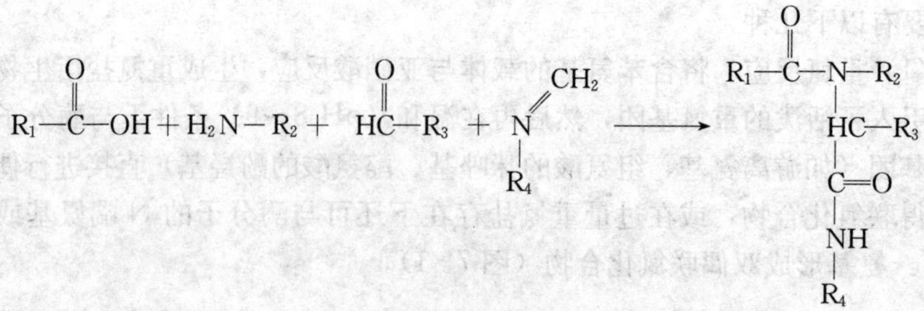

$$R_1-\overset{\overset{O}{\|}}{C}-OH + H_2N-R_2 + H\overset{\overset{O}{\|}}{C}-R_3 + \overset{CH_2}{\underset{R_4}{N}} \longrightarrow R_1-\overset{\overset{O}{\|}}{C}-\overset{}{N}-R_2 \atop HC-R_3 \atop \overset{}{C}=O \atop NH \atop R_4$$

图7-3 四元缩合反应

当选择适当条件，适当的载体及控制反应液体中的添加物，可以使连接键或通过酶的氨基或通过羧基，将酶固定并免除有害反应。例如，在乙醛和小分子的3-（二甲氨基）-丙基异氰酸存在下，用 0.5 mol/L HCl 维持 pH 6.5，搅拌反应 6 h，用带氨基的聚合物，可以与酶分子羧基偶联。而带—COOH 的高聚物在醛和异氰酸存在下，可与酶分子的—NH_2 偶联。

（4）巯基-二硫基交换反应　带有—SH 或二硫基的载体，通过巯基-二硫基的交换反应，和酶分子上非必需巯基偶联。若载体的功能基团为—SH 时，可先用 2,2′-二吡啶二硫化物处理，生成的二硫基中间产物在酸性条件下能与酶分子的巯基发生交换反应，从而产生固定化酶（图7-4）。

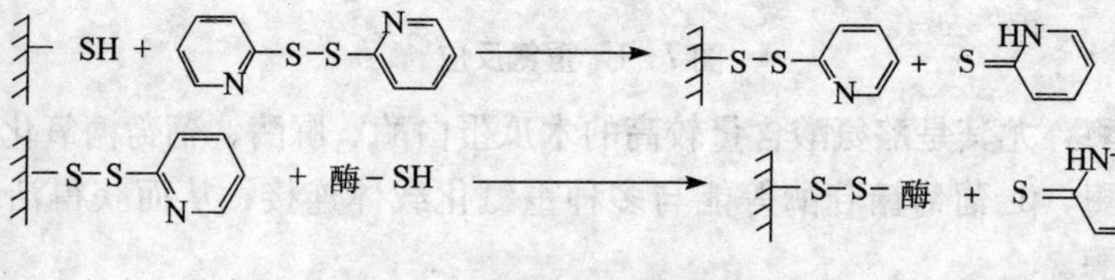

图7-4 巯基-二硫基交换反应

此法通过小分子巯基化合物的运转，使载体再生，其过程如下。

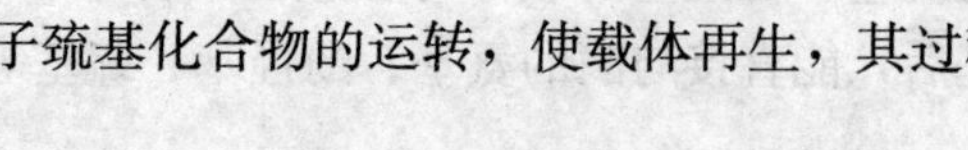

$$\text{▓}-S-S-E+RSH \longrightarrow \text{▓}-SH+E-SH+R-S-S-R$$

（5）缩合反应　含羧基或氨基的载体用羰二亚胺活化后，与酶分子的氨基或羧基直接偶联缩合，形成肽键，产生固定化酶。一般在弱酸条件下（pH 4.75～5.00），羰二亚胺与载体的羧基反应生成极活泼的 O-酰基异脲衍生物，此衍生物能立即与酶的氨基缩合成肽键或者重排为酰基脲（图7-5）。由于活化的中间产物非常不稳定，故进行偶联反应时，将酶、羰二亚胺、载体同时混合加入。

（6）叠氮反应　含有羧基或羟基、羧甲基等的载体，先在酸性条件下用甲

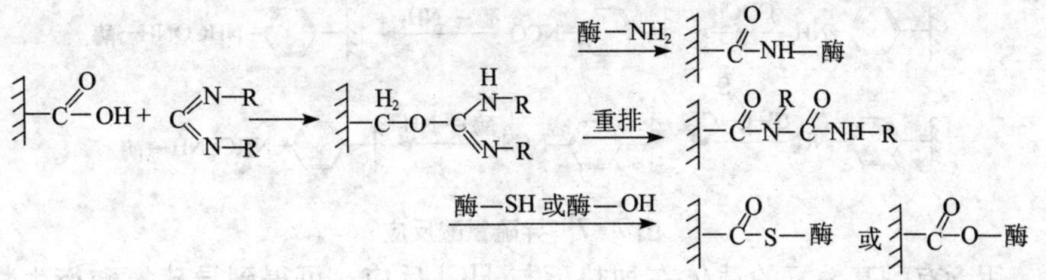

第七章 固定化酶与固定化细胞

图 7-5 缩合反应

醇处理使之酯化后,用水合肼处理形成酰肼,再用亚硝酸活化,最后生成叠氮衍生物(图 7-6)。此衍生物在低温、pH 7.5~8.5 的条件下可与酶的氨基直接偶联,并且此衍生物也能和羟基、酚羟基或巯基反应。

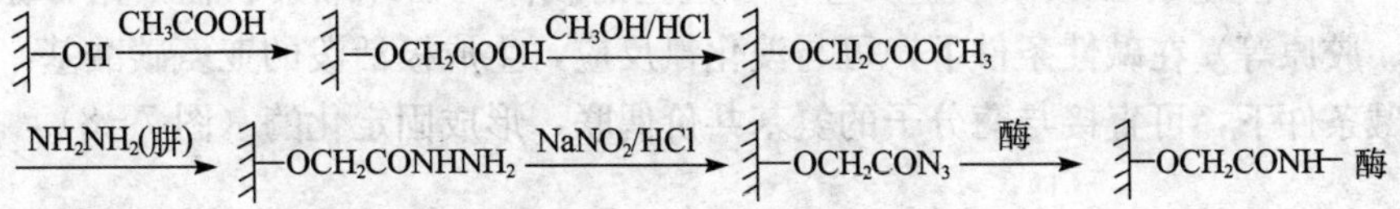

图 7-6 叠氮反应

常用载体有羧甲基纤维素、葡聚糖、聚氨基酸、乙烯-顺丁烯二酸酐共聚物等。叠氮反应的使用较广,现以羧甲基纤维素为载体通过叠氮反应制备固定化胰蛋白酶为例进行说明。第一步,羧甲基纤维素的酯化与肼解,得到羧甲基纤维素的酰肼衍生物。羧甲基纤维素依次用水、乙醇和乙醚洗涤,干燥后,悬于无水甲醇,在冰浴冷却下通入 HCl 气体,使之饱和。室温下过夜,并重复此过程(甲酯化)。然后用甲醇、乙醚充分洗涤,并空气干燥,得到羧甲基纤维素甲酯。将此产物悬于甲醇中,加入 80% 水合肼,回流 1 h。放置过夜,过滤,再用甲醇洗涤,干燥,得到羧甲基纤维素的酰肼衍生物。第二步,羧甲基纤维素叠氮衍生物中活泼的叠氮基团可与酶分子中的氨基形成肽键,使酶固定化。取 1 g 羧甲基纤维素的酰肼衍生物和 150 mL 2% HCl 在冰浴中混合,搅拌下滴加 9 mL 3% $NaNO_2$,冰浴中搅拌 20 min。离心弃去上清液。沉淀用 150 mL 二氧氯环洗涤,再用 150 mL 冷蒸馏水洗涤 3 次。于胰蛋白酶溶液中,5 ℃ 搅拌反应 2~3 h,用 HCl 调至 pH 4,冷 0.001 mol/L 洗 3 次,冷水洗一次,冻干,便制成了固定化胰蛋白酶。

(7)异硫氰酸反应 含芳香氨基的载体,在碱性 pH 条件下,可与硫光气反应生成异氰酸(或异硫氰酸)盐的衍生物,可在温和条件下与酶分子的氨基连接,产生固定化酶(图 7-7)。

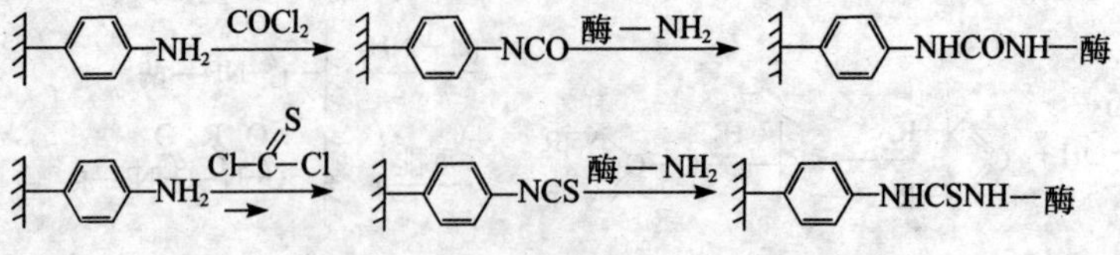

$$\text{〕}\!\!-\!\!\langle\bigcirc\rangle\!\!-\!\!NH_2 \xrightarrow{COCl_2} \text{〕}\!\!-\!\!\langle\bigcirc\rangle\!\!-\!\!NCO \xrightarrow{\text{酶}-NH_2} \text{〕}\!\!-\!\!\langle\bigcirc\rangle\!\!-\!\!NHCONH-\text{酶}$$

$$\text{〕}\!\!-\!\!\langle\bigcirc\rangle\!\!-\!\!NH_2 \xrightarrow{Cl-\overset{S}{\underset{\|}{C}}-Cl} \text{〕}\!\!-\!\!\langle\bigcirc\rangle\!\!-\!\!NCS \xrightarrow{\text{酶}-NH_2} \text{〕}\!\!-\!\!\langle\bigcirc\rangle\!\!-\!\!NHCSNH-\text{酶}$$

图 7-7　异硫氰酸反应

用含有酰基叠氮的载体在加热下与 HCl 反应，可得到异硫氰酸衍生物，亦可用于固定化酶，反应如下。

$$\text{〕}-CON_3 \xrightarrow{HCl} \text{〕}-NCO \xrightarrow{\text{酶}-NH_2} \text{〕}-\underset{H}{N}-CONH-\text{酶}$$

(8) 溴化氰-亚胺碳酸基反应　含羟基的载体（如纤维素、葡聚糖、琼脂糖、胶原等）在碱性条件下，可与溴化氰反应，生成极活泼的亚氨碳酸基，在弱碱条件下，可直接与酶分子的氨基共价偶联，形成固定化酶（图 7-8）。

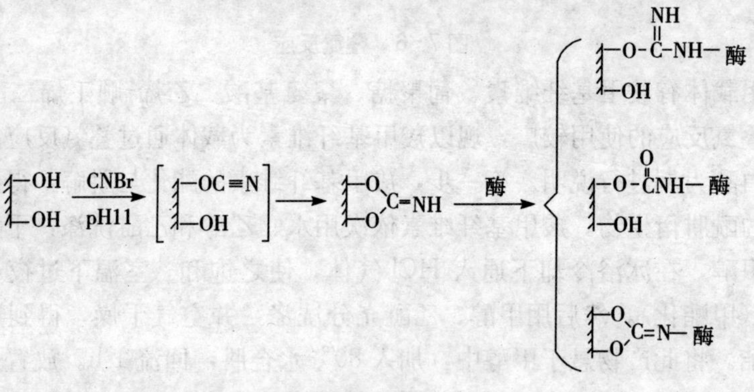

$$\text{〕}\genfrac{}{}{0pt}{}{-OH}{-OH} \xrightarrow[pH11]{CNBr} \left[\text{〕}\genfrac{}{}{0pt}{}{-OC=N}{-OH}\right] \longrightarrow \text{〕}\genfrac{}{}{0pt}{}{-O}{-O}C=NH \xrightarrow{\text{酶}} \begin{cases} \text{〕}\genfrac{}{}{0pt}{}{-O-\overset{NH}{\underset{\|}{C}}-NH-\text{酶}}{-OH} \\ \text{〕}\genfrac{}{}{0pt}{}{-O-\overset{O}{\underset{\|}{C}}-NH-\text{酶}}{-OH} \\ \text{〕}\genfrac{}{}{0pt}{}{-O}{-O}C=N-\text{酶} \end{cases}$$

图 7-8　溴化氰-亚胺碳酸基反应

(9) 酰氯化反应　含羧基载体如羧基树脂（Amberlite IRC-50 等），可用氯化亚砜处理，生成活泼的酰氯衍生物，然后与酶的氨基偶联，产生固定化酶，其过程如下。

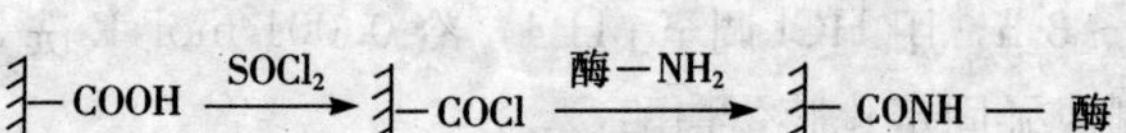

$$\text{〕}-COOH \xrightarrow{SOCl_2} \text{〕}-COCl \xrightarrow{\text{酶}-NH_2} \text{〕}-CONH-\text{酶}$$

(10) 产活化酯反应　含羧基的共聚物载体在二环己基碳二亚胺（DDC）存在下用 N-羟基琥珀酰亚胺活化，产生活化酯，再在温和条件下连接酶，其过程如下。

$$\text{\textemdash COOH} + \text{HO-N}\begin{pmatrix}O\\O\end{pmatrix} \xrightarrow{DDC} \text{\textemdash C-O-N}\begin{pmatrix}O\\O\end{pmatrix} \xrightarrow{酶-NH_2} \text{\textemdash C-NH-酶}$$

(11) 产含醛基高聚物反应 多糖类（如淀粉、葡聚糖、纤维素等）用高碘酸或二甲基砜氧化裂解葡萄糖环，产生二醛高聚物（每个葡萄糖分子含两个醛基），醛基可与酶的氨基反应，产生固定化酶，其过程如下。

$$\text{\textemdash CHO} \xrightleftharpoons{H_2O} \text{\textemdash CH}\begin{pmatrix}OH\\OH\end{pmatrix} \xrightarrow{H_2N-酶} \text{\textemdash CH}\begin{pmatrix}OH\\HN-酶\end{pmatrix} \rightleftharpoons \text{\textemdash C}\begin{pmatrix}\\H\end{pmatrix}\text{=N-酶}$$

现以甘蔗渣纤维素衍生物固定化木瓜蛋白酶为例进行说明。第一步，含醛基高聚物载体的制备。取 60 g 甘蔗渣纤维素浸于 500 mL 0.6% NaOH 溶液中 85℃处理 30 min，水洗至中性，抽干。悬浮于 $NaIO_4$ 溶液中，室温下搅拌 12 h，用水反复冲洗，抽干。置于 1 L 脲溶液中，搅拌。产物用水反复洗涤，抽干后，置于 12%甲醛溶液中搅拌处理 12 h，用水洗涤，除去过量甲醛，即得含醛基纤维素载体。第二步，加酶固定。取上述载体 1 g 加入 1 mg/mL 木瓜蛋白酶溶液（pH 7.2 的 0.1 mol/L 磷酸缓冲液配制）搅拌下 4~8℃固定 18 h 后，用 pH 7.2 的 0.1 mol/L 磷酸缓冲液（含 0.4 mol/L NaCl）洗去多余酶液，抽干，即为纤维素衍生物固定化木瓜蛋白酶。

用共价结合法制备固定化酶的优点是酶与载体结合牢固，一般不会因底物浓度高或存在盐类等原因而轻易脱落，可以连续使用较长时间。但是该方法反应条件苛刻，操作复杂，而且由于采用了比较激烈的反应条件，可能会引起酶蛋白高级结构变化，破坏部分活性中心，因此往往不能得到比活力高的固定化酶，酶活回收率一般为 30%左右，甚至对底物的专一性等酶的性质也会发生变化。

现在已有活化载体的商品出售，商品名为偶联凝胶。偶联凝胶有多种型号，如溴化氢活化的琼脂糖凝胶 4B、活化羧基琼脂糖凝胶 4B 等。在实际应用时，宜根据酶的结构特点和偶联凝胶的特性和使用条件做出选择。

（二）交联法

用双功能或多功能试剂使酶与酶之间交联的固定化方法称为交联法。此法与共价结合法一样也是利用共价键固定酶的，所不同的是交联法不使用载体。参与交联反应的酶蛋白的功能基团有 N 末端的 α-氨基、赖氨酸的 ε-氨基、酪氨酸的酚基、半胱氨酸的巯基、组氨酸的咪唑基等。作为交联剂的有形成希夫碱的戊二醛、形成肽键的异氰酸酯、发生重氮偶合反应的双重氮联苯胺或 N, N'-乙烯双马来亚胺等, 其中最常用的是戊二醛。用戊二醛交联制备固定化酶的反应见图 7-9。

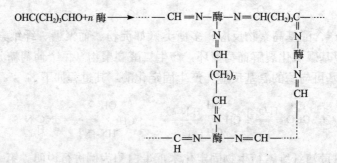

图 7-9 戊二醛交联制定固定化酶

交联法制备的固定化酶结合牢固, 可以长时间使用。但由于交联反应条件比较激烈, 酶分子的多个基团被交联, 使酶活力损失较大, 但是尽可能降低交联剂浓度和缩短反应时间将有利于固定化酶比活力的提高。交联法制备的固定化酶一般颗粒较小, 给使用带来不便, 可将交联法和其他固定化的方法联合使用, 取长补短。例如将酶先用凝胶包埋后再用戊二醛交联, 或先将酶用硅胶吸附后再进行交联等。这类固定化方法称为双重固定化法。双重固定化法已在酶的固定化方面广泛采用, 可制备出酶活性高、机械强度又好的固定化酶。

(三) 包埋法

将酶包裹在聚合物中使其固定化的方法称为包埋法。包埋法一般不需要与酶分子的氨基酸残基进行结合反应, 很少改变酶的高级结构, 酶活回收率较高, 因此可以应用于许多酶、粗酶制剂、细胞器甚至完整细胞的固定化, 但是在包埋时发生化学聚合反应, 酶容易失活, 必须巧妙设计反应条件。由于只有小分子可以通过高分子凝胶的网格扩散, 并且凝胶网格对物质扩散的阻力会导致固定化酶动力学行为的变化、活力降低。因此, 包埋法只适合作用于小分子底物和产物的酶, 对于那些作用于大分子底物和产物的酶是不适合的。根据所采用的材料和方法的不同, 包埋法可分为凝胶包埋法和微胶囊法两大类型。

1. 凝胶包埋法 将酶分子包埋在凝胶微孔中的固定化的方法称为凝胶包埋法。酶分子的直径一般只有几纳米, 为防止包埋固定化后的酶从凝胶中泄漏出来, 凝胶的孔径宜控制在小于酶分子直径的范围内。由于各种凝胶特性不同, 具体包埋方法和条件也是不一样的。凝胶包埋法所用的材料主要有聚丙烯酰胺凝胶、光敏树脂等合成高分子化合物以及琼脂糖凝胶、海藻酸钙凝胶、角叉菜胶、明胶、胶原等天然高分子化合物。合成高分子化合物常采用单体或预聚物在酶存在下聚合的方法，而溶胶状天然高分子化合物则在酶存在下凝胶化。下面是几种主要的凝胶包埋法。

(1) 聚丙烯酰胺凝胶包埋法　聚丙烯酰胺凝胶由丙烯酰胺为单体和甲叉双丙烯酰胺为交联剂聚合而成。进行包埋时将酶溶液分散于一定浓度的丙烯酰胺和甲叉双丙烯酰胺的溶液中，然后加入一定量的过硫酸钾（引发剂）和四甲基乙二胺（TEMED，加速剂），混合后让其静置聚合获得包埋胶，按所需形状制取固定化胶粒。用聚丙烯酰胺凝胶制备的固定化酶机械强度高，可通过改变丙烯酰胺的浓度调节凝胶的孔径，适用于多种酶的固定化。然而由于聚丙烯酰胺凝胶孔径分布范围广，容易造成酶漏失，特别是对于低分子质量蛋白质，这一缺点虽可通过调整交联剂浓度与交联程度得以克服，但单体浓度过高时，将导致酶的失活，显著地降低包埋酶的活力。克服上述缺点的一种方法是采用双重固定化法，即包埋与共价偶联相结合。

(2) 光敏树脂包埋法　选用一定相对分子质量的光敏树脂预聚物，例如相对分子质量为 1 000～3 000 的光敏聚氨酯预聚物等，加入 1% 左右的光敏剂，加水配成一定浓度，加热至 50℃ 左右使之溶解，然后与一定浓度的酶混合均匀，摊成一定厚度的薄层，用紫外光照射 3 min 左右，即可获得包埋酶，然后可按所需形状制取固定化酶。通过选择不同相对分子质量的预聚物可以改变聚合而成的树脂孔径，适合于多种不同直径大小的酶分子的固定化。光敏树脂的强度高，可连续使用较长的时间。用紫外光照射几分钟就可完成固定化，所需时间短。

(3) 琼脂凝胶包埋法　将琼脂加热溶解于水中，然后冷却至 48～55℃，加入酶溶液，迅速搅拌均匀后，趁热将混合液分散在预冷的甲苯或四氯乙烯溶液中，形成球状固定化酶胶粒，分离后洗净即可。也可将混合液摊成薄层，待其冷却凝固后，将固定化酶胶层切成所需的形状。由于琼脂凝胶的机械强度较差，而且底物和产物的扩散较困难，故其使用受到一定限制。

(4) 海藻酸钙凝胶包埋法　配制海藻酸钠溶液与酶溶液混合均匀，然后用注射器或滴管将悬液滴到氯化钙溶液中，即可形成球状固定化胶粒。此法制备固定化酶的操作简便，条件温和，通过改变海藻酸钠的浓度即可改变凝胶的孔径，适用于多种酶的包埋。

(5) 角叉菜胶包埋法　角叉菜胶又称为卡拉胶，是角叉菜中提取的一种多糖。将角叉菜胶加热溶解于水中，冷却至 35～55℃，迅速与酶溶液混合均匀，趁热滴到预冷的氯化钾溶液中，或者先滴到预冷的植物油中，成型后再置于氯化钾溶液中，即可制成小球状固定化酶胶粒。也可按需要制成片状或其他形状。角叉菜胶还可以用钾离子以外的其他阳离子，如 NH_4^+、Ca^{2+} 等，使之凝聚成型。角叉菜胶具有一定的机械强度。若使用浓度较低，强度不够时，可用戊二醛等交联剂再交联处理，进行双重固定。

(6) 明胶包埋法　将明胶加热溶解在水中，冷却至 35℃ 以上，与酶溶液混合均匀，冷却凝固后做成所需形状即可。若机械强度不够时，可用戊二醛等双功能试剂交联强化。由于明胶是一种蛋白质，所以明胶包埋法不适用于蛋白酶类的固定化。

2. 微胶囊法　将酶包埋于具有半透性高分子聚合物膜微囊内的固定化方法称为微胶囊法。微囊一般直径为 $10\sim100~\mu m$，膜厚约 25 nm，膜上孔径约 3.6 nm。它使酶存在于类似细胞内的环境中，可以防止酶的脱落，防止与微囊外环境直接接触，从而增加了酶的稳定性。半透膜容许小分子底物通过膜与酶作用，产物经扩散而输出，其表面积与体积之比极大，故物质交换可以进行得十分迅速。另外，半透膜还能阻止蛋白质分子渗漏和进入，注入体内时既可避免引起免疫过敏反应，同时也可免遭蛋白水解酶的降解，因此，此法在医疗上极为有用。例如固定化天冬酰胺酶（治疗白血病）就是用这种方法制成的微胶囊。微胶囊法不仅能有效地包埋多种酶，还可用膜包裹不同种类、不同浓度的酶、细胞提取物或细胞组建成人工细胞。制备微胶囊型固定化酶主要有下列几种方法。

(1) 界面沉淀法　利用某些高聚物在水相和有机相的界面上溶解度极低而形成膜的特性，从而将酶包裹的方法称为界面沉淀法。例如，先将含有高浓度血红蛋白的酶溶液在与水不互溶、沸点比水低的有机相中乳化，加入脂溶性表面活性剂，形成油包水的微滴，再将溶于有机溶剂的高聚物在搅拌下加入乳化液中，然后加入一种不溶解高聚物的有机溶剂，使高聚物在油水界面沉淀、析出并形成膜，最后在乳化剂的帮助下由有机相移至水相，从而制成固定化酶。此法条件温和，酶失活少，但要完全除去膜上残留的有机溶剂很麻烦。作为膜材料的高聚物有硝酸纤维素、聚苯乙烯、聚甲基丙烯酸甲酯等。

(2) 界面聚合法　利用疏水性单体和亲水性单体在界面进行聚合形成半透膜，使酶包埋于半透膜微囊中的方法称为界面聚合法。一般制备方法是将酶水溶液与亲水单体（如乙二醇）用一种水不混溶的有机溶剂制成乳化液，再将溶于同一有机溶剂疏水单体（如多异氰酸）溶液在搅拌下加入到上述乳化液，便在乳化液中的水相和有机溶剂之间的界面发生聚合化，这样水相中酶便包埋在聚合体（聚脲）膜内。例如，用含 10% 血红蛋白的酶溶液与 1,6-已二胺的水溶液混合，立即在 1% Span85 的氯仿-环已烷分散乳化，加入溶于有机相的癸二酰氯后，便在油水界面发生聚合反应，弃去上清液，加入 Tween-20 去乳化，洗除有机溶剂、除去未聚合单体后，转移至水相，从而制成固定化酶。此法制备的微囊大小能随乳化剂浓度和乳化时的搅拌速度而自由控制,制备过程所需时间非常短。但在包埋过程中由于发生化学反应会引起酶失活。

(3) 二级乳化法　二级乳化法又称液中干燥法。将酶溶液先在高聚物(常用乙基纤维素、聚苯乙烯等)有机相(常用苯、环己烷和氯仿)中乳化分散,乳化液再在水相中分散形成次级乳化液,当有机高聚物溶液固化后,采用加温、减压等方法,除去有机溶媒(干燥),便可形成高聚物半透膜制得微胶囊酶,每个胶囊内包含着酶液。胶囊的大小可以通过改变聚合物的浓度、搅拌速度或保护胶体物质的种类来控制,但一般不适于制成数十微米以下的小型胶囊。此法直接使用聚合物半透膜,不发生化学反应,在制备过程中酶变性失活不大。但是,在二次乳化分散过程中,往往不能形成乳化液,酶的胶囊化收率较低。此外,存在需要去除有机溶媒、聚合物固定化时间较长的缺点。

(4) 多电解质络合法　这是利用带相反电荷的多电解质间的静电作用形成多电解质络合膜包埋酶的固定化方法。例如利用海藻酸钠(含大量羧基)和聚赖氨酸(聚阳离子)络合得到生物微胶囊。该类微胶囊制备方法简单,反应条件温和,具有良好的生物相容性。也可以采用壳聚糖(侧链结构中含有大量的伯氨基)代替聚赖氨酸用于生物微胶囊的制备。

(5) 脂质体包埋法　近年来,采用脂质体形成极细球粒包埋酶,称为脂质体包埋法。脂质体是指具有脂双层结构和一定包裹空间的微球体,通常由磷脂和表面活性剂等形成液膜包埋酶。其特征是底物或产物的膜透过性不依赖于膜孔径大小,而只依赖于对膜成分的溶解度,因此可加快底物透过膜的速度。近年发展的酸敏脂质体、免疫脂质体和酸敏免疫脂质体能定向将酶等被包裹物质携带到体内特定部位,然后在那里将被包裹物质释放。

上述酶固定化的方法各有特点,共价结合法、共价交联法虽结合力强,但不能再生、回收;物理吸附法、离子交换吸附法制备简单、成本低、能回收再生,但结合能力差,在受到离子强度、pH 变化影响后,酶会从载体上游离下来,在使用价格较高的酶与载体时不可行;包埋法各方面较好,但不适于大分子底物和产物。因此,在选择酶固定化的具体方法时要考虑各方法的特点,更重要的是应根据具体情况进行测定后做出分析。

三、影响固定化酶反应动力学的因素

游离酶经固定化后,其动力学特征将发生很大的变化。引起这种固定化效应(即动力学行为)发生变化的主要因素有以下几个方面。

1. 酶结构的改变　天然的游离酶在固定化的过程中,由于酶与载体相互作用使酶的活性中心的构象发生变化，从而导致酶活性下降。若酶分子上参与形成共价键的氨基酸残基属于酶活性中心的一部分，也将使酶的活力损失。

2. 微环境的影响　微环境是指紧邻固定化酶的环境区域。微环境的影响是由于载体的亲水性、疏水性和介质的介电常数等参数直接影响酶的催化效率，或者是酶对效应物做出反应能力的一种效应。通常可以通过改变载体和介质的性质做出判断和调节。

3. 位阻效应　位阻效应是指由于载体对酶的活性中心造成空间障碍，从而底物与酶分子无法结合，影响酶催化作用的发挥。位阻效应除与固定化酶方法、载体的结构及性质有关外，还与底物的大小、形状及性质有关。

4. 分配效应　分配效应是由于载体的亲水和疏水性质使酶的底物、产物或其他效应物在载体和溶液间发生不等分配，改变酶反应系统的组成平衡，从而影响酶反应速度。其一般规律如下。

①如果载体与底物带有相同电荷，则酶的 K_m 值将因固定化而增大；如果带有相反电荷，则 K_m 值减小。

②当载体带正电荷时，固定化之后，酶活性-pH 曲线向酸性方向偏移；相反，阴离子载体将导致该曲线向碱性方向偏移。

③采用疏水载体时，如底物为极性物质或电荷物质，则酶的 K_m 值将因固定化而降低。

5. 扩散限制效应　扩散限制效应是指底物或其他效应物的迁移和运转受到限制的一种效应。它分内扩散限制和外扩散限制两种。

（1）外扩散限制　外扩散限制是指底物或其他效应物从溶液穿过包围在固定化酶周围近乎停滞的液膜层到固定化酶表面所受到的限制。这种限制可以充分搅拌或混合而减小或消除。

（2）内扩散限制　内扩散限制是指底物或其他效应物从固定化酶颗粒表面来到颗粒内部酶活性位点受到的一种限制。

固定化酶反应过程实际上是由底物或其他效应物的外扩散、内扩散及反应等一系列分过程组成的。传质过程必然影响到总体过程的速率。

四、固定化酶的性质及评价指标

（一）固定化酶的性质

将酶固定化制成固定化酶以后，可以基本保持酶的空间结构和活性中心的完整性，所以能够在一定的空间范围内进行催化反应，但是由于受到载体的影响，酶的结构发生了某些改变，从而使酶的催化特性发生某些变化。在固定化酶的使用过程中必须了解其特性并对操作条件加以适当的调整。现将固定化酶的主要性质变化介绍于下。

1. 固定化后酶活力的变化　固定化酶的活力在多数情况下比天然酶小。固定化酶活力下降的原因主要有：酶分子在固定化过程中空间构象发生变化；酶活性中心的重要氨基酸残基与载体相结合，这两者造成的酶活力下降可以适当调整条件加以克服。载体与酶结合后，酶虽然不失活，但酶与底物间的相互作用受到空间位阻，从而使活力下降，这个影响则难以克服。另外，在包埋法中，酶被高分子半透膜包裹，大分子底物不能透过膜与酶接近，也影响到酶作用的发挥。

2. 固定化对酶稳定性的影响　大多数酶在固定化后稳定性都会不同程度得到提高。主要表现在：①固定化酶的热稳定性提高，可以耐受较高的温度。而固定化酶耐热性提高，使酶最适温度提高，酶催化反应能在较高温度下进行，加快反应速度，提高酶作用效率。②对各种有机试剂及酶变性剂、抑制剂的稳定性提高。提高了固定化酶对各种有机溶剂的稳定性，使本来不能在有机溶剂中进行的酶反应成为可能。此外，固定化酶对不同 pH 的稳定性，对蛋白酶稳定性、储藏稳定性和操作稳定性都有所增强。

固定化后酶稳定性提高的原因可能有：①固定化后酶分子与载体多点连接，增加了酶构象的牢固程度；②抵挡不利因素对酶的影响；③限制了酶分子间的相互作用，从而抑制了降解。但是，如果固定化触及到酶活性敏感区域，也可能导致酶稳定性下降。

3. 固定化酶的最适温度变化　酶反应的最适温度是酶热稳定性与反应速度的综合结果。由于固定化后，酶的热稳定性提高，所以最适温度也随之提高，例如用 CM-纤维素固定的胰蛋白酶的最适温度比溶液酶高 5～15℃。但有时固定化酶的最适温度是低于溶液酶的。

4. 固定化酶的最适 pH 变化　酶固定化后，对底物作用的最适 pH 和酶活力-pH 曲线常常发生偏移。影响固定化酶最适 pH 的因素主要有两个：一个是产物的扩散效应；另一个是载体的带电性质。

(1) 产物扩散效应的影响　由于固定化载体成为扩散障碍，使反应产物向外扩散受到一定程度的限制。当反应产物为酸性物质时，由于扩散受到限制而积累在固定化酶所处的催化区域内，使此区域内的 pH 降低，必须提高周围反应液的 pH，才能达到酶所要求的 pH，为此，固定化酶的最适 pH 比游离酶要高一些。反之，反应产物为碱性物质时，由于它的积累使固定化酶催化区域的 pH 升高，故此使固定化酶的最适 pH 比游离酶的最适 pH 要低一些。

(2) 载体性质的影响　一般说来，用带负电荷的载体制备的固定化酶，其最适 pH 比游离酶的最适 pH 高（即向碱性一侧移动），这是因为带负电荷的载体会吸引反应液中的氢离子，致使固定化酶所处反应区域的 pH 比周围反应液的 pH 低一些，这样外部溶液中的 pH 必须向碱性偏移，才能抵消微环境作用，使酶表现出最大活力。所以，固定化酶的最适 pH 显得比游离酶的最适 pH 高一些（偏碱）。反之，用带正电荷的载体制备的固定化酶的最适 pH 比游离酶的最适 pH 低（偏酸性）。

5. 固定化酶的底物特异性和米氏常数的变化 固定化酶的底物特异性的改变，是由于载体的空间位阻作用而起的。酶固定在载体上以后，使大分子底物难于接近酶分子而使催化速度大大降低，而相对分子质量较小的底物受空间位阻作用的影响较小或不受影响，故与游离酶的作用没有显著不同。

由于高级结构变化及载体影响引起酶与底物亲和力变化，从而使米氏常数变化。这种米氏常数变化又受溶液中离子强度的影响，离子强度升高，载体周围的静电梯度逐渐减小，米氏常数变化也逐渐缩小以至消失。

（二）固定化酶的评价指标

游离酶成为固定化酶，其催化功能由原来的均相体系反应变为固-液相不均一反应，酶的催化性质会发生变化，因此制备固定化酶后，必须考察它的性质。常用的评估指标有固定化酶的活力、偶联效率、活力回收和相对活力及固定化酶的半衰期。

1. 固定化酶的活力 固定化酶活力测定基本上与溶液酶相似，其大小可用在一定条件下它所催化的某一反应的初速度来表示，即每毫克干重固定化酶每分钟转化 1 μmol 底物量或形成 1 μmol 产物的酶量为一个单位 [$\mu mol/(min \cdot mg)$]。对于酶管、酶膜、酶板等，则以单位面积的初速度来表示，即 $\mu mol/(min \cdot cm^2)$。同时表示固定化酶的活力一般要注明下列测定条件：温度、搅拌速度、固定化酶的干燥条件、用于固定化的原酶含量或蛋白质含量及酶的比活力。

固定化酶通常呈颗粒状，所以一般测定溶液酶活力的方法要做改进才能用于测定固定化酶，其活力可在两种基本系统——填充床或均匀悬浮在保温介质中进行测定。

2. 偶联效率 偶联效率以载体结合酶量（或酶活力）的百分数表示，表达式为

$$偶联效率 = \frac{加入的蛋白量 - 溶液中残留的蛋白量}{加入蛋白量} \times 100\%$$

或

$$偶联效率 = \frac{加入总活力 - 溶液中残留活力}{加入总活力} \times 100\%$$

由于在偶联反应中酶往往会有些失活，因此，测定残留活力还不能正确反映与载体结合的酶活力，所以，仍以测定蛋白量较为准确。在酶固定化操作中，当酶与载体结合后，用适量的缓冲液淋洗固定化酶，以洗除未固定化酶，收集洗脱液，并测定其中蛋白量（或酶活力），即为残留的蛋白量（或酶活力）。

3. 活力回收和相对活力 固定化酶的活力回收是指固定化酶所显示活力占总溶液酶活力的百分数，其表达式为

$$活力回收 = \frac{固定化酶活力}{溶液酶活力} \times 100\%$$

经固定化后固定化酶所显示活力占被固定的等蛋白量溶液酶活力的百分数，称为相对活力。

$$相对活力 = \frac{固定化酶活力}{溶液酶总活力 - 残留酶活力} \times 100\%$$

4. 固定化酶的半衰期 固定化酶的半衰期是指在连续测定条件下，固定化酶的活力下降为最初活力一半所经历的时间，以 $t_{1/2}$ 表示。固定化酶的半衰期是衡量操作稳定性的重要指标。半衰期可以进行长期实际操作测定，也可通过较短时间操作按如下公式进行推算。

$$t_{1/2} = \frac{0.693}{\frac{2.303}{t} \lg \frac{E_D}{E}}$$

式中 t 为时间，E_D 为 t 时酶的残留活力，E 为原酶活力。大多数酶经固定化后提高了固定化酶的半衰期，如用交联法固定化 β-半乳糖苷酶半衰期提高到 100d，用交联固定化氨基酰化酶半衰期提高到 78d，大大增强了储藏稳定性。

五、辅因子的固定化

约 1/3 的酶的催化作用需要辅因子帮助才能得以完成。辅因子分为辅酶、辅基和金属离子。辅酶和辅基与对应的酶有专一的亲和性，酶蛋白与辅酶和辅基相结合才能形成全酶发挥催化作用。由于辅酶和辅基的结构较为复杂，价格相对昂贵，所以酶的催化反应存在辅酶和辅基的回收。在酶反应结束之后，辅酶和辅基的结构往往发生改变，大多数辅酶和辅基不能自行回复到原来的性质，因此，它们在继续使用之前，必须进行再生。辅基分子虽小，但是由于辅基与酶蛋白的结合比较牢固，可以用超滤膜截留等物理方法进行回收；对于辅酶来说，因为辅酶分子一般较小，直接用超滤膜截留并不理想，所用的

超滤膜必须十分致密,才能阻止它的流失,这样势必增加流体的流动阻力。因此,为使辅酶和辅基能在酶反应系统中有效地参与反应,可考虑将辅酶固定在可溶性的或不可溶性的大分子载体上进行固定化,这样就可便于回收和再生利用。

1. 辅基的固定方法 辅基固定化一般过程是将载体与连接臂连接,再以适当反应与辅基连接。理想的载体应符合以下条件:没有非专一性吸附、具有多孔性和一定的机械强度、具有适合与臂或辅基结合的功能基团、具有化学和生物学稳定性、具有适当的机械强度等。目前使用的载体主要有琼脂糖,此外还有纤维素、多孔玻璃珠、合成高分子载体等。对于连接臂的要求,一般辅基分子和载体之间需要 0.5~1.0 nm 长的连接臂。需考虑其疏水性、亲水性、离子性和体积、长度等因素。当用较长直链烷基做连接臂时,由于疏水作用亦有吸附酶的能力,会使固定化辅基吸附专一性降低。要将辅基共价偶联于载体上,首先必须在不影响辅基活性的条件下,引入适当的功能基团,如羧基或氨基等容易与载体连接;第二是如果辅基分子本身具备有参与催化活性的功能基团,无须再引入功能团,如磷酸吡哆醛(胺)、FAD、FMN、TPP、生物素、硫辛酸、卟啉等,大都可利用分子本身原有的功能基团。接着,将具有某种功能团的辅基与连接臂结合,再与活化载体结合。

2. 辅酶的固定方法 辅酶的固定化方法主要有载体结合法和包埋法。载体结合法与辅基固定方法相似,一般采用溴化氰法、羰二亚胺法、重氮偶联法等共价偶联。包埋法中,由于辅酶相对分子质量小,要将其包埋在半透膜比较困难,若将辅酶与不溶性载体结合,则不能在多个酶之间起传递作用。因此,目前都是将辅酶结合于水溶性高分子载体,使其高分子化来解决这一问题。辅酶高分子化一般的顺序是先在辅酶的一定部位进行修饰,引入适当的功能团或间隔臂,生成辅酶衍生物,再与水溶性高分子结合。

(1) 引入功能基团和间隔臂 对于一些腺苷酸的辅酶,如 NAD^+、$NADP^+$、CoA、ATP 等,在腺嘌呤的第 6 位或第 8 位上引入氨基或羧基,制成各种辅酶衍生物。

(2) 高分子化 选择高分子化合物时,首先要考虑的是其溶解度大、分子大小适当,既能保持在半透膜内,又不会因分子过大而增加黏度影响活性;其次高分子大小、结构、疏水性、亲水性、解离基团、酶结合量等都会影响高分子化辅酶的活性。一般引入羧基的辅酶,用羰二亚胺缩合反应使其与聚赖氨酸、聚乙亚胺结合,形成水溶性高分子化合物;引入氨基的辅酶,一般用 BrCN 活化后,再与水溶性多糖类(如右旋糖酐)结合,得到相应的高分子化合物。

3. 辅酶的再生　在酶反应器中，除了对辅酶的固定化，还存在固定化辅酶的再生问题。辅酶的再生，一种方法是将辅酶和酶共固定在同一个载体上，形成一种共固定复合物。由于在这种固定复合物中只有一种酶，所以这种共固定辅酶系统通常只能应用于偶联底物再生的系统。例如马肝醇脱氢酶和 NAD^+ 衍生物——N^6 -（6-氨基己基）氨甲酰基甲基 NAD^+ 一起固定在同一载体琼脂糖上，共固定复合物的辅酶可以再生循环大约为 3 400 次/h，因而它不再需要外加辅酶。辅酶再生的另一种方法是将辅酶直接固定在某个酶分子上，原先可分离的辅酶便成了这一酶分子上被牢固结合着的辅基。例如，辅酶 NAD^+ 衍生物可直接共价结合到醇脱氢酶，并仍具有辅酶活性。这种酶-辅酶复合物如果被固定在某个电极上，便是一种酶电极。辅酶通过酶反应被还原，然后再经过电化学反应得到氧化，从而使辅酶得以再生。

在实践中，许多重要的生物活性物质或生化药物的生物合成中，需要辅因子参加酶反应。所以，辅酶和辅基的固定化及固定化辅酶的再生是酶工程的一项重要任务。但目前尚未见用于工业生产的报道。

第二节　细胞的固定化

用于固定化的酶，起初是采用经提取和分离纯化后的酶。随着固定化技术的发展，也采用含酶菌体或菌体碎片进行固定化，直接应用菌体或菌体碎片的酶或酶系进行催化反应，这称为固定化菌体或固定化死细胞。1973 年，日本首次在工业上成功地应用固定化大肠杆菌菌体中的天冬氨酸酶，由延胡索酸连续生产 L - Asp。在 20 世纪 70 年代后期出现了固定化细胞技术。固定化细胞是指细胞受到物理、化学等因素约束或限制在一定的空间内，但细胞仍保留催化活性并能进行正常的生长、繁殖和新陈代谢，所以又称为固定化活细胞或固定化增殖细胞。固定化细胞发展迅速，其实际应用的速度已超过了固定化酶。例如，美国、欧洲和日本大规模工业生产高果糖浆的工艺大多采用固定化细胞。固定化细胞与固定化酶比较，其优越性在于，它保持了酶在细胞内的原始状态与天然环境，增加了酶的稳定，特别是对污染因子的抵抗力增强；省去了酶的分离提取操作，无需辅因子再生，酶活性损失小，大大节省了酶的使用成本；细胞生长快而且多，反应快，可以连续发酵，节约了生产成本；固定化细胞保持了胞内原有的多酶系统，这对于多步催化反应等其优势更加明显。固定化细胞技术也可应用于基因工程菌，将基因工程菌固定化后培养可提高基因工程菌的稳定性、生物量和克隆基因产物的产量。当然，固定化细胞技术也有它的局限性。如利用的主要是胞内酶；细胞内多种酶的存在会产生副产物；细胞膜、细胞壁和载体都存在着扩散限制作用；载体形成的孔隙大小影响高分子底物的通透性等。

一、细胞的固定化方法

微生物细胞、植物细胞、动物细胞和原生质体都可以进行固定化，因而按细胞类型有固定化微生物细胞、固定化植物细胞、固定化动物细胞和固定化原生质体几大类型。固定化细胞按其生理状态又可分为固定化死细胞和固定化活细胞两大类。固定化细胞由于其用途和制备方法的不同，可以是颗粒状、块状、条状、薄膜状、不规则状等，目前大多数制备成颗粒状珠体，这是因为不规则形状的固定化细胞易磨损，在反应器内尤其是柱反应器内易受压变形，流速不好，而采用珠体就可以克服上述缺点，另外，圆形珠体由于其表面积最大，与底物接触面较大，所以生产效率相对较高。死细胞经固定化处理后，增加细胞膜的渗透性或抑制副反应，比较适合于单酶催化的反应。固定化活细胞与固定化酶和固定化死细胞相比较，细胞密度大，由于细胞能够不断繁殖更新，反应所需的酶也就可以不断更新，反应酶处于天然的环境中，更加稳定，因此，固定化增殖细胞更适宜于连续使用。从理论上讲，只要载体不解体，不污染，固定化活细胞就可以长期使用。固定化细胞保持了细胞原有的全部酶活性，因此，更适合于进行多酶顺序连续反应。所以说，固定化增殖细胞在发酵工业中最具有发展前途。

固定化酶和固定化细胞都是以酶的应用为目的，细胞的固定化方法基本上沿用酶固定化方法。虽然离子结合法也能用于微生物细胞的固定化，但是由于微生物在使用中会发生自溶。故用此法要得到稳定的固定化微生物较为困难。共价结合法只能用于酶的固定化，而不能用于细胞的固定化。归纳起来，固定化细胞主要采用吸附法、包埋法和不用载体法。

1. 吸附法　吸附法主要通过细胞表面与载体之间的静电引力、范德华作用力、离子键和氢键作用力，使细胞固定在载体上。用于细胞固定化的吸附剂主要有硅藻土、多孔陶瓷、多孔玻璃、多孔塑料、金属丝网、微载体、中空纤维、木屑、蔗渣等。用吸附法制备固定化细胞操作简便易行，对细胞的生长、繁殖和新陈代谢没有明显的影响，但吸附力较弱，吸附不牢固，细胞易脱落，使用受到一定的限制。吸附法是制备固定化动物细胞的主要方法，大多数动物细胞具有附着特性，在培养过程中能够很好地附着在容器壁、微载体和中空纤维等载体上。吸附法制备固定化植物细胞，通常是将植物细胞吸附在泡沫塑料的孔洞或裂缝内，也可吸附于中空纤维外壁上。用中空纤维制备固定化植物细胞和动物细胞,有利于细胞的生长代谢,具有较好的应用前景,但因成本较高而难于大规模生产应用。

2. 包埋法 包埋法是制备固定化细胞目前最常用的方法,就是将细胞用包埋剂(如聚丙烯酰胺凝胶、海藻酸盐凝胶、琼脂糖凝胶、角叉菜胶、光交联树脂、聚氨基甲酸乙酯、二氧基硅氧烷、葡聚糖凝胶、聚乙烯醇、胶原、明胶等)包埋起来。用聚丙烯酰胺凝胶制备的固定化细胞机械强度高,可通过改变丙烯酰胺的浓度来调节凝胶的孔径,然而由于丙烯酰胺单体、交联剂对细胞有一定的毒害作用,不适用于固定化生长细胞。用海藻酸钙凝胶包埋制备固定化细胞的操作简便,条件温和,对细胞无毒性,适合于生长细胞的固定化。但磷酸盐会使凝胶结构破坏,在使用时应控制好培养基中磷酸盐的浓度,并要在培养基中保持一定浓度的钙离子,以维持凝胶结构的稳定性。光交联树脂包埋法制备固定化细胞,可通过选择不同相对分子质量的预聚物使聚合而成的树脂孔径得以改变,从而适合于多种不同直径的细胞的固定化;光交联树脂的强度高,可连续使用较长的时间;用紫外光照射几分钟就可完成固定化,时间短,对细胞的生长繁殖和新陈代谢没有明显的影响,所以是一种有效的固定化细胞方法。

3. 不用载体法 就是不采用其他载体,选择适当的条件,通过一定处理使酶固定在细胞内的一种方法。如葡萄糖异构酶是一种胞内酶,将生物细胞加热使其他酶失活,则该酶被固定在细胞内,所以又称为加热固定化。

二、固定化微生物细胞

固定化微生物细胞能进行正常的生长、繁殖和新陈代谢,所以利用固定化微生物细胞可以像游离细胞那样发酵生产各种代谢物。由于微生物固定化后受到固定化载体、条件等影响,使固定化微生物细胞具有下列特点。

①保持了细胞的结构完整和天然状态,稳定性好;并保持了细胞内原有的酶、辅酶体系和代谢调控体系,可以按照原来的代谢途径进行新陈代谢,并进行有效的代谢调节。

②发酵稳定性好,可以反复使用或者连续使用较长的一段时间。例如,用海藻酸钙凝胶包埋法制备的黑曲霉细胞,用于生产糖化酶可以连续使用一个月左右。

③固定化微生物细胞密度提高,可以提高产率。如海藻酸钙凝胶固定化黑曲霉细胞生产糖化酶,产率提高30%以上。用中空纤维固定化大肠杆菌生产β-酰胺酶,产率提高20倍。

④对基因工程菌的固定化可提高基因工程菌的生物量、质粒稳定性和克隆基因产物的产量。

三、固定化植物细胞

植物是各种天然色素、香精、药物和酶的重要资源。20世纪80年代发展起来的植物细胞培养和发酵技术，为上述这些天然产物的工业化生产开辟了新途径，展现了美好的前景。然而，由于植物细胞体积较大、对剪切力较敏感、生长周期较长、容易聚集成团等原因，使植物细胞的悬浮培养及发酵生产中存在稳定性较差、产率不高、易污染等问题。植物细胞固定化技术所显示的优点对植物游离细胞的不足之处起到弥补作用。植物细胞比菌体细胞娇嫩得多，需要温和的固定化方法。目前，一般采用吸附法和包埋法，1979年Brodelius等人首次用海藻酸钙包埋制备了固定化长春花细胞、毛地黄细胞、海巴戟细胞，开创了植物细胞固定化的研究。此后，此技术迅速发展，已有不少成功的报道。固定化植物细胞具有下列特点。

①经固定化后，由于有载体的保护作用，可减轻剪切力和其他外界因素对植物细胞的影响，提高植物细胞的存活率和稳定性。并且由于被束缚在一定的空间范围内进行生命活动，植物细胞也不容易聚集成团。

②采用固定化植物细胞发酵可以简便地在不同的培养阶段更换相应的培养液，使其首先在生长培养液中生长增殖，在达到一定的细胞密度后，改换成发酵培养液，以利于生产各种所需的代谢产物。

③固定化植物细胞可反复使用或连续使用较长的一段时间，大大缩短生产周期，提高产率。

④固定化植物细胞易于与培养液分离，有利于产品的分离纯化，提高产品质量。

四、固定化动物细胞

动物细胞可生产疫苗、激素、酶、单克隆抗体等功能蛋白。但由于动物细胞体积大，又没有细胞壁的保护作用，在培养过程中极易受到剪切力等外界因素的影响。加上动物细胞生长缓慢、培养基组分较复杂且昂贵、产率不高等因素，使动物细胞在生产上的应用受到限制。为此，需要在提高动物细胞稳定性、缩短生产周期、提高生产速率方面下工夫，其方法之一就是进行固定化。动物细胞中，除了一部分属于悬浮细胞，可以自由悬浮在培养液中以外，绝大部分属于附着细胞,它们必须附着在固体表面才能进行正常的生长繁殖,这就使固定化技术在动物细胞培养方面具有更重要的意义。固定化动物细胞具有下列特点:①动物细胞经固定化后,由于有载体的保护作用,可以减轻或免受剪切力的影响,同时动物细胞可附着在载体表面生长,从而可显著提高动物细胞的存活率。②固定化的动物细胞可先在生长培养基中生长繁殖,使细胞在载体上形成最佳分布并达到一定的细胞密度,然后可简便地改换成发酵培养基,控制发酵条件,使细胞从生长期转变到生产期,以利于提高产率。③固定化的动物细胞可反复使用或连续使用较长的一段时间。④固定化的细胞易于与产物分开,利于产物分离纯化,提高产品质量。

动物细胞比菌体细胞、植物细胞更娇嫩,需要最温和的固定化方法。目前,动物细胞固定的方法有吸附法和包埋法两种,其中吸附法用得最多。

1. 吸附法 由于大多数动物细胞属于附着细胞,它们在培养过程中附着于固体表面。因此,吸附法特别适合于制备固定化动物细胞。主要载体及固定方法有以下几种。

(1) 转瓶法 转瓶由玻璃或塑料制成,其表面经一定处理而带有电荷,如用高锰酸钾等氧化剂、强酸、强碱或紫外辐射等表面处理,可使动物细胞附着于表面,转瓶以一定旋转速度进行培养。若在转瓶内增大表面积,可提高生产能力。

(2) 微载体法 微载体是指直径为 $100\sim200~\mu m$,相对密度接近于1.0的颗粒固定化载体。它是由表面带有电荷的葡聚糖、明胶、纤维素、聚丙烯酰胺、聚苯乙烯、玻璃等材料制成的。微载体具有较大的表面,对细胞生长和物质传递特别有利,但强度不够,易破碎,使用时间较短。微载体法已用于固定多种细胞,如用于生产 β-干扰素、人纤溶酶原活化剂、白细胞介素及各种疫苗的细胞固定化。

(3) 中空纤维法 中空纤维由聚丙烯、硅化聚碳酸酯等高分子聚合物制成。其管壁具有半透性。将细胞置于管外壁和容器外壳之间,则细胞附着于外壁上,培养液从管内流动,能透过管壁进行质热传递,中空纤维起着体内微血管的作用,有利细胞生长及其新陈代谢。已有多种中空纤维固定化细胞用于生产各种单克隆抗体、疫苗等。

2. 包埋法 包埋法根据载体和方法不同,亦有凝胶包埋法和半透膜包埋法两种。

(1) 凝胶包埋法 用于动物细胞固定化的凝胶主要有琼脂糖凝胶、海藻酸钙凝胶、血纤蛋白等。琼脂糖包埋法,是将 $1\%\sim2.5\%$ 的琼脂糖加热溶解后冷至 $37\sim38~℃$,与一定量动物细胞混合后,分布于石蜡油中。使温度从 37 ℃

降至 10 ℃左右,可得到直径为 0.1~0.3 mm 的微球状固定化细胞,用于单克隆抗体、白细胞介素等的生产。

海藻酸钙凝胶包埋法,是将动物细胞与一定浓度的海藻酸凝胶溶液混合均匀后,用注射器将混合液滴到一定 $CaCl_2$ 溶液中,即成。

血纤蛋白包埋法是将动物细胞与血纤蛋白混合后加入凝血酶而固定化。

(2) 半透膜包埋法 此法利用高分子聚合物形成的半透膜将动物细胞包埋,形成微囊形固定化动物细胞。例如,先用海藻酸钙包埋动物细胞制成胶粒后,再在外面包一层聚赖氨酸膜,然后放入柠檬酸钠溶液中去除海藻酸钙,便可获得由多聚赖氨酸包埋的动物细胞。

五、固定化原生质体

对于在细胞外层存在细胞壁的微生物细胞和植物细胞来说,细胞产生的许多代谢产物都不能分泌到细胞外,其中细胞壁对物质扩散的障碍是其原因之一。因此,剔除细胞壁就有可能增加细胞膜的透过性,从而使较多的胞内物质分泌到细胞外。微生物细胞和植物细胞除去细胞壁后,就可获得原生质体。原生质体很不稳定,容易破裂,若将原生质体用多孔凝胶包埋起来,制成固定化原生质体,由于有载体的保护作用,就会使原生质体的稳定性提高,不易破裂。同时,固定化原生质体由于去除了细胞壁这一扩散障碍,有利于氧的传递、营养成分的吸收和胞内产物的分离。

固定化原生质体的制备主要包括原生质体的制备和原生质体固定化两个阶段。原生质体的制备是将微生物细胞和植物细胞的细胞壁破坏而分离出原生质体。在破坏细胞壁时,不能影响到细胞膜的完整性,更不能使细胞内部的结构受到破坏。为此只能使用对细胞壁有专一性作用的酶。不同种类的细胞,由于各自细胞壁的组成、结构和性质不同,原生质体的制备方法也不一样。原生质体的制备过程一般是首先将细胞收集起来,悬浮在稳定的高渗缓冲液中,加入细胞壁水解酶,使细胞壁破坏,然后分离得到原生质体。所使用的酶应根据各种细胞壁的主要成分的不同而进行选择。细菌的细胞壁主要成分是肽聚糖,所以细菌原生质体制备时主要采用溶菌酶;酵母细胞壁主要由 β-葡聚糖组成,故采用 β-1,3-葡聚糖酶;霉菌的细胞壁组分比较复杂,除含有几丁质外,还有其他多种组分,故要去除霉菌的细胞壁,则需有几丁质酶与其他有关酶共同作用。植物细胞壁主要由纤维素、半纤维素和果胶组成,故制备时主要使用纤维素酶和果胶酶。为防止得到的原生质体破裂,应加入适当的渗透压稳定剂,如无机盐、糖类、糖醇等化合物。在选择渗透压稳定剂时,要注意所加入的化合物对细胞和原生质体无毒性，不会影响溶菌酶等细胞壁水解酶的活性，而且对原生质体的代谢产物没有显著的不良影响。并宜选择旺盛生长期的细胞制备原生质体，以获得较高的原生质体形成率。所加进的细胞壁溶解酶的种类和浓度、酶作用温度、pH、作用时间等对原生质体的制备都有明显影响，必须经过试验才能确定其最佳条件。反应完成后，通过离心分离除去未被作用的细胞以及细胞碎片等，获得球状原生质体。原生质体制备好后，把离心收集到的原生质体重新悬浮在含有渗透压稳定剂的缓冲液中，配成一定浓度的原生质体悬浮液，然后采用包埋法制成固定化原生质体。固定化原生质体发酵的培养基中需要添加渗透压稳定剂，以保持原生质体的稳定性。这些渗透压稳定剂在发酵结束后，可用层析或膜分离技术等方法与产物分离。固定化原生质体具有下列特点：①固定化原生质体可增加细胞膜的通透性，既有利于氧气和营养物质的传递和吸收，又有利于胞内物质的分泌，可显著提高产率。②固定化原生质体具有较好的操作稳定性和保存稳定性，可反复使用和连续使用较长的时间，利于连续化生产。③固定化原生质体易于和发酵产物分开，有利于产物的分离纯化，提高产品质量。

第三节 固定化技术的应用

随着固定化酶和固定化细胞技术的发展，固定化技术已逐渐在医药、食品、轻工、化工、环保、分析、能源、科学研究等方面应用，它在发酵、轻化工、制药、食品等工业生产上展示出广阔的应用前景。

一、固定化酶的应用

1. 固定化酶在工业生产中的应用 现已用于工业化生产的固定化酶主要有下列几种。

（1）氨基酰化酶 1969年，日本酶学专家千畑一郎首先成功地将固定化酶用于工业化生产上。在日本田边制药公司将米曲霉中分离提取的氨基酰化酶，通过离子键结合法将酶固定在二乙基氨基葡萄糖凝胶（DEAE-Sephadex G-25）上制成固定化酶用于生产L-氨基酸（L-Met、L-Phe、L-Trp等）。在生产过程中，固定化氨基酰化酶可将L-乙酰氨基酸水解生成L-氨基酸，拆分DL-乙酰氨基酸，生成L-氨基酸。剩余的D-乙酰氨基酸经过外消旋化，又生成DL-乙酰氨基酸，再进行拆分水解。从而实现了连续生产L-氨基酸，生产成本仅为用游离酶的60%左右。

(2) 葡萄糖异构酶 这是世界上生产规模最大的一种固定化酶，也是固定化酶技术在工业应用中最为成功的事例之一。葡萄糖异构酶在国内外均进行过广泛的研究和应用，可用吸附、结合、凝胶包埋、交联、双重固定化、热固定化等方法进行固定化制成固定化酶。在制糖工业上采用催化葡萄糖异构化生产果糖，用于连续生产果葡糖浆。已于1973年实现了采用固定化葡萄糖异构酶连续生产果葡糖浆的工业化生产。

(3) 青霉素酰化酶 用同一种固定化青霉素酰化酶，只要改变pH等条件，就既可以催化青霉素或头孢霉素水解生成6-氨基青霉烷酸（6-APA）或7-氨基头孢霉烷酸（7-ACA），也可以催化6-APA或7-ACA与其他的羧酸衍生物进行反应，以合成新的具有不同侧链基团的青霉素或头孢霉素，用于制造各种半合成青霉素和头孢霉素。可用多种方法对青霉素酰化酶进行固定化，已于1973年用工业化生产，这是在医药工业上广泛应用的一种固定化酶。

(4) β-半乳糖苷酶 此酶可用于水解乳中存在的乳糖，生成半乳糖和葡萄糖，用于制造低乳糖奶。已于1977年实现了采用固定化乳糖酶连续生产低乳糖奶的工业化生产。

2. 固定化酶在医药治疗上的应用 酶作为治疗药物注入人体后，可能产生如下问题：①酶作为异体物质，反复应用会导致免疫反应及其他毒副作用；②酶的稳定性差，在体内易被蛋白酶水解破坏，在较短的时间内就会失去活性；③由于稀释效应，药物酶无法集中于靶器官组织以达到治疗所需的最适高浓度。溶液酶的这些弊端，可以通过选择适宜的载体与方法将它们固定化以后加以克服。固定化药物酶就其应用方式而言，大体可分为两种类型：转入体内发挥作用和通过体外循环制成人工脏器。在第一种情况中是从时间和空间分布上控制药物酶的释放。可采用凝胶包埋、微胶囊、脂质体及免疫导向等控释体系，这样酶就能长时间停留在体内，持续作用于病灶，而不会像游离酶那样进入人体内很快就被排出体外。利用微胶囊技术已制备了固定脲酶、胰蛋白酶、天冬酰胺酶等用于疾病的治疗。此外，固定化酶也可制成体外循环装置。人工肾脏是体外循环装置的最成功的代表。它是利用体外循环将患者的血液通过透析器除去代谢废物（例如尿素）后重新返回体内的一种装置。人的肾功能衰竭时，血液中积累过多的尿素等代谢废物，这些尿素若不及时去除则引起尿毒症。将病人血液加入透析液后，定量输入到一个柱子内，此柱的一端装有脲酶微囊，另外一端装有活性炭或离子交换剂，当代谢物（尿素）通过时，则尿素被脲酶水解为氨及二氧化碳，氨被活性炭或离子交换剂吸附，二氧化碳返回人血液循环由肺部排出体外。整个装置可降低血液中尿素达80%。这样病人的尿毒症状就可以避免了。

因此，固定化酶技术是提高酶制剂药物疗效，扩大医疗用途的有效途径。

3. 固定化酶在酶传感器方面的应用 酶传感器（enzyme sensor）是由固定化酶与能量转换器（电极、场效应管、离子选择场效应管等）结合构建成的传感装置，是生物传感器的一种。酶传感器的工作原理就是将固定化酶或含有酶的细胞或组织切片与底物发生特异性催化反应，所产生的化学信号转换成电信号，从捕捉到电位、电流、或电导等的变化定量分析该种化学物质。另外，还有许多酶传感器将荧光、化学发光、折射光等光信号或振幅、频率或声波相位改变，或热学变化、表面等离子体共振等，作为换能信号。由于将酶法分析与固定化酶以及自动化测定技术结合在一起，构建成各种酶传感器，使酶法分析实现了自动化、连续化。酶传感器已广泛用于临床诊断、工业发酵过程控制、环境监测等领域。

酶传感器中研究得最多、应用最广泛的是酶电极（enzyme electrode）。酶电极由固定化酶与电化学装置（电极）组合构建而成，用于样品组分的分析检测，有快速、方便、灵敏、精确的特点。酶电极发展很快，已用于测定各种糖类、抗生素、氨基酸、甾体化合物、有机酸、脂肪、醇类、胺类、尿素、尿酸、硝酸、磷酸等。所使用的酶必须具有较强的专一性，并且要有一定的纯度。固定化方法一般采用凝胶包埋法制成强度较高、通透性较好、厚度较小的酶膜，并将它与适宜的电极紧密结合。所采用的电极应根据酶催化反应前后物质变化的特性进行选择。常用的有 pH 电极、过氧化氢电极、等离子选择电极、氧电极、二氧化碳电极、氨气敏电极等。

在众多的酶传感器中，葡萄糖酶电极最为成熟，并已实现了商品化。1962 年 Clark 和 Lyons 提出模型，1967 年 Updike 和 Hicks 首先制造出葡萄糖酶电极并把它用于葡萄糖的定量分析。用聚丙烯酰胺凝胶包埋法将葡萄糖氧化酶固定化，制成厚度为 $20\sim50\mu m$ 的酶膜，再与氧电极及使氧容易通过的聚四氟乙烯等高分子薄膜密切结合，组成葡萄糖氧化酶电极。使用时，把酶电极插入样品溶液中，样品溶液中的葡萄糖扩散到酶膜中，酶催化葡萄糖与氧反应，生成葡萄糖酸，使氧被消耗，再由氧电极测定氧浓度的变化，即可知道样品中葡萄糖的浓度。

另一种比较简单的酶电极是青霉素酶电极。它以固定化青霉素酶的酶膜与 pH 电极结合而成。将青霉素酶固定在聚丙烯酰胺凝胶或光交联树脂膜内，然后紧贴在玻璃（pH）电极上即成。当酶电极浸入含有青霉素的溶液中时，青霉素酶催化青霉素水解生成青霉烷酸，引起溶液中氢离子浓度增加，通过 pH 电极测出 pH 变化而测出样品溶液中青霉素的含量。

二、固定化细胞的应用

固定化细胞转化技术自 20 世纪 70 年代问世以来，已经广泛应用于工业、农业、医学、环境保护、能源开发、理论研究等方面，并取得了丰硕成果。利用固定化细胞转化技术，省去了破碎细胞提取胞内酶的过程，完整细胞得到固定后，酶活损失较小，活性回收率高，并且保持了细胞内原有的多酶体系，对于一些需要多步催化的反应过程，一步即可完成。被固定的微生物细胞可以是处于生长状态或休眠的活细胞也可以是死亡的细胞（但胞内酶的活力仍存在）。微生物细胞、植物细胞和动物细胞都可以制成固定化细胞。通过固定化技术制备固定化微生物细胞、固定化动物细胞、固定化植物细胞和固定化原生质体，用于酶、色素、香精、药物、疫苗、抗体、激素等各种物质的生产。

1. 固定化微生物细胞的应用 1966 年，Squibb 用热处理的微生物将类固醇脱氢，被认为是首次将固定化微生物整体细胞工艺应用于工业生产。用聚丙烯酰胺凝胶包埋含有天冬氨酸酶的大肠杆菌菌体，从延胡索酸生产 L-天冬氨酸，于 1973 年用于大规模的工业化生产。随后，固定化微生物细胞的研究迅速发展，其应用范围也逐渐扩大，不仅可利用固定化微生物细胞对食品与医药工业及对能源和燃料生产有关的生物转化，发酵生产各种代谢物，而且利用固定化微生物细胞与各种电极结合制成微生物电极，在食品、医药、化工等方面有着广泛的应用。

（1）在制糖工业上的应用 固定化微生物应用最成功的例子是在制糖工业上的高果糖浆的工业化生产。1966 年日本 Sanmatsu Kogyo 公司使用其专有技术，以年产 2 000 t 的规模，最先开始高果糖浆的工业化生产；1967 年美国 Clinton 玉米加工公司采用固定化微生物技术生产 15％的果糖糖浆，1972 年以年产 0.56×10^8 t 的规模生产 42％的高果糖浆；1974 年起芬兰等欧洲国家也相继开始生产高果糖浆。固定化技术还广泛应用于制糖工业中蔗糖的转化和甜菜糖工业中的棉子糖的水解。

（2）氨基酸生产上的应用 近年来氨基酸在动物饲料、食品、医药以及化学合成方面的应用越来越多，人们寻求更好、更加经济的生产技术。一些氨基酸的生产使用了传统的发酵法，化学合成使 L-氨基酸和 D-氨基酸成为外消旋混合物，需要将这些旋光异构体分开。蛋白质经酶水解后可制成 L-氨基酸，但需要专门的操作技术，才能进行分离和纯化。1969 年由日本 Tanabe Seiyaku 公司引进，应用固定化技术生产纯的 L-氨基酸，成为固定化生物催化剂工艺应用于工业生产之始，近年来固定化微生物整体细胞在氨基酸生产中已显示出了它的显著潜力。已开展了固定化氨基酸生产菌生产 L-Asp、L-瓜氨酸、L-Ala、L-Ile、L-Trp、L-Lys、L-Phe、L-Tyr、L-Glu、L-Arg 等氨基酸。虽然在一些氨基酸的生产较之传统的发酵工艺以及化学合成法,尚无竞争能力,但这些例证说明,将固定化微生物整体细胞作为生物催化剂用于相对复杂的有机化合物的生产,还是有一定潜势的。

(3) 有机酸生产上的应用 许多有机酸的生产都出自传统的发酵法。19世纪初期的制醋法是将醋菌培养在木屑上。1974年,日本 Tanabe Seiyaku 公司开始用聚丙烯酰胺凝胶截留的 *Brevibacterium ammoniagenes* 细胞生产 L-苹果酸,随后对固定化微生物用于生产咪唑丙烯酸、乳酸、柠檬酸、葡萄糖酸、酮酸、醋酸等有机酸进行了研究。

(4) 醇类生产上的应用 用生物技术生产乙醇日益引起人们的兴趣。Kolot (1980) 曾将固定化酵母细胞工艺用于乙醇发酵。由 Weizmann 研制的丙酮-丁醇发酵,一度成为非常重要的工业发酵工艺。利用固定化酵母等微生物可用于生产酒精、啤酒、蜂蜜酒和米酒和其他的醇类物质。有的已完成中试,达到工业化生产水平。

(5) 酶和辅酶生产上的应用 固定化微生物可用于生产 α-淀粉酶、蛋白酶、天冬酰胺酶、过氧化氢酶、糖化酶、果胶酶、纤维素酶、溶菌酶、磷酸二酯酶等胞外酶,以及 CoA、FAD、NAD、NADP、ATP 等辅酶。

(6) 抗生素生产上的应用 固定化微生物在生产青霉素、四环素、头孢霉素、杆菌肽、氨苄青霉素、头孢力新等抗生素方面的研究取得了显著的成果。

除上述介绍的应用外,固定化微生物细胞还可以用于甾类化合物转化和废水处理,以及有机物质、维生素、化工产品等的生产。目前国内外正积极开展碳氢化合物的氢化、氢的生产、生物固氮和多种降解反应的研究。固定化微生物细胞还可以制作成微生物传感器,已成功地用于测定可发酵性糖、葡萄糖、甲酸、乙酸、甲醇、乙醇、头孢霉素、谷氨酸、氨、硝酸盐、生化需氧量(BOD)、细胞数量等,在医药、食品、化工、能源、环境保护等领域,展示了广阔的应用前景。

2. 固定化植物细胞的应用 固定化植物细胞的主要用途是制造人工种子,将一定数量的植物细胞悬浮在含有适宜营养物质的一定浓度的海藻酸钠溶液中,用注射器或滴管滴入到一定浓度的钙离子溶液中,形成海藻酸钙凝胶,植物细胞包埋固定在多孔凝胶中,制备得到人工种子。按照细胞全能理论,在一定的条件下,每一个细胞都可以长成一棵完整的植株。通过植物细胞培养技术,可以快速繁殖得到大量的细胞,再通过固定化技术进行人工种子的研制,就有可能获得大量具有相同遗传特性的植株。这种方法对种质的保存具有重要意义。

此外，固定化植物细胞还可以用于生产各种色素、香精、药物、酶等次级代谢物。一般仅适用于可以分泌到细胞外的产物的生产。对于细胞内产物，则要想办法增加细胞的透过性，使胞内产物分泌到细胞外。

3. 固定化动物细胞的应用　动物细胞中大部分为贴壁细胞，需要贴附在载体的表面才能正常生长。现在很多的基因工程的产品都需将工程细胞进行固定化培养，例如，固定化培养的杂交瘤细胞用于单克隆抗体的生产、贴壁细胞株CHO细胞贴附于微载体上的培养或微囊化培养等。固定化动物细胞得以广泛应用，主要用于生产小儿麻痹症疫苗、风疹疫苗、狂犬病疫苗、麻疹疫苗、黄热病疫苗、肝炎疫苗、口蹄疫疫苗等疫苗，生长激素、干扰素、胰岛素、前列腺素、催乳激素、白细胞介素、促性腺激素等激素，血纤溶酶原激活剂、胶原酶等酶类，抗菌肽等多肽药物，以及皮肤等各种组织器官。

4. 固定化原生质体的应用　固定化原生质体在一方面保持了细胞原有的新陈代谢特性，可以按照细胞原来的代谢方式在细胞内产生各种代谢产物，另一方面又去除了细胞壁这一扩散屏障，有利于胞内产物不断地分泌到胞外，这样就可以不经过细胞破碎和提取工艺而在发酵液中获得所需的发酵产物，为胞内物质的工业化生产开辟了新途径。

固定化原生质体可用于各种氨基酸、酶、生物碱等物质的生产以及甾类物质转化、木质素降解等。以琼脂-多孔醋酸纤维素固定化的黄色短杆菌原生质体，用于生产谷氨酸的研究。结果表明，由于解除了细胞壁的扩散障碍，有利于谷氨酸分泌到细胞外，提高谷氨酸产率。用固定化原生质体进行生产碱性磷酸酶、葡萄糖氧化酶、纤维素酶、谷氨酸脱氢酶、β-葡聚糖酶和β-糖苷酶的研究结果表明，由于大部分酶分泌到细胞外发酵液中，从而显著提高了酶产率。固定化麦角菌原生质体生产麦角碱，虽然产率不高，但显示出较好的操作稳定性。1985年，Linsefors等人用固定化胡萝卜原生质体进行甾体转化的研究表明，可以催化毛地黄毒苷进行5-β-羟基化反应，生成杠柳毒苷。用固定化白腐真菌原生质体进行降解木质素的研究表明，其降解能力比游离细胞显著提高。

虽然固定化原生质体技术研究历史不长，实际应用中还存在很多问题，但已在多个领域的研究中显示出其优越性，具有广阔的应用前景。

复习思考题

1. 什么是固定化酶和固定化细胞？其产生的背景是什么？

2. 与游离酶相比，固定化酶优点和缺点各有哪些？
3. 酶固定化后其性质会发生什么变化？
4. 固定化方法有哪几类？各类的优缺点及适用范围是什么？
5. 如何评价一个酶固定化过程的优劣？
6. 举例说明固定化酶或（细胞）的实际应用。

主要参考文献

[1] 徐凤彩. 酶工程. 北京：中国农业出版社，2000
[2] 郭勇. 酶工程原理与技术. 北京：高等教育出版社，2005
[3] 罗贵民. 酶工程. 北京：化学工业出版社，2003
[4] 袁勤生，赵健. 酶与酶工程. 上海：华东理工大学出版社，2005
[5] 周晓云. 酶学原理与酶工程技术. 北京：中国轻工业出版社，2005
[6] 韩静淑，赵振英，周礼恺，刘增柱. 生物细胞的固定化技术及其应用. 北京：科学出版社，1993
[7] （日）千畑一郎著. 胡宝华，吴维江译. 固定化酶. 石家庄：河北人民出版社，1981
[8] 陈骒声，居乃琥，陈石根. 固定化酶理论与应用. 北京：轻工业出版社，1987
[9] 陈石根，周润琦. 酶学. 上海：复旦大学出版社，2001

第八章 酶在有机介质中的催化作用

通常的酶催化反应是在以水为介质的系统中进行的,有关酶的催化理论也是基于酶在水溶液中的催化反应而建立起来的。但水溶液中的酶催化反应在诸多方面显现出不足和局限,影响了酶的更广泛应用。其实,酶在非水介质中也能进行催化反应,许多研究发现,大多数酶在非水介质中比较稳定,而且具有相当高的活力,在许多合成过程中以酶催化代替传统的化学催化获得了成功。

1984年,Klibanov等人在Science杂志上发表了一篇有关酶在有机介质中催化反应条件和特点的论文。他们利用酶在有机介质中(microaqueous media)的催化作用成功地合成了酯类、肽类、手性醇等多种有机化合物,并证实了酶在100 ℃的高温下不仅能够在有机溶剂中保持稳定,而且酶还显示出很高的转酯催化活性。这一发现为酶学研究和应用带来了又一次革命性的飞跃,并成为生物化学和有机合成研究中一个迅速发展的新领域。

近二十多年来,非水介质中的酶催化反应的研究十分活跃,催化条件和催化机理的研究不断深入和系统,传统的酶学领域迅速产生了一个全新的分支学科——非水酶学(nonaqueous enzymology)。非水介质中的酶催化反应在多肽、酯类、甾体转化、高分子的合成、手性药物的拆分等应用方面也取得了显著成果。从大量的研究文献报道来看,非水酶学的研究主要集中在3个方面:①非水酶学基本理论的研究,包括影响非水介质中酶催化的主要因素以及非水介质中酶学性质;②通过对酶在非水介质中结构和功能的研究,阐明非水介质中酶的催化机制,建立和完善非水酶学的基本理论;③非水介质中酶催化反应的应用研究。

多年来的研究表明,酶在非水介质中的催化反应具有在许多常规水溶液中所没有的新特征和优势:①可进行水不溶或水溶性差的化合物的生物催化转化,大大拓展了酶应用的范围;②改变了催化反应的平衡点,使在水溶液中不能或很难发生的反应向期望的方向得以顺利进行,如在水溶液中催化水解反应的酶在非水介质中可有效催化合成反应的进行;③大大提高了一些酶的热稳定性;④使酶对包括区域专一性和对映体专一性在内的底物专一性大为提高,使对酶催化作用的选择性的调控有可能实现;⑤由于酶不溶于大多数的有机溶剂,酶无须固定化,催化后酶也易于回收和重复利用;⑥可有效减少或防止由水引起的副反应的产生;⑦可避免水溶液中长期反应时微生物的污染;⑧可方便地利用对水敏感的底物进行酶催化反应;⑨当使用挥发性溶剂作为介质时,可使反应后的分离过程能耗降低。

第一节　有机介质与其中的水对酶催化反应的影响

所有的酶催化反应都要在一定的反应体系中进行，实现将底物转化为产物的目的。酶催化反应体系包括了水溶液反应体系、有机介质反应体系、气相介质反应体系、超临界流体介质反应体系等多种，在这些反应体系中，除水溶液反应体系外，其他的反应体系称为非水介质反应体系。在众多的非水介质反应体系中，以有机介质反应体系的研究最多，应用也最广泛。

酶在非水介质中进行的催化作用称为酶的非水相催化。许多天然酶在非水介质中的催化活性下降，如 α-胰凝乳蛋白酶和枯草芽孢杆菌蛋白酶的催化活性在脱水正辛烷中降低 4～5 个数量级。影响非水介质中酶活性的因素很多，如溶剂的性质、含水量、pH、底物和产物的溶剂化等，其中非水介质中的含水量对酶的催化活性影响最大。

一、有机介质反应体系

酶的非水相介质反应体系主要包括以下几种。

（一）有机介质反应体系

有机介质中的酶催化是指酶在含有一定量水的有机溶剂中进行的催化反应，适用于底物、产物两者或其中之一为疏水性物质的酶催化作用。酶在有机介质中由于能够基本保持其完整的结构和活性中心的空间构象，所以能够发挥其催化功能。酶在有机介质中起催化作用时，酶的底物特异性、立体选择性、区域选择性、键选择性、热稳定性等都有所改变。

常见的有机介质反应体系主要包括微水有机介质反应体系、与水溶性有机溶剂组成的均一反应体系、与水不溶性有机溶剂组成的两相或多相反应体系、胶束反应体系、反胶束反应体系等。图 8-1 是 3 种典型的有机介质反应体系示意图。

1. 微水有机介质反应体系　微水介质体系是由有机溶剂和微量的水组成的反应体系，也是在有机介质酶催化中广泛应用的一种反应体系。通常所说的有机介质反应体系主要是指微水有机介质反应体系。有机溶剂中的微量水主要是酶分子的结合水，它对维持酶分子的空间构象和催化活性至关重要；另一部分水则分配在有机溶剂中。由于酶不能溶解于疏水的有机溶剂，所以酶以冻干

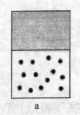 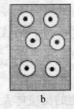 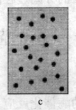

图 8-1 有机介质反应体系示意图
a. 两相体系　b. 反胶束体系　c. 与水不溶性有机溶剂组成的单相体系
（黑点表示酶，白色区表示水，阴影区表示有机相）

粉或固定化酶的形式悬浮于有机介质之中，在悬浮状态下进行催化反应。

2. 与水溶性有机溶剂组成的均一反应体系　与水溶性有机溶剂组成的均一反应体系是指由水和水互溶的有机溶剂组成的反应体系，体系中水和有机溶剂的含量均较大，酶、底物和产物均能溶解于该体系中。常用的有机溶剂有二甲基亚砜、二甲基甲酰胺、四氢呋喃、丙酮、低级醇等。由于极性大的有机溶剂对一般酶的催化活性影响较大，所以能在该反应体系中进行催化反应的酶较少。然而该体系近几年却受到人们的极大关注，这是由于辣根过氧化物酶可以在此均一体系中催化酚类或者芳香胺类底物聚合生成聚酚或聚胺类物质，而聚酚、聚胺类物质在环保黏合剂、导电聚合物、发光聚合物等功能材料的研究开发方面的应用引起了人们极大的兴趣。

3. 与水不溶性有机溶剂组成的两相或多相反应体系　这种体系是由水和疏水性较强的有机溶剂组成的两相或多相反应体系。游离酶、亲水性底物或产物溶解于水相，疏水性底物或产物溶解于有机溶剂相。有机相一般为疏水的溶剂，如烷烃、醚和氯代烃等，这样可使酶与有机溶剂在空间上相分离，以保证酶处在有利的水环境中，而不直接与有机溶剂相接触。如果采用固定化酶，则以悬浮形式存在两相的界面。本体系适用于底物和产物两者或其中一种是属于疏水性化合物的催化反应，如甾体、脂类和烯烃类的生物转化。

4. 胶束反应体系　胶束又称为正胶束或正胶团，是在含大量水和少量与水不相混溶的有机溶剂体系中加入表面活性剂后，形成的水包油的微小液滴（图8-2a）。表面活性剂分子由疏水性尾部和亲水性头部两部分组成，在胶束体系中表面活性剂的极性端朝外，非极性端朝内，有机溶剂包在液滴内部。反应时，酶在胶束外面的水溶液中，疏水性的底物或产物在胶束内部。反应在胶束的两相界面中进行。

5. 反胶束反应体系　反胶束又称为反胶团，是指在大量与水不相混溶的有机溶剂中含有少量的水，加入表面活性剂后形成的油包水的微小液滴（图

8-2b)。表面活性剂的极性端朝内，非极性端朝外，水溶液包在胶束内部，催化反应在两相界面中进行。在反胶束体系中，由于酶分子处于反胶束内部的水溶液中，稳定性较好。反胶束与生物膜有相似之处，适用于处于生物膜表面或与膜结合的酶的结构、催化特性和动力学性质的研究。

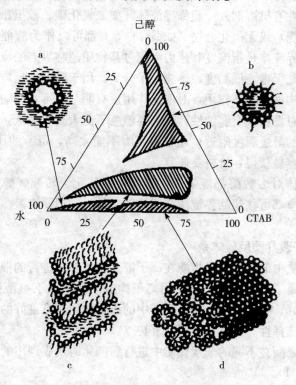

图8-2　CTAB-水-己烷体系的相图和胶束、反胶束
a. 胶束　b. 反胶束　c、d. 中间相

反胶束体系能够较好地模拟酶的天然状态，其作为反应介质具有以下优点：①组成的灵活性，大量不同类型的表面活性剂、有机溶剂是不同的物质，都可用于构建适宜于酶反应的反胶束体系；②热力学稳定性和光学透明性，反相胶束是自发形成的，因而不需要机械混合，有利于规模化；③反相胶束的光学透明性允许采用UV、NMR、弛豫技术、量热法等方法跟踪反应过程、研究酶的动力学和反应机理；④反胶束有非常高的界面积/体积比，远高于水-有机溶剂体系，使底物和产物的相转移变得极为有利；⑤反相胶束的相特性随温度而变化，可以简化产物和酶的分离纯化。

（二）气相介质反应体系

气相介质中的酶催化是指酶在气相介质中进行的催化反应，适用于底物是气体或者能够转化为气体的物质的酶催化反应。由于气体介质的密度低，扩散容易，所以酶在气相中的催化作用与在水溶液中的催化作用有明显的不同特点，但研究的不多。

（三）超临界流体介质反应体系

除了亲脂性有机溶剂外，超临界流体［如二氧化碳、氟里昂、烷烃类（甲烷、乙烷、丙烷）或无机化合物（如SF_6）等］都可以作为酶催化亲脂性底物的溶剂。超临界流体是指温度和压力都超过某物质超临界点的流体，此溶剂体系最大的优点是无毒、低黏度、产物易于分离。用于酶催化反应的超临界流体应当对酶的结构没有破坏作用，对催化作用没有明显的不良影响；具有良好的化学稳定性，对设备没有腐蚀性；超临界温度不能太高或太低，最好在室温附近或在酶催化的最适温度附近；超临界压力不能太高，可节约压缩动力费用；超临界流体要容易获得，价格要便宜。

超临界流体对多数酶都能适用，酶催化的酯化、转酯、醇解、水解、羟化、脱氢等反应都可在超临界流体介质体系中进行，但研究最多的是水解酶的催化反应。

（四）离子液介质反应体系

离子液介质中的酶催化是指酶在离子液介质体系中进行的催化作用。离子液是由有机阳离子与有机（无机）阴离子构成的在室温下呈液体的低熔点盐类，其挥发性好、稳定性好。酶在离子中的催化作用具有良好的稳定性和区域选择性、立体选择性、键选择性等显著特点。

一般而言，酶在不同的非水介质中进行酶催化时所表现出的催化行为是有区别的（表8-1）。

表8-1 不同反应体系中酶的一些催化行为比较

参数	微水有机介质体系	水-有机溶剂两相体系	反胶束体系	参数	微水有机介质体系	水-有机溶剂两相体系	反胶束体系
酶活力	低	低	高	产物回收	容易	一般	难
酶负载量	高	高	低	酶重复使用	可能	难	难
产率	低	低	高	连续操作	可能	可能	难

二、水对有机介质中酶反应催化的影响

在有机介质酶反应体系中，研究最多、应用最广泛的是微水介质体系。不管采用何种有机介质反应体系，酶催化反应的介质中都含有有机溶剂和一定量的水。它们都对催化反应有显著的影响。

第八章 酶在有机介质中的催化作用

酶都溶于水,只有在一定量水存在的条件下,酶分子才能进行催化反应。所以酶在有机介质中进行催化反应时,水是不可缺少的成分之一。有机介质中水的含量多少对酶的空间构象、催化活性、稳定性、催化反应速度等都有密切关系,水还与酶催化作用的底物和反应产物的溶解度有关。

(一) 水对酶分子空间构象的影响

酶分子只有在空间构象完整的状态下,才具有催化功能。在无水的条件下,酶的空间构象被破坏,酶将变性失活。因此,酶分子需要一层水化层,以维持其完整的空间构象。维持酶分子完整的空间构象所必需的最低水量称为必需水 (essential water)。不同的酶,所需要的必需水的量差别很大。例如,每分子凝乳蛋白酶只需 50 分子的水,就可维持其空间构象而进行正常的催化反应;而每分子多酚氧化酶却需 3.5×10^2 个水分子,才能显示其催化活性。必需水与酶分子的结构和性质有密切关系,因而通过必需水的调控,可以调节有机介质中酶催化反应的催化活性和选择性。

酶分子的构象主要由静电作用力、范德华力、疏水作用力、氢键等作用来维持,水分子直接或间接地参与这些非共价作用力的形成或维持,因此必需水是维持酶空间结构稳定的主要因素。酶分子一旦失去必需水,就必将破坏其空间构象而失去催化功能。

(二) 水对酶催化反应速度的影响

有机介质中水的含量对酶催化反应速度有显著影响。图 8-3 为猪胰脂肪酶催化三丁酸甘油酯转酯反应过程中转酯反应速度与水含量之间的关系。从图 8-3 中可以看出,在该转酯反应中,随着体系中水含量的增加,猪胰脂肪酶的催化活力有显著的变化,当水含量在 0.95% 时,猪胰脂肪酶的活力达到最大,再增加水含量,非但不能增加酶的催化活力,反而将会引起酶活力的降低。

在酶催化反应速度达到最大时的水含量称为最适水含量。当有机溶剂中水含量低于最适水含量时,酶分子的构象过于刚性而会失去其催化活性;而水含量高于最适水含量时,酶分子结构的柔性过大,酶分子的构象将向疏水环境下热力学

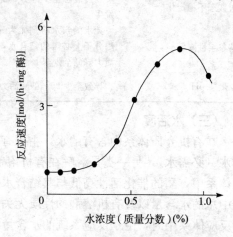

图 8-3 猪胰脂肪酶催化三丁酸甘油酯与正庚醇转酯反应过程中转酯反应速度与水浓度的关系

稳定的状态变化，引起酶分子结构的改变而使酶失去其催化活性。只有在最适水含量时，酶分子结构的动力学刚性和热力学稳定性之间达到最佳平衡点，酶表现出最大的催化活性。由于有机介质体系中的水可以分布在酶分子、有机溶剂、固定化酶的载体或修饰酶的修饰剂等之中，因此即使采用相同的酶，反应体系的最适水含量也会随着有机溶剂的种类、固定化载体的特性、修饰剂的种类等的变化而有所差别。在实际应用时应当根据实际情况，通过实验确定最适水含量。

大量研究表明，非水介质体系中酶的活性比水溶液中要低几个数量级，原因大致如表8-2所列，水的影响是至关重要的。要改变这种情况的最有效的办法是设法改善酶在非水介质体系中的"刚性"构象，例如加入少量的水会使酶活力提高2～3个数量级。

表8-2 酶在有机溶剂中活力低的原因

原因	说明	解决办法
扩散限制	有机溶剂中的扩散要比水中小，限制了底物的扩散	增加搅拌速度；降低酶的颗粒大小
封闭活性中心	导致酶活力降低为原来的数分之一	用结晶酶替代
构象改变	冻干过程及其他脱水过程造成的	使用冻干保护剂；制备有机溶剂中可溶解的可与两亲性物质配位化合的酶
底物脱离溶剂束缚的能力差	底物疏水性严重，可导致酶活力降低至少99%	选择溶剂以获得有利的底物-溶剂相互作用
过渡态不稳定化	当过渡态至少部分暴露于溶剂时才发生	选择溶剂以期获得与过渡态有利的相互作用
构象柔性降低	无水的亲水溶剂尤为显著，会夺取酶分子上必需的结合水，从而导致酶活力降低至少99%	使水活度（a_W）最适化；水合溶剂，使用疏水溶剂；使用仿水和变性共溶添加剂
亚最适pH	导致至少99%的酶活力降低	从酶的最适pH水溶液中脱水；使用有机相缓冲液

（三）水活度

在有机介质体系中含有的水，主要有两类：一类是与酶分子紧密结合的结合水（必需水），另一类是溶解在有机溶剂中的游离水。研究表明，在有机介质体系中，酶的催化活性高低与其结合水的多少直接相关，从理论上讲，与体系中总的水含量以及有机溶剂的性质无关。但事实上，当水加入到非水酶催化的反应体系时，由于反应系统的水含量可在酶、溶剂、固定化载体及杂质之间进行分配，有机溶剂的种类、酶的纯度、固定化酶的载体性质和修饰剂的性质等因素对结合于酶分子上的水量有直接影响。Zaks等比较详细地研究了酵母醇氧化酶在不同溶剂中水含量对酶活力的影响（图8-4）。他们发现，在水的溶解度之内，酶在有机溶剂中的催化活力随溶剂中水含量的增加而增加，但与亲水有机溶剂相比，在疏水性强的溶剂中酶表现最大催化活力所需要的水量低得多；当溶剂的含水量相同时，酶结合水量却不同，酶活性与酶结合水量之间有很好的相关性，即随着结合水量的增加而增大。

为了排除溶剂对最适水含量的影响，Halling 等提出了用反应系统的热力学水活度（water activity，a_w）来描述有机介质中酶催化活力与水含量之间的关系。水活度是指在特定的温度和压力条件下，反应体系中水的摩尔分数 χ_w 与水活度系数 γ_w 的乘积，即

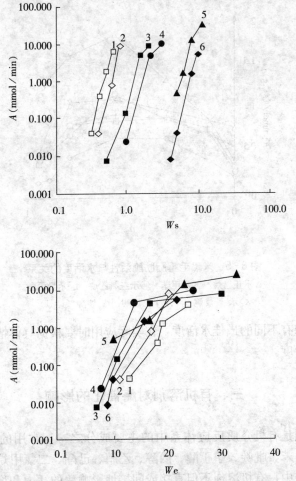

图 8-4 有机介质体系中水含量（W_s，V/V）和酶结合水量（W_e，V/V）
对酵母醇氧化酶催化反应活性（A）的影响
1. 乙醚　2. 乙酸丁酯　3. 乙酸乙酯　4. 正辛烷　5. 叔戊醇　6. 2-丁醇

$$a_w = \chi_w \cdot \gamma_w$$

水活度系数 γ_w 是溶剂疏水性的函数，溶剂疏水性越大，γ_w 越大。对给定的 a_w 来说，疏水性溶剂所需的水量比亲水性溶剂的少。a_w 是一个强度性质的物理量。在平衡状态时，反应体系中各组分（酶、溶剂、底物和产物等）的 a_w 是相同的。

酶活性与反应体系的 a_w 直接相关。例如，米黑毛霉脂肪酶在 $a_w = 0.55$ 时，在不同极性的溶剂中都表现出最高的酶活性（图 8-5），其中在正己烷溶剂中活性最高，有机溶剂中或多或少的水都会影响酶活性。

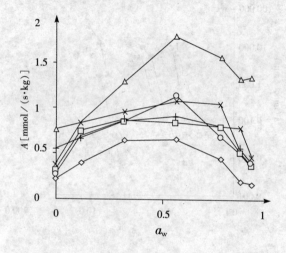

图 8-5 米黑毛霉脂肪酶活性与水活度的关系
△示正己烷　×示甲苯　○示三氯乙烷　□示异丙醚
◇示 3-戊酮　+示十二烷酸-十二烷醇（1:1）

不同的酶有不同的最佳水活度，在实际应用时要根据具体情况，通过实验得出最佳水活度。

三、有机溶剂对酶催化的影响

有机溶剂是有机介质反应体系中的主要成分之一。常用的有机溶剂有辛烷、正己烷、苯、吡啶、季丁醇、丙醇、乙腈、己酯、二氯甲烷等。在有机介质酶催化反应中，有机溶剂不但直接或间接地影响酶的活力和稳定性，而且也能改变酶的催化特性。通常有机溶剂通过与水、酶、底物和产物的相互作用来影响酶的性质。

（一）有机溶剂对酶结构与功能的影响

酶具有完整的空间结构和活性中心才能发挥其催化功能。在水溶液中，酶分子（除了固定化酶外）均一地溶解于水溶液中，可以较好地保持其完整的空间结构。在有机介质反应体系中，酶不能直接溶解于溶剂之中，此时，酶的存在状态可有多种，主要可分为固态酶和可溶解酶两大类。固态酶包括了冻干的酶粉、固定化酶、结晶酶等，它们以固体形式悬浮在溶剂中进行催化反应。可溶解酶主要包括了水溶性大分子共价修饰酶和非共价修饰的高分子-酶复合物、表面活性剂-酶复合物、微乳液中的酶等，它们可以分子的形式存在于有机介质中。

有些酶在有机溶剂的作用下，其空间结构会受到某些破坏，从而使酶的催化活性受到影响甚至引起酶的变性失活。例如，碱性磷酸酶冻干粉悬浮于乙腈中 20 h，60％以上的酶不可逆地变性失活；悬浮在丙酮中 36 h，75％以上的酶呈现不可逆的失活等。此外，要使酶悬浮于有机介质中进行催化反应，通常要将酶进行冷冻干燥。研究表明，酶分子在冷冻干燥的过程中，往往会使酶的活性中心构象受到破坏。因而在酶的冷冻干燥过程中应当加进蔗糖、甘露醇等冷冻干燥保护剂，以减少酶的变性失活。

有些酶，如脂肪酶、蛋白酶、多酚氧化酶等，在有机溶剂中其整体结构和活性中心基本上保持完整，能够在适当的有机介质中进行催化反应，然而也可能对酶的表面结构和活性中心产生一定的影响。

(1) 有机溶剂对酶分子表面结构的影响　酶在有机介质中与有机溶剂接触，酶分子的表面结构将有所变化。例如，枯草芽孢杆菌蛋白酶晶体，原来有 119 个与酶分子结合的水分子，悬浮在乙腈中后，与酶分子结合的水分子只有 99 个，有 12 个乙腈分子结合到酶分子中，其中有 4 个是原来水分子结合的位点。

(2) 有机溶剂对酶活性中心结合位点的影响　当酶悬浮于有机溶剂中时，有一部分溶剂能渗入到酶分子的活性中心，与底物竞争活性中心的结合位点，降低底物结合能力，从而影响酶的催化活性。例如，辣根过氧化物酶在甲醇中催化时，甲醇分子可以进入酶的活性中心，与卟啉铁配位结合；枯草芽孢杆菌蛋白酶悬浮在乙腈中时，有 4 个乙腈分子进入酶的活性中心。此外，有机溶剂分子进入酶的活性中心，会降低活性中心的极性，可能降低酶与底物的结合能力。

（二）有机溶剂对酶活性的影响

有些有机溶剂，特别是极性较强的有机溶剂，如甲醇、乙醇等，会夺取酶分子的结合水，影响酶分子微环境的水化层，从而降低酶的催化活性，甚至引起酶变性失活。在有机溶剂中，酶的催化活性与有机溶剂的亲水性呈负相关，通常在疏水性溶剂中酶的催化活性比在亲水性溶剂中高，这是因为疏水性溶剂夺取酶分子表面必需水的能力比亲水性溶剂小。添加微量水到含酶的疏水性有机溶剂中或用其他方法提高体系的水活度，可使酶的催化活性提高。

有机溶剂极性的强弱可以用极性系数 $\lg P$ 表示。$\lg P$ 为化合物在标准正辛烷-水两相体系中的分配系数的对数。$\lg P$ 越大，表明其极性越小；反之 $\lg P$ 越小，则极性越强。常用的有机溶剂的 $\lg P$ 如表 8-3 所示。

表 8-3 一些常用有机溶剂的 $\lg P$

溶 剂	$\lg P$	溶 剂	$\lg P$
二甲亚砜（DMSO）	-1.3	二氧六环	-1.1
N,N-二甲基甲酰胺（DMF）	-1.0	甲醇	-0.76
乙腈	-0.33	乙醇	-0.24
丙酮	-0.23	丙醇	0.28
丁酮	0.29	乙酸乙酯	0.68
丁醇	0.80	乙醚	0.85
醋酸丁酯	1.7	二丙醚	1.9
氯仿	2.0	苯	2.0
甲苯	2.5	二丁醚	2.9
四氯化碳	3.0	戊烷	3.0
二甲苯	3.1	环己烷	3.2
正己烷	3.5	庚烷	4.0
辛烷	4.5	月桂醇	5.0
癸烷	5.6	十二烷	6.6
邻苯二甲酸二辛酯	9.6		

研究表明，有机溶剂的极性越强，越容易夺取酶分子结合水，对酶活力的影响就越大。例如，正己烷能够夺取酶分子 0.5% 的结合水，甲醇可以夺取酶分子结合水的 60%。如表 8-4 所示，极性系数 $\lg P < 2$ 的极性溶剂一般不适宜作为有机介质酶催化的溶剂使用。所以在有机介质酶催化过程中，应选择好使用的溶剂，控制好介质中的含水量，或者经过酶分子修饰提高酶分子的亲水性，以免酶在有机介质中因脱水作用而影响其催化活性。

表 8-4　溶剂与酶活性的兼容性

lgP	与水混溶性	对酶活性的影响
−2.5~0	完全混溶	用于亲脂性底物反应，其有机溶剂含量 20%~50%（体积分数）时，不影响酶的活性
0~2	部分混溶	易使酶失活，很少使用
2~3	低互溶	使酶产生弱的变形，酶的活性难以预测，应小心使用
≥3	不互溶	不会引起酶的变形，能保持酶的高活性

（三）有机溶剂对底物和产物分配的影响

有机溶剂与水之间的极性不同，在反应过程中会影响底物和产物的分配，从而影响酶的催化反应。酶在有机介质中进行催化反应，酶的作用底物首先必须进入必需水层，然后才能进入酶的活性中心进行催化反应。反应后生成的产物也首先分布在必需水层中，然后才从必需水层转移到有机溶剂中。产物必须移出必需水层，酶催化反应才能继续进行下去。

有机溶剂能改变酶分子必需水层中的底物和产物的浓度。如果有机溶剂的极性很小，疏水性太强，则疏水性底物虽然在有机溶剂中溶解度大，浓度高，但难于从有机溶剂中进入必需水层，与酶分子活性中心结合的底物浓度低，酶的催化速度低；如果有机溶剂的极性过大，亲水性太强，则疏水性底物在有机溶剂中的溶解度低，底物浓度低，也使催化速度减慢。所以应该选择极性适中的有机溶剂作为介质使用。一般选用 $2 \leqslant \lg P \leqslant 5$ 的有机溶剂作为有机介质。

第二节　酶在有机介质中的催化特性

酶在有机介质中由于能够基本保持其完整的结构和活性中心的空间构象，所以能够发挥其催化功能。然而，酶在有机介质中起催化作用时，由于有机溶剂的极性与水有很大差别，对酶的表面结构、活性中心的结合部位和底物性质都会产生一定的影响，从而影响酶的底物特异性、立体选择性、区域选择性、键选择性、热稳定性等，显示出与水相介质中不同的催化特性。

一、有机介质中酶分子的结构特点

酶分子不能直接溶于有机溶剂，它在有机溶剂中的存在状态有多种形式，主要分为两大类：① 固态酶，包括冻干的酶粉、固定化酶、结晶酶，它们以固体形式存在于有机溶剂中；② 可溶解酶，主要包括水溶性大分子共价修饰酶和非共价修饰的高分子-酶复合物、表面活性剂-酶复合物、微乳液中的酶等。

酶不溶于疏水性有机溶剂，在含微量水的有机溶剂中以悬浮状态起催化作用，如图 8-6 所示。那么，为什么酶在有机溶剂中能表现出催化活性？许多学者对酶在水相与有机相的结构进行了比较，他们发现，在有机相中酶能够保持其整体结构的完整性，在有机溶剂中酶的结构至少是酶活性部位的结构与在水溶液中的结构是相同的。酶在有机溶剂中结构的直接信息是从蛋白质在有机溶剂中的 X 射线晶体衍射研究中得到的。如 Fitzpatrick P. A. 等用 2.3 pm 分辨率的 X 射线衍射技术比较了枯草芽孢杆菌蛋白酶在水中和乙腈中的晶体结构，发现酶的三维结构在乙腈中与水中相比差异很小，这种差异甚至比两次在水中单独测定结果的差异还要小，且酶活性中心的氢键结构仍保持完整。

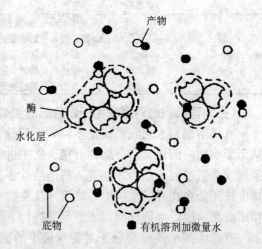

图 8-6 酶分散在有机溶剂中的反应体系

但是，并非所有的酶悬浮于任何有机溶剂中都能维持其天然构象、保持酶活性。如 Russell 将碱性磷酸酯酶冻干粉悬浮于 4 种有机溶剂（二甲基甲酰胺、四氢呋喃、乙腈和丙酮）中，密封振荡，离心除溶剂，冻干后重新悬浮于缓冲液中，以对硝基苯磷酸酯为底物，测其酶活性，4 种有机溶剂使酶发生了不同程度的不可逆失活。

酶作为蛋白质，在水溶液中以一定构象的三级结构状态存在。这种结构和构象是酶发挥催化功能所必需的紧密而又有柔性的状态。紧密状态主要取决于蛋白质分子内的氢键，溶液中水分子与蛋白质分子之间所形成的氢键使蛋白质分子内氢键受到一定程度的破坏，蛋白质结构变得松散，呈一种开启状态。这时，酶分子的紧密和开启两种状态处于一种动态平衡之中，表现出一定的柔性。因此，酶分子在水溶液中以其紧密的空间结构和一定的柔性发挥催化功能。Zaks 认为，酶悬浮于含微量水（小于 1%）的有机溶剂中，与蛋白质分子形成分子间氢键的水分子极少，蛋白质分子内氢键起主导作用，导致蛋白质结构刚性增加，活动的自由度变小。蛋白质的这种动力学刚性限制了疏水环境下的蛋白质构象向热力学稳定状态转化，能维持着和在水溶液中同样的结构与构象。

二、酶在有机介质中的催化特性

（一）底物专一性

酶在水溶液中进行催化反应时，具有高度的底物专一性，或称为底物特异性，是酶催化反应的显著特点之一。同水溶液中的酶催化一样，酶在非水介质中对底物的化学结构和立体结构均有严格的选择性。但在有机介质中，由于酶分子活性中心的结合部位与底物之间的结合状态发生某些变化，致使酶的底物特异性会发生改变。例如，胰蛋白酶等蛋白酶在催化 N-乙酰-L-丝氨酸乙酯和 N-乙酰-L-苯丙氨酸乙酯的水解反应时，由于 Phe 的疏水性比 Ser 强，所以，酶在水溶液中催化苯丙氨酸酯水解的速度，比在同等条件下催化丝氨酸酯水解的速度高 5×10^4 倍；而在辛烷介质中，催化丝氨酸酯水解的速度却比催化苯丙氨酸酯水解的速度快 20 倍。这是由于在水溶液中，底物与酶分子活性中心的结合主要靠疏水作用，所以疏水性较强的底物，容易与活性中心部位结合，催化反应的速度较高；而在非水介质中有机溶剂与底物之间的疏水比底物与酶之间的疏水作用更强，此时，底物与酶之间的疏水作用已不再那么重要，结果疏水性较强的底物容易受有机溶剂的作用，反而影响其与酶分子活性中心的结合。

不同的有机溶剂具有不同的极性，所以在不同的有机介质中酶的底物专一性也是不同的。一般来说，在极性较强的有机溶剂中，疏水性较强的底物容易反应；而在极性较弱的有机溶剂中，疏水性较弱的底物容易反应。例如，枯草芽孢杆菌蛋白酶催化 N-乙酰-L-丝氨酸乙酯和 N-乙酰-L-苯丙氨酸乙酯与丙醇的转酯反应，在极性较弱的二氯甲烷或者在苯介质中，含丝氨酸的底物优先反应；而在极性较强的吡啶或季丁醇介质中，则含苯丙氨酸的底物首先发生转酯反应。

（二）对映体选择性

酶的对映体选择性（enantioselectivity）又称为立体选择性或立体异构专一性，是酶在对称的外消旋化合物中识别一种异构体的能力大小的指标。

酶对映体选择性的强弱可以用立体选择系数（K_{LD}）的大小来衡量。立体选择系数与酶对 L 型和 D 型两种异构体的酶转换数（K_{cat}）和米氏常数（K_m）有关，其关系式为

$$K_{LD} = (K_{cat}/K_m)_L / (K_{cat}/K_m)_D$$

式中，K_{LD} 为立体选择系数；L 示 L-型异构体；D 示 D-型异构体；K_m 为米氏常数；K_{cat} 为酶的转换数，是酶催化效率的一个指标，指每个酶分子每分

钟催化底物转化的分子数。立体选择系数越大,表明酶催化的对映体选择性较强。

酶在有机介质中催化,与在水溶液中催化比较,由于介质的特性发生改变,而引起酶的对映体选择性也发生变化。例如,胰蛋白酶、枯草芽孢杆菌蛋白酶、胰凝乳蛋白酶等蛋白酶在有机介质中催化 N-乙酰丙氨酸氯乙酯(N-Ac-Ala-OetCl)水解的立体选择系数 K_{LD} 在 10 以下,而在水溶液中 K_{LD} 达 $10^3 \sim 10^4$,两者相差 100~1 000 倍。

酶在水溶液中催化的立体选择性较强,而在疏水性强的有机介质中,酶的立体选择性较差。例如,蛋白酶在水溶液中对含有 L-氨基酸的蛋白质起作用,水解生成 L-氨基酸。而在有机介质中,某些蛋白酶可以用 D-氨基酸为底物合成由 D-氨基酸组成的多肽等。这一点在手性药物的制造中,有重要作用。

(三)区域选择性

区域选择性(regioselectivity)是指酶能够选择底物分子中某一区域的基团优先进行反应的特性,这是酶在有机介质中进行催化反应时的特性之一。

酶区域选择性的强弱可以用区域选择系数 K_{rs} 的大小来衡量。区域选择系数与立体选择系数相似,只是以底物分子的区域位置 1,2,代替异构体的构型 L,D,故其表达式为

$$K_{1,2} = (K_{cat}/K_m)_1 / (K_{cat}/K_m)_2$$

例如,用脂肪酶催化 1,4-二丁酰基-2-辛基苯与丁醇之间的转酯反应,在甲苯介质中,区域选择系数 $K_{4,1}=2$,表明酶优先作用于底物 C_4 位上的酰基;而在乙腈介质中,区域选择系数 $K_{4,1}=0.5$,则表明酶优先作用于底物 C_1 位上的酰基。从中可以看到,在两种不同的介质中,区域选择系数相差 4 倍。

(四)化学键选择性

酶在有机介质中进行催化的另一个显著特点是具有化学键选择性。即在同一个底物分子中有 2 种以上的化学键都可以与酶反应时,酶对其中一种化学键优先进行反应。键选择性与酶的来源和有机介质的种类有关。例如,脂肪酶催化 6-氨基-1-己醇的酰化反应,底物分子中的氨基和羟基都可能被酰化,分别生成肽键和酯键。当采用黑曲霉脂肪酶进行催化时,羟基的酰化占绝对优势;而采用毛霉脂肪酶催化时,则优先使氨基酰化。研究表明,在不同的有机介质中,氨基的酰化与羟基的酰化程度也有所不同。

(五)热力学稳定性

许多酶在有机介质中的热稳定性和储存稳定性都比水溶液中的高。例如,胰脂肪酶在水溶液中,100 ℃时很快失活;而在有机介质中,在相同的温度条件下,半衰期却长达数小时(图 8-7)。表 8-5 列出了一些酶在有机介质与水

溶液中的热稳定性。胰凝乳蛋白酶在无水辛烷中 20 ℃保存 6 个月后仍然可以保持其活性，而在同样温度条件下，在水溶液中其半衰期却只有几天。

酶在有机介质中的热稳定性还与介质中的水含量有关。通常情况下，随着介质中水含量的增加，其热稳定性降低。例如，核糖核酸酶在有机介质中的水含量从 0.06 g/g（蛋白质）增加到 0.2 g/g（蛋白质）时，酶的半衰期从 120 min 减少到 45 min。细胞色素氧化酶在甲苯中的水含量从 1.3% 降低到 0.3% 时，半衰期从 1.7 min 增加到 4 h。

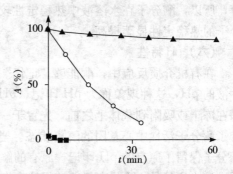

图 8-7　猪胰脂肪酶在 100 ℃时的失活曲线
(pH 8.0 的 0.01 mol/L 磷酸缓冲液;
▲为含 0.8% 水和 2 mol/L 庚醇的三丁酸甘油酯;
○为含 0.015% 水和 2 mol/L 庚醇的三丁酸甘油酯)

表 8-5　某些酶在有机介质与水溶液中的热稳定性

酶	介质条件	热稳定性
猪胰脂肪酶	三丁酸甘油酯	$t_{1/2}<26$ h
	水（pH7.0）	$t_{1/2}<2$ min
酵母脂肪酶	三丁酸甘油酯/庚醇	$t_{1/2}=1.5$ h
	水（pH7.0）	$t_{1/2}<2$ min
脂蛋白脂肪酶	甲苯（90 ℃，400 h）	活力剩余 40%
胰凝乳蛋白酶	正辛烷（100 ℃）	$t_{1/2}=80$ min
	水（pH8.0，55 ℃）	$t_{1/2}=15$ min
枯草芽孢杆菌蛋白酶	正辛烷（100 ℃）	$t_{1/2}=80$ min
核糖核酸酶	壬烷（110 ℃，6 h）	活力剩余 95%
	水（pH8.0，90 ℃）	$t_{1/2}<10$ min
酸性磷酸酶	（正十六烷，80 ℃）	$t_{1/2}=8$ min
	水（70 ℃）	$t_{1/2}=1$ min
腺苷三磷酸酶	甲苯（70 ℃）	$t_{1/2}>24$ h
（F_1-ATPase）	水（60 ℃）	$t_{1/2}<10$ min
限制性核酸内切酶（HindⅢ）	正庚烷（55 ℃，30 d）	活力不降低
β-葡萄糖苷酶	2-丙醇（50 ℃，30 h）	活力剩余 80%
溶菌酶	环己烷（110 ℃）	$t_{1/2}=140$ min
	水	$t_{1/2}=10$ min
酪氨酸酶	氯仿（50 ℃）	$t_{1/2}=90$ min
	水（50 ℃）	$t_{1/2}=10$ min
醇脱氢酶	正庚烷（55 ℃）	$t_{1/2}>50$ d
细胞色素氧化酶	甲苯（含 0.3% 水）	$t_{1/2}=4.0$ h
	甲苯（含 1.3% 水）	$t_{1/2}=1.7$ min

在有机介质中，酶的热稳定性之所以会增强，可能是由于有机介质中缺少引起酶分子变性失活的水分子所致。因为水分子会引起酶分子中 Asn 和 Gln 的脱氨基作用，还可能会引起 Asp 肽键的水解、Cys 的氧化、二硫键的破坏

等，所以，酶分子在水溶液中热稳定性较差，而在含水量低的有机介质中，酶分子的热稳定性显著提高。

（六）pH 特性

在有机介质反应中，酶能够"记忆"它冻干或吸附到载体之前所使用的缓冲液的 pH，这种现象称为 pH 印记（pH-imprinting）或称为 pH 记忆。因为酶在冻干或吸附到载体上之前，先置于一定 pH 的缓冲液中，缓冲液的 pH 决定了酶分子活性中心基团的解离状态。当酶分子从水溶液转移到有机介质时，酶分子保留了原有的 pH 印记，原有的解离状态保持不变。即是说，酶分子在缓冲液中所处的 pH 状态仍然被保持在有机介质中。

酶在有机介质中催化反应的最适 pH 通常与酶在水溶液中反应的最适 pH 接近或者相同。利用酶的这种 pH 印记特性，可以通过控制缓冲液中 pH 的方法，达到控制有机介质中酶催化反应的最适 pH。有些研究也发现，有些酶在有机介质中催化的最适 pH 与水溶液中催化的最适 pH 有较大差别，需要在实际应用时加以调节控制。

然而也有研究表明，在含有微量水的有机介质中，某些疏水性的酸与其相对应的盐组成的混合物，或者某些疏水性的碱与其相对应的盐组成的混合物，可以作为有机相缓冲液使用。它们以中性或者离子对的形式溶解于有机溶剂中，这两种存在形式的比例控制着有机介质中酶的解离状态。采用有机相缓冲液时，酶分子的 pH 印记特性不再起作用，即酶在冷冻干燥前缓冲液的 pH 状态对酶在有机介质中的催化活性没有什么影响，而主要受到有机相缓冲液的影响。

第三节 有机介质中酶催化反应的条件及其控制

酶在有机介质中可以催化多种反应，主要包括合成反应、转移反应、醇解反应、异构反应、氧化还原反应、裂合反应等。

酶在有机介质中的各种催化反应受到各种因素的影响，主要有酶的种类和浓度、底物的种类和浓度、有机溶剂的种类、水含量、温度、pH、离子强度等。为了提高酶在有机介质中的催化效率和选择性，必须控制好各种条件并根据情况变化加以必要的调节控制。

一、有机介质中酶催化反应的类型

（一）合成反应

原来在水溶液中催化水解反应的酶类，在有机介质中，由于水的含量极微，水解反应难以发生。此时，酶可以催化其逆反应，即催化合成反应。

①脂肪酶或酯酶在有机介质中可以催化有机酸和醇进行酯类的合成反应，反应式为

$$R-COOH + R'-OH \xrightarrow{\text{脂肪酶/酯酶}} R-COOR' + H_2O$$

②蛋白酶可以在有机介质中可以催化氨基酸进行合成反应，生成各种多肽，反应式为

$$R_1-\overset{H}{\underset{NH_2}{C}}-COOH + R_2-\overset{H}{\underset{NH_2}{C}}-COOH \xrightarrow{\text{蛋白酶}} R_1-\overset{H}{\underset{NH_2}{C}}-\overset{O}{C}-\overset{H}{\underset{R_2}{N}}-\overset{H}{C}-COOH + H_2O$$

（二）转移反应

在有机介质中，酶可以催化一些转移反应。例如，脂肪酶可以催化转酯反应，即催化一种酯与一种有机酸反应，生成另一种酯与有机酸。

$$R-COOR_1 + R_2-COOH \xrightarrow{\text{脂肪酶}} R-COOR_2 + R_1-COOH$$

（三）醇解反应

某些酶在有机介质中可以催化一些醇解反应。例如，假单胞脂肪酶可以在二异丙醚介质中催化酸酐醇解生成二酸单酯化合物。

$$\begin{matrix} H_2C-C \\ \diagdown \\ R-CH O \\ \diagup \\ H_2C-C \end{matrix} + R'OH \xrightarrow{\text{假单胞脂肪酶}} \begin{matrix} H_2C-COOH \\ R-CH \\ H_2C-COOR' \end{matrix}$$

（四）氨解反应

某些酶在有机介质中可以催化某些酯类进行氨解反应，生成酰胺和醇。例如，脂肪酶可以在叔丁醇介质中催化外消旋苯甘氨酸甲酯进行不对称氨解反应，将 L-苯丙氨酸甲酯氨解生成 L-苯丙氨酸酰胺和甲醇。

（五）异构反应

一种异构酶在有机介质中可以催化异构反应，将一种异构体转化为另一种异构体。例如，消旋酶催化一种异构体转化为另一种异构体，生成外消旋的化合物。

$$\text{D-异构体} \xrightarrow{\text{异构酶}} \text{L-异构体}$$

（六）氧化还原反应

不少氧化还原酶类可以在一定的有机介质中催化氧化反应，也可以催化还原反应。

①单加氧酶催化二甲基苯酚与氧分子发生氧化反应，生成二甲基二羟基苯。

$$\underset{H_3C}{\overset{H_3C}{\diagdown}}\!\!-\!\!\text{C}_6H_3\!-\!OH + O_2 \xrightarrow{\text{单加氧酶}} \underset{H_3C}{\overset{H_3C}{\diagdown}}\!\!-\!\!\text{C}_6H_2(OH)_2$$

②双加氧酶催化二羟基苯与氧反应，生成己二烯二酸。

$$\text{C}_6H_4(OH)_2 + O_2 \xrightarrow{\text{双加氧酶}} \text{(COOH)}_2\text{CH=CH-CH=CH}$$

③马肝醇脱氢酶或酵母醇脱氢酶等脱氢酶可以在有机介质中催化醛类化合物或者酮类化合物还原，生成伯醇、仲醇等醇类化合物。

$$R-CHO + NADH \xrightarrow{\text{醇脱氢酶}} R-CHOH + NAD$$

$$R-\underset{O}{\overset{}{C}}-R' + NADH \xrightarrow{\text{醇脱氢酶}} R-\underset{OH}{\overset{H}{C}}-R' + NAD$$

（七）裂合反应

酶在有机介质中可以催化裂合反应，例如，醇腈酶催化醛与氢氰酸反应生成醇腈衍生物。

$$R-CHO + HCN \xrightarrow{\text{醇腈酶}} R-\underset{OH}{\overset{H}{C}}-CN$$

二、有机介质中酶催化反应的条件及其控制

（一）酶的选择

要进行酶在有机介质中的催化反应，首先要选择好所使用的酶。不同的酶具有不同的结构和特性，同一种酶，由于来源的不同和处理方法（如纯度、冻干条件、固定化载体和固定化方法、修饰方法和修饰剂等）的不同，其特性也有所差别，所以要根据需要通过实验进行选择。

在酶催化反应时，通常酶所作用的底物浓度远远高于酶浓度，所以酶催化反应速度随着酶浓度的升高而升高，两者成正比。在有机介质中进行催化反应，对酶的选择不但要看催化反应的速度的大小，还要特别注意酶的稳定性、底物专一性、对映体选择性、区域选择性、键选择性等。

（二）底物的选择与浓度控制

由于酶在有机介质中的底物专一性与在水溶液中的专一性有些差别，所以要根据酶在所使用的有机介质中的专一性选择适宜的底物。

底物的浓度对酶催化反应速度有显著影响，一般来说，在底物浓度较低的情况下，酶催化反应速度随着底物浓度的升高而增大。当底物达到一定浓度以后，再增加底物浓度，反应速度的增加幅度逐渐减少，最后趋于平衡，逐步接近最大反应速度。

酶在有机介质中进行催化，要考虑底物在有机溶剂和必需水层中的分配情况。疏水性强的底物虽然在有机溶剂中溶解度大，浓度高，但难于从有机溶剂中进入必需水层，与酶分子活性中心结合的底物浓度低，酶的催化反应速度也低；如果底物亲水性强，在有机溶剂中的溶解度低，也使催化速度减慢。所以应该根据底物的极性，结合有机溶剂的选择，控制好底物的浓度。

此外，有些底物在高浓度时，会对反应产生不利的影响，即产生高浓度底物对酶反应的抑制作用。要采用适宜的方法，使底物浓度持续维持在一定的浓度范围内。例如，脂肪酶在叔丁醇介质中催化苯甘氨酸甲酯的氨解反应，氨是底物之一，如果采用直接接入氨气的方法，则不但操作不方便，反应较难控制，而且过高浓度的氨对酶分子有不利影响。如果采用氨基甲酸作为氨的供体，可以使反应体系中维持较低的氨浓度，有利于催化反应的进行。

（三）有机溶剂的选择

不同的有机溶剂由于极性的不同，对酶分子的结构以及底物的分配有不同的影响，从而影响酶催化反应速度。同时还会影响酶的底物专一性、对映体选择性、区域选择性、键选择性等。

有机溶剂是影响酶在有机介质中催化的关键因素之一，在使用过程中要根据具体情况进行选择。有机溶剂的极性选择要适当，极性过强（$\lg P < 2$）的溶剂，会夺取较多的酶分子表面结合水，影响酶分子的结构，并使疏水性底物的溶解度降低，从而降低酶反应速度，在一般情况下不选用；极性过弱（$\lg P \geqslant 5$）的溶剂，虽然对酶分子必需水的夺取较少，疏水性底物在有机溶剂中的溶解度也较高，但是底物难于进入酶分子的必需水层，催化反应速度也不高。所以通常选用 $2 \leqslant \lg P \leqslant 5$ 的溶剂作为催化反应介质。

(四) 水含量的控制

有机介质中,水的含量对酶分子的空间构象和酶催化反应速度有显著影响。最适水含量与溶剂的极性有关,通常随溶剂极性的增大,最适水含量也增大;而达到最大反应速度的水活度却变化不大,都在 0.5~0.6 之间。所以水活度能够更加确切地反映水对催化反应速度的影响,在实际应用时应当控制反应体系的水活度在 0.5~0.6 的范围内。

(五) 温度控制

温度是影响酶催化作用的主要因素之一。一方面,随着温度的升高,化学反应速度加快;另一方面,酶是生物大分子,过高的温度会引起酶的变性失活。两种因素综合的结果,在某一特定的温度条件下,酶催化的反应速度达到最大,这个温度称为酶促反应的最适温度。

在微水有机介质中,由于水含量低,酶的热稳定性增强,所以其最适温度高于在水溶液中的催化的最适温度。但是温度过高,同样会使酶的催化活性降低,甚至引起酶的变性失活。因此,需要通过试验,确定有机介质中酶催化的最适温度,以提高酶催化反应速度。

要注意的是,酶与其他非酶催化剂一样,温度升高时,其立体选择性降低。这一点在有机介质的酶催化过程中显得特别重要,因为手性化合物的拆分是有机介质酶催化的主要应用领域。必须通过试验,控制适宜的反应温度,使酶催化反应在较高的反应速度以及较强的立体选择性条件下进行。

(六) pH 的控制

酶催化过程中,pH 影响酶活性中心基团和底物的解离状态,直接影响酶的催化活性。在某一特定的 pH 时酶的催化反应速度达到最大,这个 pH 称为酶催化反应的最适 pH。研究结果表明,酶在有机介质中催化的最适 pH 通常与在水溶液中催化的最适 pH 相同或接近。因为在有机介质中,与酶分子基团结合的必需水维持酶分子的空间构象,而且只有在特定的 pH 和离子强度条件下,酶的活性中心上的基团才能达到最佳的解离状态,从而保持其催化活性。

在有机介质中,酶的催化活性与酶所在缓冲溶液的 pH 和离子强度有密切关系。虽然酶分子从缓冲溶液转到有机介质时,其 pH 状态保持不变。但是在酶进行冷冻干燥过程中,pH 状态却往往有所变化。例如,Hilling 等人发现,酵母乙醇脱氢酶在磷酸缓冲液中进行冷冻干燥的过程中,pH 急剧下降,酶活性大量丧失;而在 Tris 缓冲液和甘氨酰甘氨酸缓冲液中进行,pH 没有明显变化,酶活力也比较稳定。这表明,缓冲液对冷冻干燥中 pH 和酶活力的变化有明显影响。所以,在酶冷冻干燥过程中,除了要选择好缓冲液之外,通常还要加入一定量的蔗糖、甘露醇等冷冻干燥保护剂,以减少冷冻干燥对酶活性的影响。

为了使酶分子在有机介质中具有最佳的解离状态,应当在酶液冻干之前或者在催化过程中采取某些保护措施,以免酶的催化活性受到不良影响。例如,在 α-胰蛋白酶冻干之前,于缓冲液中加入冠醚,冻干后酶在乙腈介质中催化二肽合成反应的速度比不加冠醚的提高 426 倍。脂肪酶在有机介质中催化苯甘氨酸甲酯的氨解反应时,于有机介质中添加一定量的冠醚,可以提高酶的催化速度,并对酶的对映体选择性有明显的影响。

此外,有研究表明,在有机介质中加入某些有机相缓冲液,可以对反应的 pH 进行调节控制。

第四节 有机介质中酶催化反应的应用

酶在非水介质中可以催化多种反应。通过酶的催化作用,可以生成一些具有特殊性质与功能的产物,在医药、食品、化工、功能材料、环境保护等领域具有重要的应用价值,显示出广阔的应用前景(表 8-6)。

表 8-6 酶非水相催化的应用

酶	催化反应	应用
脂肪酶	肽合成	青霉素 G 前体肽合成
	酯合成	醇与有机酸合成酯类
	转酯	各种酯类的生产
	聚合	二酯的选择性聚合
	酰基化	甘醇的酰基化
蛋白酶	肽合成	合成多肽
	酰基化	糖类酰基化
羟基化酶	氧化	甾体转化
过氧化物酶	聚合	酚类、胺类化合物的聚合
多酚氧化酶	氧化	芳香化合物的羟基化
胆固醇氧化酶	氧化	胆固醇测定
醇脱氢酶	酯化	有机硅醇的酯化

一、有机介质中酶的应用形式

(一)固定化酶

酶在大多数的有机溶剂中以固态形式存在。因此,目前最简单的也是被大多数研究者所采用的非水相酶催化的体系是将固态酶粉直接悬浮在有机溶剂中。但是冷冻干燥的酶粉在反应过程中常常会发生聚集现象,导致酶催化效率降低。酶固定化后,增大酶与底物接触的表面积,在一定程度上可以提高酶在有机溶剂中的扩散效果和热力学稳定性,调节和控制酶的活性与选择性,有利于酶的回收和连续化生产。

常用的比较简单的固定化酶方法有:多孔玻璃和硅藻土等载体吸附法、载体表面共价交联法。但用于有机相的固定化载体和固定化方法的选择与水相的有所不同,其中最重要的是应该满足酶在有机相反应所需要的最适微环境和有利于酶的分散和稳定。Tanaka 等用适当配比的具有不同亲水能力的树脂包埋脂肪酶,很好地控制了脂肪酶在有机相反应所需要的微水环境。Reslow M. 等研究了固定化载体的亲水性对固定化酶在有机相中酶活力的影响。他们首次用分配到载体上的水量与溶剂中水量之比(lgA_q)代表载体亲水性,研究了13 种载体的 lgA_q 值与这些载体的固定化酶在有机相中催化活力的相互关系,并指出低 lgA_q 值的载体有利于固定化酶在有机相中催化活力的表现。即酶活力与载体的亲水性成反向变化,载体亲水性越强,与酶争夺水的能力就越强,越不利于维持酶的微水环境,导致酶活力越低。此外,载体亲水性强,也会增加疏水性底物向固定化酶扩散的阻力,不利于固定化酶向疏水性有机溶剂中分散,使反应速率低。因此,选择载体时,除了考虑载体对酶必需水的影响、固定化酶在溶剂中的分散状况外,还应该考虑底物和溶剂的疏水性。当底物和溶剂疏水性强时,可选疏水性固定化载体;当底物和溶剂亲水性较强时,应该在保持较高酶活力的前提下,降低载体的疏水性以减小底物扩散的阻力。

曹淑桂等合成了具有双亲分子(聚乙烯亚胺)的海藻酸钙固定化载体,并用于 Expansin Penicillium 脂肪酶和猪胰脂肪酶的固定化,结果两者在有机相中催化酯合成和酯交换的活力比其未固定化的酶粉分别提高了 20 倍和 44 倍,而且原来在甘油三油酸酯与甘油间的酯交换反应中没有表现出催化活力的 Expansin Penicillium 脂肪酶经固定化后,能表现出明显的催化活力。

酶的定向固定化技术可以将酶分子表面特定区域的氨基酸直接或间接(通过某些化学试剂、空间连接臂)与载体偶联,实现酶分子活性中心背向载体,从而有效地消除对大分子底物结合的空间障碍,提高催化效率。Scouten W. 等对定向固定化方式进行了详细的研究,建立了可行的定向固定化的分析方法。

(二)化学修饰酶

酶粉虽然在非水介质中能够催化反应,但是其催化效率比水溶液中的酶低几个数量级,其中原因之一是酶一般不溶于有机溶剂。虽然有些酶能直接溶解在少数有机溶剂中,但是酶催化效率常常很低。双亲分子共价或非共价修饰酶分子表面,可以增加酶表面的疏水性,使酶均一地溶于有机溶剂,提高酶的催化效率和稳定性。

稻田佑二等用单甲氧基聚乙二醇（PEG）共价修饰了脂肪酶、过氧化氢酶、过氧化物酶等蛋白质分子表面的自由氨基，结果修饰酶能够均匀地溶于苯、氯仿等有机溶剂，并表现出较高的酶活性和酶稳定性。岗畑惠雄和居城邦治等选用二烷基型脂质，以其分子膜的形式包裹酶分子表面，制成可溶于有机溶剂的酶-脂质复合体。作为包裹酶分子表面的脂质，有中性糖脂质、阴离子型脂质和阳离子型脂质。其中，酶-中性糖脂复合体在无水苯中催化甘油三酯合成的活性比 PEG 共价修饰的脂肪酶还高，其原因可能是因为酶-脂质复合体没有 PEG 长链对底物接近酶的障碍。脂质包裹酶的制备很简单，即酶的水溶液和脂质的水乳浊液在冰冷条件下混合，并搅拌过夜，离心分离，回收沉淀物，冷冻干燥，得到白色粉末。岗畑惠雄等用脂肪酶-脂质复合体在含有高浓度底物的有机溶剂进行了醇的不对称酯合成反应，他们用同样方法还制备了可溶于异辛烷的 α-胰凝乳蛋白酶-脂质复合体，并研究了它们在有机溶剂中的底物选择性。曹淑桂等用一种带有负电荷和较长的疏水链的双亲分子，它可以使脂肪酶拆分外消旋 2-辛醇的立体选择性提高 24 倍。AOT 常被用来使酶在有机溶剂中增溶，如 AOT 可以使胰凝乳蛋白酶在异辛醇中增溶，AOT 与酶分子的物质的量比为 30∶1，这个比例远小于形成反相胶束所需的比例。因此这种形式的酶结构更接近固态酶分子在有机溶剂中的结构。这也为研究有机相中酶催化的动力学机制和酶结构与功能的关系，揭示酶在疏水环境下的作用机制提供了理想的模型。

用对环境敏感的水凝胶共价修饰酶，并通过调节修饰酶的环境，控制酶的溶解和沉淀行为，达到在反应过程中酶能进入溶液，并且能在均相条件下进行催化的目的。反应结束时，酶又能从反应体系中沉淀出来，有利于酶的回收和重复使用，这是一种兼有可溶性酶均相催化和固定化酶稳定性高、可反复使用的修饰酶。

（三）其他酶

1. 抗体酶 蛋白质工程技术和抗体酶也是改变酶在有机介质中的催化活性、稳定性和选择性的重要手段之一。如枯草芽孢杆菌蛋白酶经 6 个点定位突变（Met$_{50}$ Phe、Gly$_{169}$ Ala、Asn$_{76}$ Asp、Gln$_{206}$ Cys、Tyr$_{217}$ Lys、Asn$_{218}$ Ser）后，在二甲基甲酰胺中的稳定性提高 50 倍。Janda 用脂肪酶水解反应的底物 α-甲基苯酯（R 型或 S 型）的过渡态类似物诱导，制备了具有脂肪酶活性的两种单克隆抗体——抗体酶，抗体酶对 R 型或 S 型底物呈现明显的对映体选择性；该抗体酶固定化后，提高了它在有机溶剂中的稳定性。

为了使生物催化剂更好地应用于工业和医学，体外定向进化作为最有效的方法之一应运而生，即在体外通过随机突变或重组突变体的方法，从中筛选或选择所需要的酶的突变体。一个最有代表性的例子是来自 *Pseudomonas aeruginosa* 的细菌脂肪酶，为模型底物而进化的酶产生了 ee（手性化合物的光学纯度）大于 90% 的脂肪酶突变体，而野生型脂肪酶 ee 仅为 2%。Jaeger 比较详细地报道了通过定向进化提高酶对对映体选择性的一种新方法。

2. 印迹酶 利用酶与配体的相互作用，诱导、改变酶的构象，制备具有结合该配体及其类似物能力的新酶，这是修饰、改造酶的一种方法。我们知道，水溶性的脂肪酶在通常情况下是无活性的，其活性部位有一个盖子，当底物脂肪以脂质体的形式接近酶时，盖子打开，脂肪的一端与结合部位结合。为获得高效非水相脂肪酶，Braco 等将适当两亲性的表面活性剂与酶印迹，待表面活性剂与酶充分接触后，将酶复合物冷冻干燥，用非水溶剂洗去表面活性剂后，脂肪酶活性中心的盖子被去除，形成了活性中心开放的酶，这种酶的催化效率比非印迹酶提高了两个数量级。他们认为，酶在含有其配体的缓冲液中，肽链与配体之间的氢键等相互作用使酶的构象改变，这种新构象除去配体后在无水有机溶剂中仍可保持，并且酶通过氢键能特异地结合该配体，这种方法叫生物印迹（bio-imprinting）。Mosbach 等用该方法制备了一系列 L 型和 D 型的 N-乙酰氨基酸印迹的 α-胰凝乳蛋白酶，在环己烷中，D 型印迹酶可催化合成 N-乙酰-D-氨基酸乙酯，L 型印迹酶催化合成 N-乙酰-L-氨基酸乙酯的活力也比未印迹酶提高 3 倍左右。他们还详细地研究了印迹酶活性与有机溶剂中含水量的关系，对于 D 型印迹酶水含量在 1 mmol/L 时酶活力最高，随着水含量的增加，酶失去催化 D 型的活力，因为酶的构象又恢复到印迹前的构象。因此，只要控制好印迹酶在有机溶剂中的最适含水量，就可以用生物印迹方法调节和控制酶在有机溶剂中的催化活性和选择性。曹淑桂等分别用 6-羟基己酸乙酯和 ε-己内酯作为脂肪酶的配体，印迹了脂肪酶，印迹酶催化合成 ε-己内酯的活力是非印迹酶活力的 10 倍以上。

二、有机介质中酶催化反应的应用

（一）手性药物的拆分

1. 手性药物两种对映体的药效差异 手性（chirality）化合物是指化学组成相同，而其立体结构互为对映体的两种异构体化合物。自然界中组成生物体的基本物质，例如蛋白质、氨基酸、糖类等都属于手性化合物。目前世界上化学合成药物中的 40% 左右属于手性药物，在这些手性药物中只有 10% 左右以单一对映体药物出售，大多数仍然以外消旋体形式销售。

有不少手性药物，其两种对映体的化学组成相同，但其药理作用不同，药效也有很大差别（表8-7）。根据两种对映体之间的药理、药效差异，手性药物可以分为下述5种类型。

表8-7 手性药物两种对映体的不同药理作用

药物名称	有效对映体的构型与作用	另一种对映体的作用
普萘洛尔（Propranolol）	S构型，治疗心脏病，β受体阻断剂	R构型，钠通道阻滞剂
萘普生（Neproxen）	S构型，消炎、解热、镇痛	R构型，疗效很弱
青霉素胺（Penicillamine）	S构型，抗关节炎	R构型，突变剂
羟基苯哌嗪（Dropropizine）	S构型，镇咳	R构型，有神经毒性
反应停（Thalidomide）	S构型，镇静剂	R构型，致畸胎
酮基布洛芬（Ketoprofen）	S构型，消炎	R构型，防治牙周病
喘速宁（Trtoquinol）	S构型，扩张支气管	R构型，抑制血小板凝集
乙胺丁醇（Ethambutol）	S构型，抗结核病	R构型，致失明
萘必洛尔（Kebivolol）	右旋体，治疗高血压，β受体阻断剂	左旋体，舒张血管

①一种对映体有显著疗效，另一种对映体疗效很弱或者没有疗效。如常用的消炎解热镇痛药萘普生的两种对映体中，S-（＋）-萘普生的疗效是R-（－）-萘普生疗效的28倍。如果进行对映体拆分，单独使用S构型，则其疗效将显著提高。

②一种对映体有疗效，另一种却有不良反应。如镇咳药羟基苯哌嗪的S-（－）对映体有镇咳作用，而R-（＋）对映体却对神经系统有不良反应。镇静剂反应停的S构型有镇静作用，而R构型不但没有镇静作用，而且有致畸胎的不良反应。若要消除其不良反应，必须进行拆分，使用单一的S构型。

③两种对映体的药效相反。如5-（二甲丁基）-5-乙基巴比妥是一种常用的镇静、抗惊厥药物，其左旋体对神经系统有镇静作用，而右旋体却有兴奋作用，由于左旋体的镇静作用比右旋体的兴奋作用强得多，所以消旋体仍然表现为镇静作用。如果使用单一的左旋体，就可以显著增强其药效。

④两种对映体具有各自不同的药效。如喘速宁的S构型具有扩张支气管的功效，而R构型具有抑制血小板凝集的作用。在此情况下，必须将两种异构体分开，分别用于不同的目的。

⑤两种消旋体的作用具有互补性。如治疗心率失常的心安得，其S构型具有阻断β受体的作用，而R构型具有抑制钠离子通道的作用，所以外消旋心安德的抗心率失常作用效果比单一对映体的作用效果好。

对于上述①～④类的手性药物，两种对映体的药理、药效有很大的不同，所以有必要进行对映体的拆分。只用第⑤类，才是使用消旋体为好。可见手性药物的拆分具有重要意义和应用价值。因此，1992年，美国FDA明确要求对于具有手性特性的化学药物，都必须说明其两个对映体在体内的不同生理活性、药理作用以及药物代谢动力学情况。许多国家和地区也都制定了有关手性药物的政策和法规。这大大推动了手性药物拆分的研究和生产使用，手性药物世界销售额从1994年以来每年以20%以上的速度增长。目前提出注册申请和正在开发的手性药物中，单一对映体药物占绝大多数。

2. 酶在手性化合物拆分方面的应用 有机介质中酶催化反应在手性药物拆分的研究、开发方面，具有广阔的应用前景，其在手性化合物拆分方面的研究、开发和应用越来越广泛。

（1）环氧丙醇衍生物的拆分 2,3-环氧丙醇单一对映体的衍生物是一种多功能手性中间体。它可以用于合成β受体阻断剂、艾滋病毒（HIV）蛋白酶抑制剂、抗病毒药物等多种手性药物。其消旋体可以在有机介质中用酶法进行拆分，获得单一对映体。例如，用猪胰脂肪酶（PPL）等在有机介质体系中对2,3-环氧丙醇丁酸酯进行拆分，得到单一的对映体。

（2）芳香丙酸衍生物的拆分 2-芳基丙酸（$CH_3CHArCOOH$）是手性化合物，其单一对映体衍生物是多种治疗关节炎、风湿病的消炎镇痛药物（如布洛芬、酮基布洛芬、萘普生等）的活性成分。用脂肪酶在有机介质体系中进行消旋体的拆分，可以得到S构型的活性成分。

（3）苯甘氨酸甲酯的拆分 苯甘氨酸的单一对映体及其衍生物是半合成β-内酰胺类抗生素（如氨苄青霉素、头孢氨苄、头孢拉定等）的重要侧链。脂肪酶在有机介质中通过不对称氨解反应，可以拆分得到单一对映体。

（二）手性高分子聚合物的制备

蛋白质、核酸、多糖等生物大分子都属于手性高分子聚合物，手性对于生物体的新陈代谢有重要意义。研究表明，手性对于人工合成的高分子有机化合物的物理特性和加工特性都有明显影响，所以手性有机材料的研究开发越来越受到重视。如利用脂肪酶等水解酶在有机介质中的催化作用，可以合成多种具有手性的聚合物，用做可生物降解的高分子材料、手性物质吸附剂等。

1. 可生物降解的聚酯的合成 利用脂肪酶在甲苯、四氢呋喃、乙腈等有机介质中的催化作用，将选定的有机酸和醇的单体聚合，可以得到可生物降解的聚酯。例如，猪胰脂肪酶在甲苯介质中催化己二酸氯乙酯与2,4-戊二醇反应，聚合生成可生物降解的聚酯。

2. 糖脂的合成 糖脂是一类由糖和酯类聚合而成的有重要应用价值的可生物降解的聚合物。例如，高级脂肪酸的糖脂是一种高效无毒的表面活性剂，在医药、食品等领域广泛应用;一些糖脂,如二丙酮缩葡萄糖丁酸酯等具有抑制肿瘤细胞生长的功效。

1986年,Klibanov首次进行有机介质中酶催化合成糖脂的研究,他们利于用枯草芽孢杆菌蛋白酶在吡啶介质中将糖和酯类聚合,得到6-O-酰基葡萄糖酯。此后,采用不同的糖为羟基供体,以各种有机酸酯为酰基供体,以蛋白酶、脂肪酶等为催化剂,在有机介质中反应,获得各种糖脂。例如,蛋白酶在吡啶介质中催化蔗糖与三氯乙醇丁酸酯聚合生成糖脂。

(三)食品添加剂的生产

食品添加剂是指为改善食品品质、防腐和加工工艺需要而加入食品中的物质。食品添加剂的生产可以通过提取分离技术从天然动植物或微生物中获得,也可以通过微生物发酵、酶法转化或化学合成法生产。

利用酶在有机介质中的催化作用,可以获得人们所需的食品添加剂。

1. 利用脂肪酶或酯酶的催化作用生成所需的酯类 利用脂肪酶的作用,将甘油三酯水解生成的甘油单酯,简称为单甘酯,是一种广泛应用的食品乳化剂。

此外,还可以利用脂肪酶在有机介质中的转酯反应,将甘油三酯转化为具有特殊风味的可可脂等;利用酯酶催化小分子醇和有机酸合成具有各种香型的酯类等。

$$\begin{matrix} H_2C-COOR_1 \\ HC-COOR_2 \\ H_2C-COOR_3 \end{matrix} + H_2O \xrightarrow{\text{脂肪酶/酯酶}} \begin{matrix} H_2C-OH \\ HC-COOR_2 \\ H_2C-COOR_3 \end{matrix} + R_1COOH$$

$$\begin{matrix} H_2C-OH \\ HC-COOR_2 \\ H_2C-COOR_3 \end{matrix} + H_2O \xrightarrow{\text{脂肪酶/酯酶}} \begin{matrix} H_2C-OH \\ HC-COOR_2 \\ H_2C-OH \end{matrix} + R_3COOH$$

2. 利用嗜热菌蛋白酶生产天苯肽 天苯肽,又称阿斯巴甜,是由Asp和苯丙氨酸甲酯缩合而成的二肽甲酯,是一种用途广泛的食品添加剂。其甜味纯正,甜度为蔗糖的150~200倍,在pH 2~5的酸性范围内非常稳定。

天苯肽可以通过嗜热菌蛋白酶在有机介质中催化合成。嗜热菌蛋白酶是一株嗜热细菌产生得到的一种蛋白酶,在有机介质中催化L-Asp与L-苯丙氨酸甲酯(L-Phe-OMe)反应生成天苯肽(L-Asp-L-Phe-OMe)。

$$\text{（结构式：Z-L-Asp-L-Phe-OMe 的化学结构图）}$$

由于氨基酸都含有氨基和羧基，在合成二肽的过程中，可能会生成不同的二肽。为了确保 Asp 的 α-羧基与 Phe 的氨基缩合生成天苯肽，在反应之前，除了 Phe 的 α-羧基必须进行甲酯化以外，Asp 的 β-羧基也必须进行苯酯化，所以酶催化反应生成的产物是苯酯化天冬氨酰-苯丙氨酸甲酯（Z-L-Asp-L-Phe-OMe），在反应结束后，再经过氢化反应生成天苯肽。

在生产中通常采用外消旋化的 DL-苯丙氨酸甲酯进行反应，反应后剩下未反应的 D-苯丙氨酸甲酯可以分离出来，经过外消旋后形成 DL-苯丙氨酸甲酯以重新应用。

3. 利用芳香醛脱氢酶生产香兰素　香兰素是一种广泛应用的食品香料，可以从天然植物中提取分离得到，但是产量有限；也可以由苯酚、甲基邻苯二酚等为原料进行化学合成，但是这些化学原料有毒性。另一种途径是先通过微生物发酵得到香兰酸（3-甲氧基-4-羟基苯甲酸），再通过脱氢酶的催化作用，将香兰酸还原为香兰素（3-甲氧基-4-羟基苯甲醛）。

$$\text{香兰酸} \xrightarrow{\text{芳香醛脱氢酶}} \text{香兰素}$$

（四）生物柴油的生产

柴油是石油化工产品，由于石油属于不可再生的能源，石油资源的短缺是世界面临的危机之一，寻求新的可再生能源已经成为世界性的重大课题。

生物柴油是由动物、植物或微生物油脂与小分子醇类经过酯交换反应而得到的脂肪酸酯类物质，可以代替柴油作为柴油发动机的燃料使用。由于动物、植物或微生物油脂属于可再生资源，因此，生物柴油的生产具有重大意义。

生物柴油可以采用酸、碱催化油脂与甲醇之间的转酯反应生成脂肪酸甲酯。但在反应过程中使用过量的甲醇，使后处理过程变得较为繁杂。同时废酸（碱）会造成二次污染。在有机介质中，脂肪酶可以催化油脂与小分子醇类的酯交换反应，生成小分子的酯类混合物。

第八章 酶在有机介质中的催化作用

$$\begin{matrix} H_2C\text{—}COOR_1 \\ HC\text{—}COOR_2 \\ H_2C\text{—}COOR_3 \end{matrix} + 3R'OH \xrightarrow{\text{脂肪酶}} \begin{matrix} H_2C\text{—}OH \\ HC\text{—}OH \\ H_2C\text{—}OH \end{matrix} + R_1COOR' + R_2COOR' + R_3COOR'$$

所使用的脂肪酶或酯酶可以制成固定化酶，使转酯反应可以连续进行。

（五）酚树脂的合成

酚树脂是一种广泛应用的酚类聚合物，通常在甲醛存在条件下通过酚类物质聚合而成，可以用做黏合剂、化学定影剂等，由于在生产和使用过程中用甲醛会引起环境污染，急需寻求一种无甲醛污染的树脂。

辣根过氧化酶（HRP）在二氧六环与水混合的均一介质体系中，可以催化苯酚等酚类物质聚合，生成酚类聚合物。辣根过氧化酶催化酚类化合物与过氧化氢生成酚氧自由基。

$$2\, \underset{R}{C_6H_4}\text{—}OH + H_2O_2 \xrightarrow{HRP} 2\, \underset{R}{C_6H_4}\text{—}O\cdot + H_2O$$

生成的酚氧自由基可以聚合形成二聚体。然后通过自由基传递形成二聚体自由基，再聚合形成三聚体、四聚体。如此反复进行，使聚合物不断延长，生成高分子酚类聚合物。在环保黏合剂等的研究开发方面显示出美好的前景。

由于反应体系中含有较大量的水以及与水混溶的有机溶剂，HRP 和酚类底物都可以溶解在介质体系中，另一个底物过氧化氢通过蠕动泵滴加到反应介质中，随着反应的进行，当聚酚的分子质量达到一定大小的时候，即会沉淀出来。在此反应体系中，底物和产物的溶解度都极大地提高，使生成的聚合物分子质量比水溶液中增大几十倍，而且显著提高反应速度。

（六）导电有机聚合物的生成

有机聚合物通常是绝缘体。1977 年，Macdiarmid 制备得到碘掺杂的聚乙炔，其导电率达到了金属的水平，从而打破了有机聚合物都是绝缘体的传统观念。此后人们又相继研究出聚吡咯、聚噻吩、聚苯胺等导电聚合物，具有良好的应用前景。

辣根过氧化酶可以在与水混溶的有机介质（如丙酮、乙醇、二氧六环等）中，催化苯胺聚合生成聚苯胺。聚苯胺具有导电性能，可以用于飞行器的防雷装置，以免受到雷电的袭击；用于衣物的表面，起到抗静电的作用；用做雷达、屏幕等的微波吸收剂等。

（七）发光有机聚合物的合成

新型光学材料在激光技术、全色显示系统、光电计算机等方面都有重要应用，是当今材料科学与工程领域的研究热点之一。非线性光学材料是激光技术的物质基础之一，研究表明，有机非线性光学材料的倍频效应比无机材料高几百倍，激光响应时间比无机材料快上千倍。

在有机介质中，通过酶的催化作用聚合而成的聚酚类物质具有较高的三阶非线性光学系数，是一类具有重要应用前景的非线性光学材料。非线性光学材料在发光二极管的制造方面具有重要应用价值。全色显示是众人期待的一种显示系统，该系统需要能够发出红、黄、绿3种颜色光的发光二极管。目前国际上只有发出红光的二极管，而发黄光的二极管的亮度不能满足需要，发蓝光的二极管的研制处于起步阶段。辣根过氧化酶在有机介质中可以催化对苯基苯酚合成聚对苯基苯酚，将这种聚合物制成二极管，可以发出蓝光。虽然发出的蓝光较弱，但是已经显示出其潜力，是一种具有良好前景的蓝光发射材料。

（八）甾体转化

许多微生物和植物的细胞、组织中含有各种甾体转化的酶，如 $5-\beta$-羟基化酶、$11-\beta$-羟基化酶、17-羟基化酶等。在酶催化甾体转化过程中，由于甾体在水中的溶解度低，反应受到限制，转化率很低。而在由有机溶剂和水组成的两相系统中，可大大提高甾体转化率。例如，可的松转化为氢化可的松的酶促反应，在水-乙酸丁酯或水-乙酸乙酯组成的系统中，转化率可分别达到100%和90%。

酶的非水相催化技术的研究，不但在理论上提高了对酶催化的认识，而且在实际应用中具有重要的意义。它将有力的促进酶在有机合成方面的应用，推动酶工程的进一步发展。

复习思考题

1. 有机相中的水对酶的催化有什么作用？
2. 有机溶剂对有机相中的酶的催化有什么影响？
3. 酶的有机相催化有什么优点？
4. 影响酶的有机相催化的因素有哪些？
5. 试举例说明酶的有机相催化的应用实例。

主要参考文献

[1] 陈宁主编. 酶工程. 北京：中国轻工业出版社，2005
[2] 周晓云主编. 酶学原理与酶工程. 北京：中国轻工业出版社，2005

[3] 郭勇编著. 酶工程. 第二版. 北京：科学出版社，2004
[4] 罗贵明主编. 酶工程. 北京：化学工业出版社，2002
[5] 梅乐和，沛霖主编. 现代酶工程. 北京：化学工业出版社，2006
[6] 袁勤生，赵健主编. 酶与酶工程. 上海：华东理工大学出版社，2005
[7] 周晓露，宗敏华，姚汝华. 促进非水相酶反应的研究进展. 分子催化，2000，14（6）：452～460
[8] 李钦玲，包锦渊. 有机溶剂中的酶学研究. 陕西师范大学继续教育学报. 2005，22（1）：114～116
[9] 万敏，刘均洪. 非水介质中的酶促反应在有机合成中的应用. 化学工业与工程技术. 2005，26（2）：37～40
[10] 张娜，刘均洪. 酶在接近无水有机介质中的生物催化特性. 工业催化. 2005，13（7）：48～51
[11] Carrea G, Riva S. Properties and synthetic applications of enzymes in organic solvents. Angew. Chem. Int. Ed. 2000（39）：2 226～2 254
[12] Klibanov A M. Improving enzymes by using them in organic solvents. Nature，2001（409）：241～246
[13] Krishna S H. Development and trends in enzyme catalysis in nonconventional media. Biotechnology Advances. 2002（20）：239～267

第九章 酶反应器和酶传感器

酶和固定化酶在体外进行催化反应时，都必须在一定的反应容器中进行，以便控制酶催化反应的各种条件和催化反应的速度。用于酶进行催化反应的装置称为酶反应器。酶反应器不同于化学反应器，因为酶一般是在常温常压下发挥作用，反应时的耗能与产能也比较少。酶反应器也不同于发酵反应器，因为它不表现自催化方式，即细胞的连续再生。但是，酶反应器和其他反应器一样，都是根据它的产率和专一性来进行评价的。

酶传感器是应用固定化酶作为敏感元件的生物传感器。根据信号转换器的类型，酶传感器大致可分为酶电极、酶场效应管传感器、酶热敏电阻传感器等。

第一节 酶反应器

一、酶反应器的类型及特点

酶反应器有多种。按照结构的不同可以分为搅拌罐式反应器（stirred tank reactor，STR）、鼓泡式反应器（bubble column reactor，BCR）、填充床式反应器（packed column reactor，PCR）、流化床式反应器（fluidized bed reactor，FBR）、膜式反应器（membrane reactor，MR）等。酶反应器的操作方式可以分为分批式反应、连续式反应和流加分批式反应。有时还可以将反应器的结构和操作方式结合在一起，对酶反应器进行分类，例如连续搅拌罐式反应器（continuous stirred tank reactor，CSTR）、分批搅拌罐式反应器（batch stirred tank reactor，BSTR）等。图 9-1 为常用酶反应器的类型及操作方式。

（一）搅拌罐式反应器

搅拌罐式反应器是有搅拌装置的一种反应器，是目前较常用的反应器。它由反应罐、搅拌器和保温装置组成。搅拌罐式反应器可以用于游离酶的催化反应，也可以用于固定化酶反应。搅拌式反应器的操作方式可以根据需要采用分批式、流加式和连续式 3 种，与之对应的有分批搅拌罐式反应器（同时可以用于流加式）和连续搅拌罐式反应器。

1. 分批搅拌罐式反应器 分批搅拌罐式反应器设备简单，操作容易，酶与底物混合较均匀,传质阻力较小,反应比较完全,反应条件容易调节控制。但分批式反应器用于游离酶催化反应时,反应后产物和酶混在一起,酶难于回收利用;用于固定化酶催化反应时,酶虽然可以回收利用,但是反应器的利用率较低。

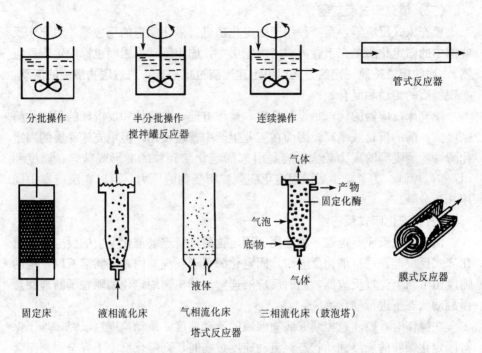

图9-1 常用酶反应器的类型及操作方式

采用分批式反应时,是将酶(或固定化酶)和底物溶液一次性加到反应器,在一定条件下反应一段时间,然后将反应液全部取出。分批搅拌罐式反应器也可以用于流加分批式反应,其装置与分批式反应的装置相同。只是在操作时,先将一部分底物加到反应器中,与酶进行反应,随着反应的进行,底物浓度逐步降低,然后再连续或分次地缓慢添加底物到反应器中进行反应,反应结束后,将反应液一次全部取出。流加分批式反应也可用于游离酶和固定化酶的催化反应。

2. 连续搅拌罐式反应器 连续搅拌罐式反应器只适用于固定化酶的催化反应。在操作时固定化酶置于罐内,底物溶液连续从进口进入,同时,反应液连续从出口流出。在反应器的出口处装上筛网或其他过滤介质,以截留固定化酶,以防止固定化酶的流失。也可以将固定化酶装在固定于搅拌轴上的多孔容器中,或者直接将酶固定于罐壁、挡板或搅拌轴上。

连续搅拌式反应器结构简单、操作简便，温度和pH容易控制，底物与固定化酶接触较好、传质阻力较低、反应器的利用效率较高，是一种常用的固定化酶反应器。但要注意控制好搅拌速度，以免由于强烈搅拌所产生的剪切力使固定化酶的结构受到破坏。

（二）填充床式反应器

填充床式反应器，是一种用于固定化酶进行催化反应的反应器。填充床反应器中的固定化酶填充于管内或塔内床层中，固定不动（因而也称固定床反应器），底物溶液按照一定的方向以恒定速度流过反应床，通过底物溶液的流动，实现物质的传递和混合。

填充床反应器的优点是设备简单，操作方便，单位体积反应床的固定化酶密度大，酶的催化效率高，因而在工业生产中普遍使用。但填充床底层的固定化酶颗粒所受到的压力较大，容易引起固定化酶颗粒的变形或破碎，温度和pH难以控制。为了减少底层固定化酶颗粒所受到的压力，可以在反应器中间用托板分隔。

（三）流化床式反应器

流化床式反应器也是一种适用于固定化酶进行连续催化反应的反应器。流化床式反应器在进行催化反应时，固定化酶置于反应器内，底物溶液以一定的速度由下而上流过反应器，同时反应液连续地排出，固定化酶颗粒不断地在悬浮翻动状态下进行催化反应。

在操作时，要注意控制好底物溶液的流动速度，流动速度过低时，难于保持固定化颗粒的悬浮翻动状态；流动速度过高时，则催化反应不完全，甚至会使固定化酶的结构受到损坏。为了保证一定的流动速度，并使催化反应更为完全，必要时，流出的反应液可以部分循环进入反应器中。

流化床式反应器具有混合均匀、传质和传热效果好、温度和pH的调节控制比较容易、不易堵塞、可适用于处理黏度高的液体或粉末状底物等特点。但是，由于固定化酶不断处于悬浮翻动状态，液体流动产生的剪切力以及固定化酶的碰撞会使固定化酶颗粒受到破坏。这要求所采用的固定化酶颗粒不应过大，同时应具有较高的强度。此外，流化床式反应器流体动力学变化较大，参数复杂，运转成本高，放大较为困难。

（四）鼓泡式反应器

鼓泡式反应器是利用从反应器底部通入的气体产生的大量气泡，在上升过程中起到提供反应底物和混合两种作用的一类反应器，也是一种无搅拌装置的反应器。鼓泡式反应器可以用于游离酶的催化反应，也可以用于固定化酶催化反应。在使用鼓泡式反应器进行固定化酶的催化反应时，反应系统中存在固、液、气三相，又称为三相流化床式反应器。

鼓泡式反应器可以用于连续反应，也可以用于分批反应。鼓泡式反应器的结构简单，操作容易，剪切力小，物质与热量的传递效率高，常用于有气体参与的酶催化反应。

（五）膜式反应器

由膜状或板状固定化酶或固定化微生物组装的反应器均称为膜式反应器（酶膜反应器），它是一种能利用膜的分离功能同时完成反应和分离过程的生化反应器。

1. 膜式反应器的分类 根据酶的存在状态，可以把酶膜反应器分为游离态和固定化酶膜反应器。游离态酶膜反应器中的酶均匀地分布于反应物相中，酶促反应在等于或接近本征动力学的状态下进行，但酶容易发生剪切失活或泡沫变性，装置性能受浓差极化和膜污染的影响显著。在固定化酶膜反应器中，酶被装填在膜上，密度较高，反应器的稳定性和生产能力大幅度增加，产品纯度和质量提高，废物生成量减少。

根据液相数目的不同，可以把酶膜反应器分为单液相和双液相酶膜反应器。单液相酶膜反应器多用于底物相对分子质量比产物大，产物和底物能够溶于同一种溶剂的场合。双液相酶膜反应器多用于酶促反应涉及两种或两种以上的底物，而底物之间或底物与产物之间的溶解行为相差很大的场合。

根据膜材料的不同，可以把酶膜反应器分为有机酶膜反应器和无机酶膜反应器。有机膜材料种类多，制作方便，成本低，但物理化学稳定性差；无机膜材料造价较高，脆性大，弹性小，但物理化学稳定性好，抗污染能力强。

根据反应与分离的耦合方式的不同，可以把酶膜反应器分为一体式酶膜反应器和循环式酶膜反应器。在一体式酶膜反应器中，系统通常包含一个搅拌罐式反应器加上一个膜分离单元。在循环式酶膜反应器中，膜既作为酶的载体，同时又构成分离单元。

根据膜组件型式的不同，可将酶膜反应器分为平板式、螺旋卷式、转盘式、空心管式和中空纤维式5种（图9-2）。

中空纤维膜反应器是目前应用较广的酶膜反应器，其由外壳和数以千计的醋酸纤维等高分子聚合物制成的中空纤维做成，中空纤维的内径为200～500 μm，外径为300～900 μm。酶结合于半透性的中空纤维上。半透膜可透过分子质量相对小的产物和底物，截留分子质量较大的酶。培养液和空气在中空纤维管内流动，底物透过中空纤维的微孔与酶分子接触，进行催化反应，小分子的反应产物再透过真空纤维微孔，进入中空纤维管，随着反应液流出反应器。中空纤维反应器结构紧凑，集反应与分离于一体，有利于连续化生产。但是经

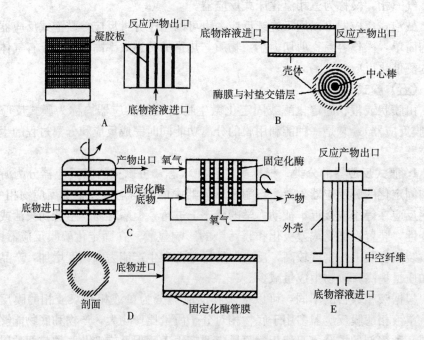

图9-2 一些酶膜反应器结构示意图
A. 立型平板式 B. 螺旋卷式 C. 转盘式 D. 空心管式 E. 中空纤维式

过较长时间使用，酶或其他杂质会被吸附在膜上，造成膜的透过性降低，而且清洗比较困难。

随着多膜反应器的应用的增多，现在以酶和底物的接触机制来对各种酶膜反应器进行分类，可分为直接接触式酶膜反应器、扩散型酶膜反应器、多相酶膜反应器。

（1）直接接触式酶膜反应器　直接接触式酶膜反应器是指酶与底物直接接触，即底物直接引入包含有酶的膜一侧。在这种反应器中，一旦将底物引入反应器中，可溶性酶就能直接与之作用。酶可以是游离的，也可以是固定化的，这类反应器又可以分为死端式膜反应器、循环式膜反应器和渗析膜反应器3类（图9-3）。

（2）扩散型酶膜反应器　扩散型膜反应器是指底物经一个简单的正相扩散步骤通过膜的微孔，达到邻近的酶所处的单元的反应器。因此，这种反应器仅仅允许低分子质量的底物通过膜。反应后，产物扩散通过膜之后与底物混合并循环。中空纤维膜反应器组件一般采用这种形式。在浓度梯度的推动下，溶质渗透通过膜，因此这类膜反应器主要用做渗析器，并且酶处于壳层外。同前述的反应器相比，这类反应器由于受扩散机理的限制，具有一些明显的缺点。在

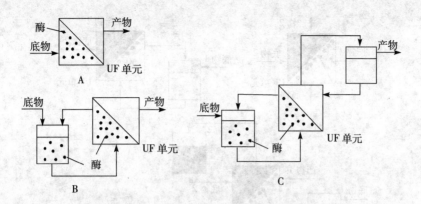

图 9-3　直接接触式酶膜反应器类型
A. 死端式膜反应器　B. 循环式膜反应器　C. 渗析膜反应器

扩散型酶膜反应器中,底物渗透通过膜的步骤是速度控制步骤。根据过程流体向邻近膜流动的轨迹,这类膜反应器又可以分为单程式、单程-循环式和双循环式 3 类(图 9-4)。

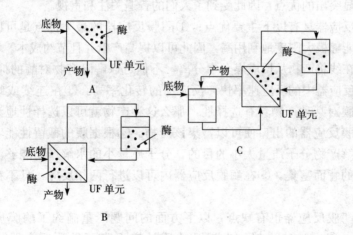

图 9-4　扩散式酶膜反应器类型
A. 单程式　B. 单程循环式　C. 双循环式

(3) 多相酶膜反应器　多相酶膜反应器是指那些能够促进酶与底物在膜界面相接触的反应器(图 9-5)。在这类反应器中,底物与产物处于不同的相中。同界面传递一样,扩散步骤为其速度控制步骤。膜常常充当用于分隔存储产物或底物的容器的两相(极性或非极性)界面支撑体。膜起到分隔两相、提供接触界面、同酶一起充当界面催化剂的作用。在实际操作中经常用到多相酶膜反应器,特别是酶需要界面活化时,其作用尤为重要。

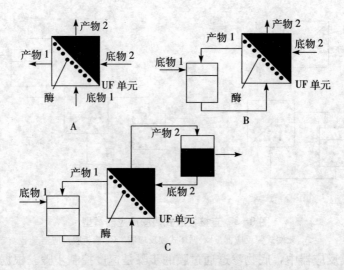

图9-5 接触式多相膜酶反应器

2. 酶膜反应器的特点 同其他传统的酶反应器相比，酶膜反应器由于具有非常明显突出的优点，因此受到了人们的普遍关注和重视。

酶膜反应器具有以下主要优点：①酶膜反应器的最大优点是可以连续操作，并且能够极大限度地利用酶，因此可以提高产量并且节约成本。②酶膜反应器能够在线将产物从反应媒介中分离，不但可以解除产物对酶的抑制作用，而且酶膜反应器中的反应速率快，反应物的转化率高。③在连续或歧化反应中，如果膜对某种产物具有选择性，那么这种产物就可以选择性地渗透通过膜，在酶膜反应器的出口便可以富集该产物。④根据膜的截留性能，可以达到控制水解产物分子质量大小的目的，分子质量小的水解产物能够渗透通过膜，在膜的背面富集。⑤在酶膜反应器内可以进行两相反应，且不存在乳化问题。

但是酶膜反应器也有缺点，以下方面的问题严重制约了酶膜反应器的推广应用：①由于催化剂的失活及传质效率下降而导致反应器的效率降低。除了酶的热失活外，酶膜反应器中酶的稳定性还要受到其他因素的影响。例如酶的泄漏导致催化活性下降，微量的酶活化剂（金属离子、辅酶等）的流失，也有可能导致酶膜反应器的效率下降。②膜的加工水平较低，膜孔分布与形态结构的均一性差。③酶膜反应器的性能受浓差极化和膜污染的严重影响。因此，在操作过程中，控制浓差极化现象的发生及膜的污染是维持稳定的渗透通量及产物量的重要条件。④容易形成凝胶层，造成酶膜反应器中严重的产物抑制。

（六）喷射式反应器

喷射式反应器是利用高压蒸汽的喷射作用，实现酶与底物的混合，进行高温短时催化反应的一种反应器，如图 9-6 所示。

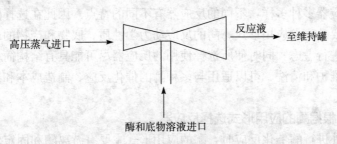

图 9-6　喷射式反应器示意图

喷射式反应器结构简单，体积小，混合均匀，由于温度高、催化反应速度快，可在短时间内完成催化反应。喷射式反应器适用于游离酶的连续催化反应，但只适用于某些耐高温酶的反应。喷射式反应器已在耐高温淀粉酶的淀粉液化反应中广泛应用。

综上所述，不同的酶反应器具有不同的特性（表 9-1）和用途，在进行酶催化反应时，要根据酶的特性、底物和产物的特性及生产要求等对酶反应器进行选择、设计和操作。

表 9-1　常用的酶反应器类型及其特点

反应器类型	适用的操作方式	适用的酶	特　　点
搅拌罐式反应器	分批式，流加分批式，连续式	游离酶，固定化酶	由反应罐、搅拌器和保温装置组成。设备简单，操作容易，酶与底物混合较均匀，传质阻力较小，反应比较完全，反应条件容易调节控制
填充床式反应器	连续式	固定化酶	设备简单，操作方便，单位体积反应床的固定化酶密度大，可以提高酶催化反应的速度。在工业生产中普遍使用
流化床式反应器	分批式，流加分批式，连续式	固定化酶	有混合均匀，传质和传热效果好，稳定，pH 的调节控制比较容易，不易堵塞，对黏度较大反应液也可进行催化反应
鼓泡式反应器	分批式，流加分批式，连续式	游离酶，固定化酶	结构简单，操作容易，混合效果好，传质、传热效率高于有气体参与的反应
膜式反应器	连续式	游离酶，固定化酶	结构紧凑，集反应与分离于连续化生产，但是容易发生浓度差引起膜孔阻塞，清洗比较困难
喷射式反应器	连续式	游离酶	通入高压喷射蒸汽，实现酶与底物的混合，进行高温短时催化反应，适用于某些耐高温酶的反应

二、酶反应器的选择

酶反应器多种多样，不同的反应器有不同的特点。因此在选择酶反应器的时候，主要从酶的应用形式、酶的反应动力学性质、底物和产物的理化性质等几个方面进行考虑。同时使所选择使用的反应器尽可能具有结构简单、操作简便、易于维护和清洗、可以适用与多种酶的催化反应、制造成本和运行成本较低等特点。

（一）根据酶的应用形式选择反应器

在体外进行酶催化反应时，酶的应用形式主要有游离酶和固定化酶。酶的应用形式不同，其所使用的反应器亦有所不同。

1. 适用于游离酶反应的反应器选择　在应用游离酶进行催化反应时，酶和底物均溶解在反应溶液中，通过互相作用，进行催化反应。可以根据以下情况选用搅拌罐式反应器、膜反应器、鼓泡式反应器或喷射式反应器等。

①游离酶催化反应最常用的反应器是搅拌罐式反应器。游离酶搅拌罐式反应器可以采用分批式操作，也可以采用流加分批式操作。对于高浓度底物对酶有抑制作用的反应，如采用流加式分批反应，可以降低或消除高浓度底物对酶的抑制作用。

②对于由气体参与的酶催化反应，通常采用鼓泡式反应器。如葡萄糖氧化酶催化葡萄糖与氧反应生成葡萄糖酸和双氧水，采用鼓泡式反应器从底部通进含氧气体，不断供给反应所需的氧，同时起到搅拌作用，使酶与底物混合均匀，提高反应效率。另一方面以通过气流带走生成的过氧化氢，以降低或者消除产物对酶的反馈抑制作用。

③对于某些价格较高的酶，由于游离酶与反应产物混在一起，为了使酶能够回收，可以采用超滤膜酶反应器。游离酶膜反应器将反应与分离组合在一起，酶在反应容器中反应后反应液导出到膜分离器中，小分子的反应产物透过超滤膜排出，大分子的酶被超滤膜截留，再循环使用。一则可以将反应液中的酶回收，循环使用，以提高酶的使用效率，降低生产成本。二则可以及时分离出反应产物，以降低或者消除产物对酶的反馈抑制作用，以提高酶催化反应速率。

④对于某些耐高温的酶，如高温淀粉酶等，可以采用喷射式反应器，进行连续式的高温短时反应。

2. 适用于固定化酶反应的反应器选择　应用固定化酶进行反应，由于酶不会或者很少流失，为了提高酶的催化效率，通常采用连续反应的操作形式。

在选择固定化酶反应器时,应根据固定化酶的形状、颗粒大小和稳定性的不等同进行选择。

固定化酶的形状主要有颗粒状、平板状、直管状、螺旋管状等,通常为颗粒状固定化酶。颗粒状的固定化酶可以采用搅拌罐式反应器、填充床式反应器、流化床式反应器、鼓泡式反应器等进行催化反应。如果颗粒易变形、易凝集或是颗粒细小,采用填充床式反应器时会产生高的压力,容易引起固定化酶颗粒的变形或破碎,容易造成阻塞现象,对大规模操作来说不易获得足够的流速。这种情况下可以采用流化床式反应器,以增大有效催化表面积。对于平板状、直管状、螺旋管状的固定化酶,一般选用膜式反应器。膜式反应器集反应和分离于一体,特别适用于小分子反应产物具有反馈抑制作用的酶反应。纤维状固定化酶适于填充床式反应器操作。

(二)根据酶反应动力学特性选择反应器

酶反应动力学是研究酶催化反应的速度及其影响因素的学科,是酶反应条件的确定及其控制的理论根据,对酶反应器的选择也有重要影响。在考虑酶反应动力学性质对反应器选择的影响方面,主要因素为酶与底物的混合程度、底物浓度对酶反应速度的影响、反应产物对酶的反馈抑制作用、酶催化作用的温度条件等。

1. 酶催化过程　酶进行催化反应时,首先酶要与底物结合,然后再进行催化。要使酶能够与底物结合,就必须保证酶分子与底物分子能够有效碰撞,必须使酶与底物在反应系统中混合均匀。在上述各种反应器中,搅拌罐式反应器、流化床式反应器均具有较好的混合效果。填充床式反应器的混合效果较差。在使用膜式反应器时,也可以采用辅助搅拌或者其他方法,以提高混合效果,防止浓差极化现象的发生。

2. 底物浓度　底物浓度的高低对酶反应速度有显著影响,在通常情况下,酶反应速度随底物浓度的增加而升高。所以,在酶催化反应过程中底物浓度都应保持在较高的水平。但是,有些酶催化反应,当底物浓度过高时,会对酶产生抑制作用,即高浓度底物的抑制作用。

对于具有高浓度底物抑制作用的游离酶,可以采用游离酶膜反应器进行催化反应;而对于具有高浓度底物抑制作用的固定化酶,可以采用连续搅拌罐式反应器、填充床式反应器、流化床式反应器、膜式反应器等进行连续催化反应。

3. 产物的反馈抑制作用　有些酶催化反应,其反应产物对酶有反馈抑制作用。对于这种情况,最好选用膜式反应器。对于具有产物反馈抑制作用的固定化酶,也可以采用填充床式反应器,由于在这种反应器中,反应溶液基本上是以层流方式流过反应器，混合程度较低，产物浓度按照梯度分布，靠近底物进口的部分，产物浓度较低，反馈抑制作用较弱，只有靠近反应液出口处，产物浓度高，才会引起较强的反馈抑制作用。

（三）根据底物或产物的理化性质选择反应器

酶的催化反应是在酶的催化作用下，将底物转化为产物的过程。在催化过程中，底物和产物的理化性质直接影响酶催化反应的速率，底物或产物的分子质量、溶解性、黏度等性质也对反应器的选择有重要影响。

底物性质分 3 种情况：溶解性物质（包括乳浊液）、颗粒物质与胶体物质。溶解性或混液性的底物适用于任何类型的酶反应器。颗粒状和胶体状底物往往会堵塞填充床，宜选用搅拌罐式反应器或流化床式反应器，而不采用填充床式反应器或膜反应器，而且要选择合适的搅拌速度或流速。

底物或产物的分子质量较大时，由于底物或产物难于透过超滤膜的膜孔，所以一般不采用膜式反应器。当反应底物为气体时，通常选择鼓泡式反应器。

（四）根据反应操作的要求选择反应器

酶催化反应具有特殊需要时，要选择能满足特殊要求的酶反应器。如许多生物化学反应必须控制温度和 pH，有的需要间歇地加入或补充反应物，有的则需要更新补充酶。当酶催化反应具有上述要求时，都可以选用搅拌罐式反应器，因为它可以不中断运转过程而连续进行。如果反应是耗氧的，需要经常供氧，则可选用鼓泡式酶反应器。

（五）根据应用的可塑性及成本选择反应器

选择酶反应器时，还要考虑其应用的可塑性，所选择的反应器应当能够适用于多种酶的催化反应，并能够满足酶催化反应所需的各种条件，生产各种产品，这样可降低成本，节约投资资金。连续搅拌罐式反应器一般来说应用的可塑性较大，而且结构比较简单，制造成本也较低。

此外，在长时间连续使用过程中，酶反应器会受到杂菌污染的威胁，由于装有酶的反应器不可能全部灭菌，因此所选择的反应器应当尽可能结构简单、易于维护和清洗。

综上所述，在选择酶反应器时没有一个简单的标准或法则，现有的各种酶反应器中没有一种是十全十美的，因此必须根据具体情况，综合各种因素来进行权衡决定。

三、酶反应器的操作

酶工程要解决的主要问题之一是如何降低酶催化反应过程的成本，充分发挥酶的催化功能，即以最少量的酶、最短的时间完成最大量的反应。要完成这个任务，除了选用高质量的酶、选择适宜的酶应用形式、选择和设计适宜的酶反应器以外，还要确定适宜的反应器操作条件并根据变化的情况进行调节。

（一）酶反应器操作条件的确定及其控制

酶反应器的操作条件主要包括温度、pH、底物浓度、酶浓度、反应液的混合与流动等。

1. 反应温度的确定与调节控制 在酶反应器的操作过程中，要根据酶反应动力学特性，确定酶催化反应的最适温度，并将反应温度控制在适宜的温度范围内，在温度发生变化时，要及时进行调节。一般酶反应器中均设计、安装有夹套、列管等换热装置，里面通进一定温度的水，通过热交换作用，保持反应温度恒定在一定的范围内。

2. pH 的确定与调节控制 在酶反应过程中，要根据酶反应动力学特性确定酶催化反应的最适 pH，并将反应液的 pH 维持在适宜的 pH 范围内。采用分批式反应器进行酶催化反应时，通常在加入酶液前，先用稀酸或稀碱将底物溶液调节到酶的最适 pH，然后加酶进行催化反应。对于在连续式反应器中进行的酶催化反应，一般将调节好的 pH 的底物溶液连续加到反应器中。有些酶催化反应前后的 pH 变化不大，如 α-淀粉酶催化淀粉水解生成糊精，在反应过程中不需进行 pH 的调节；而有些酶的底物或者产物是一种酸或碱，反应前后的 pH 的变化较大，必须在反应过程中进行必要的调节。pH 调节通常采用稀酸或稀碱进行，必要时也可采用缓冲液以维持反应液的 pH。

3. 底物浓度的确定与调节控制 底物浓度是决定酶催化反应速度的主要因素，所以要确定一个适宜的底物浓度，通常底物浓度应达到 $5\sim10\ K_m$。底物浓度过低，反应速度慢；底物浓度过高，反应液的黏度增加，有些酶还会受到高浓度底物的抑制作用。

对于分批式反应器，先将一定浓度的底物溶液引进反应器，调节好 pH，将温度调节到适宜的温度，然后加进适量的酶液进行反应。为了防止高浓度底物引起的抑制作用，可以采用逐步流加底物的方法。通过流加分批的操作方式，使反应体系中底物浓度保持在较低的水平，可以避免或减少高浓度底物的抑制作用，以提高酶催化反应的速率。

对于连续式反应器，则将配置好的一定浓度的底物溶液连续加进反应器中进行反应，反应液连续排出。酶反应器中的底物浓度保持恒定。

4. 酶浓度的确定与调节控制 酶反应动力学研究表明，在底物浓度足够高的条件下，酶催化反应速度与酶浓度成正比，提高酶浓度，可以提高催化反应的速度。然而，酶浓度的提高，必然会增加用酶的费用，所以酶浓度不是越高越好,特别是对于价格高的酶,必须综合考虑反应速度和成本,确定一个适宜的酶浓度。

5. 搅拌速度的确定与调节控制 酶进行催化反应时,酶首先要与底物结合,然后才能进行催化反应。要使酶能够与底物结合,就必须保证酶与底物混合均匀,使酶分子与底物分子能够进行有效碰撞,进而互相结合进行催化反应。

在搅拌罐式反应器和游离酶膜式反应器中,都设计安装有搅拌装置,通过适当的搅拌实现均匀的混合。为此,首先要在实验的基础上确定适宜的搅拌速度,并根据情况的变化进行搅拌速度的调节。搅拌速度过慢,会影响混合的均匀性;搅拌速度过快,则产生的剪切力会使酶的结构受到影响,尤其是会使固定化酶的结构破坏甚至破碎,从而影响催化反应的进行。

6. 流动速度的确定与调节控制 在连续式酶反应器中,底物溶液连续进入反应器,同时反应液连续排出,通过溶液的流动实现酶与底物的混合和催化。为了使催化反应高效进行,在操作过程中必须确定适宜的流动速度和流动状态,并根据变化的情况进行适当的调节控制。

在流化床式反应器的操作过程中,要控制好液体的流动速度和流动状态,以保证混合均匀,并且不会影响酶的催化。流体流动速度过慢,固定化酶颗粒不能很好漂浮翻动,甚至沉积在反应器底部,从而影响酶与底物的均匀接触和催化反应的顺利进行。流体流动速度过高或流动状态混乱,则固定化酶颗粒在反应器中激烈翻动、碰撞,会使固定化酶的结构受到破坏,甚至使酶脱落、流失。流体在流化床式反应器中的流动速度和流动状态可以通过控制进液口的流体流速和流量以及进液管的方向和排布等方法,加以调节。

填充床式反应器中,底物溶液按照一定的方向以恒定的速度流过固定化酶层,其流动速度决定酶与底物的接触时间和反应的进行程度,在反应器的直径和高度确定的情况下,流动速度越慢,酶与底物接触时间越长,反应越完全,但是生产效率越低。为此要选择好流动速度。

膜反应器在进行酶催化反应的同时,小分子的产物透过超滤膜进行分离,可以降低或者消除产物引起的反馈抑制作用。然而容易产生浓差极化而使膜孔阻塞。为此,除了以适当的速度进行搅拌以外,还可以通过控制流动速度和流动状态,使反应液混合均匀,以减少浓差极化现象的发生。

喷射式反应器反应温度高、时间短、混合好、效率高,可以通过控制蒸汽压力和喷射速度进行调节,以达到最佳的混合和催化效果。

(二)酶反应器操作的注意事项

在酶反应器的操作过程中,除了控制好各种条件以外,还必须注意以下问题。

1. 保持酶反应器的操作稳定性 在酶反应器的操作过程中，应尽量保持操作的稳定性，以避免反应条件的激烈波动。在连续式反应器的操作中，应尽量保持流速的稳定，并保持流进的底物浓度和流出的产物浓度不发生大的波动。此外，反应温度、反应液 pH 等亦应尽量保持稳定，以保持反应器恒定的生产能力。

2. 防止酶的变性失活 在酶反应器的操作过程中，应当特别注意防止酶的变性失活。引起酶变性失活的因素主要有温度、pH、重金属离子、剪切力以及底物对酶的不可逆抑制作用，还有微生物或酶的作用。

酶反应器操作时的温度是影响酶催化作用的重要因素，较高的温度可以提高酶催化反应速度，从而增加产物的产率，还可以减少微生物污染。然而酶是一种生物大分子，温度过高会加速酶的变性失活，缩短酶的半衰期和使用时间。因此，酶反应器的操作温度一般不宜过高，通常在等于或低于酶的最适温度的条件下进行。

酶反应器操作中反应液的 pH 应当严格控制在酶催化反应的适宜 pH 范围内，过高或过低都会对催化不利，甚至引起酶的变性失活。在操作过程中进行 pH 的调节时，一定要一边搅拌一边慢慢加入稀酸或稀碱溶液，以防止局部过酸或过碱而引起酶的变性失活。

重金属离子会与酶分子结合而引起酶的不可逆变性。因此，在酶反应器的操作过程中，要尽量避免重金属离子的进入，必要时可以添加适量的 EDTA 等金属螯合剂，以除去从原料或者反应器系统中带进的某些重金属离子对酶的危害。

在酶反应器的操作过程中，剪切力是引起酶变性失活的一个重要因素。所以，在搅拌式反应器的操作过程中，要防止过高的搅拌速度对酶特别是固定化酶结构的破坏；在流化床式反应器和鼓泡式反应器的操作过程中，要控制流体的流速，以防止固定化酶颗粒的过度翻动、碰撞而引起固定化酶的结构破坏。

3. 防止微生物的污染 在酶催化反应过程中，由于酶的作用底物或反应物往往只有几种，一般不具备微生物生长、繁殖的基本条件。在酶反应器进行操作时，与微生物发酵和动物、植物细胞培养所使用的反应器有所不同，不必在严格的无菌条件下进行操作。但这并不意味着酶反应器的操作过程中就不必防止微生物的污染。

不同的酶的催化反应，由于底物、产物和催化条件各不相同，在催化过程中受到微生物污染的可能性有很大差别。一些酶催化反应的底物或产物对微生物的生长、繁殖有抑制作用，例如，乙醇氧化酶催化乙醇氧化反应、青霉素酰化酶催化青霉素或头孢菌素反应等,其受微生物污染的情况较少。有些酶的催化反应温度较高,例如,α-淀粉酶、Taq DNA 聚合酶等的反应温度在50℃以上,微生物无法生长。有些酶催化的 pH 较高或较低,例如,胃蛋白酶在 pH 2 的条件下进行催化,碱性蛋白酶在 pH 9 以上催化蛋白质水解反应等,对微生物有抑制作用。在有机介质中进行的酶催化,受微生物污染的可能性很小。

而有些酶催化反应的底物或产物是微生物生长、繁殖的营养物质,例如淀粉、蛋白质、葡萄糖、氨基酸等,同时反应条件又适合微生物生长繁殖的情况下,必须十分注意,以防止微生物的污染。这不仅因为不希望介质中有微生物存在,还因为微生物会堵塞柱,会消耗底物或产物,或者产生无用甚至有害的副产物、增加分离纯化的困难,或者使固定化酶载体降解。

在酶反应器的操作过程中,防止微生物污染的主要措施有:①保证生产环境的清洁、卫生,要求符合必要的卫生条件,特别是用于食品或药物生产的酶反应器。②反应器在使用前后,都要进行清洗和适当的消毒处理。③在反应器的操作过程中,要严格管理,经常检测,避免微生物污染。④必要时,在反应液中添加适当的对酶催化反应和产品质量没有不良影响的抑制微生物生长的物质(如过氧化氢、50%甘油水溶液)处理酶反应器,以抑制微生物的生长,防止微生物的污染。

第二节 酶传感器

一、生物传感器概述

生物传感器是一类特殊的化学传感器,它是以生物活性单元(如酶、微生物、动植物组织、抗原、抗体、核酸等)作为生物敏感元件与适当的物理、化学信号换能器件组成的生物电化学分析系统。生物传感器具有特异识别分子的能力,以生物体内存在的活性物质为测量对象。基于生物特异性和多样性,从理论上讲可以制造出所有生物物质的生物传感器。生物传感器的结构一般有两个主要组成部分,其一是生物分子识别元件(感受器),是具有生物分子识别能力的核酸、有机物分子等;其二是信号转换器(换能器),主要有电化学电极(如电位、电流的测量)、光学检测元件、热敏电阻、场效应晶体管、压电石英晶体、表面等离子共振器件等。当待测物与分子识别元件特异性结合后,所产生的复合物(或光、热等)通过信号转换器转变为可以输出的电信号、光信号等,从而达到分析检测的目的(图 9-7)。

第九章 酶反应器和酶传感器

图9-7 生物传感器传感原理

生物传感器一般可以从以下3个方面来分类：根据传感器输出信号的产生方式，可分为生物亲和型生物传感器、代谢型生物传感器和催化型生物传感器；根据生物传感器中生物分子识别元件上的敏感物质可分为酶传感器、微生物传感器、组织传感器、基因传感器、免疫传感器等；根据生物传感器的信号转化器可分为电化学生物传感器、半导体生物传感器、测热型生物传感器、测光型生物传感器、测声型生物传感器等。常见生物传感器的分类如图9-8所示，其中利用酶的催化作用制成的酶传感器是问世最早、成熟度最高的一类生物传感器。

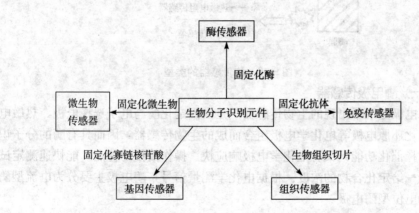

图9-8 生物传感器按生物分子大小识别元件敏感物质分类

与传统的化学传感器和离线分析技术（或质谱）相比，生物传感器具有如下特点：①多样性。基于生物反应的特异性和多样性，从理论上讲可以制成测定所有生物物质的生物传感器。②生物传感器以生物材料为分子识别元件，因此一般不需要样品的预处理，样品中被测组分的分离和检测同时完成，且测定时一般不需加入其他试剂。③由于它的体积小，可以实现连续在线监测。④响应快，样品用量少，且由于样品材料是固定化的，可以反复多次使用。

二、酶传感器的结构与工作原理

酶传感器是应用固定化酶作为敏感元件的生物传感器。根据信号转换器的类型,酶传感器大致可分为酶电极传感器、场效应管酶传感器、热敏电阻酶传感器等(图9-9)。

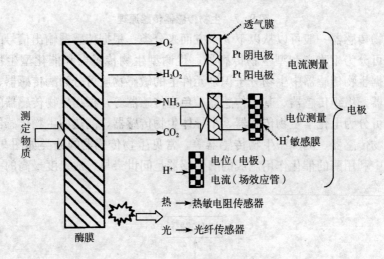

图9-9 酶传感器的类型

(一) 酶电极传感器

酶电极是最早出现的生物传感器,是由固定化酶与电子选择电极、热敏电极、氧化还原电极等电化学电极组合而成的生物传感器,因而具有酶的分子识别和选择催化功能,又有电化学电极响应快、操作简便的特点,能快速测定试液中某一给定化合物的浓度。根据电化学测量信号,酶电极主要分为电流型酶电极和电位型酶电极。

1. 电流型酶电极 电流型酶电极是指酶促反应产生的物质在电极上发生氧化或还原反应产生的电信号,在一定条件下,测得的电流信号与被测浓度成线性相关关系。其基础电极可采用氧、过氧化氢等电极,还可以采用近年开发的介体修饰的炭、铂、钯和金等基础电极。表9-2为常见的电流型酶电极。

表9-2 常见的电流型酶电极

测定对象	酶	检测电极
葡萄糖	葡萄糖氧化酶	O_2、H_2O_2
麦芽糖	淀粉酶	Pt
蔗糖	转化酶+变旋光酶+葡萄糖酶	O_2

（续）

测定对象	酶	检测电极
半乳糖	半乳糖酶	Pt
尿酸	尿酸酶	O_2
乳酸	乳酸氧化酶	O_2
胆固醇	胆固醇氧化酶	O_2、H_2O_2
L-氨基酸	L-氨基酸酶	O_2、H_2O_2、I_2
磷脂酸	磷脂酶	Pt
单胺	单胺氧化酶	O_2
苯酚	酪氨酸酶	Pt
乙醇	乙醇氧化酶	O_2
丙酮酸	丙酮酸脱氧酶	O_2

2. 电位型酶电极 电位型酶电极是将酶促反应所引起的物质量变化转变成电位信号输出，而电位信号大小与底物浓度的对数值呈线性关系。所用的基础电极有 pH 电极、气敏电极（CO_2、NH_3）等，它影响着酶电极的响应时间、检测下限等许多性能。电位型酶电极的适用范围，不仅取决于底物的溶解度，更重要的取决于基础电极的检测限，一般为 $10^{-4} \sim 10^{-2}$ mol/L，当基础电极等选择适宜时可达 $10^{-4} \sim 10^{-1}$ mol/L。各种电位型酶电极见表 9-3。

表 9-3 电位型酶电极

测定对象	酶	检测电极
尿素	脲酶	NH_3、CO_2、pH
中性酯类	蛋白质酶	pH
扁桃苷	葡萄糖苷酶	CN^-
L-精氨酸	精氨酸酶	NH_3
L-谷氨酸	谷氨酸脱氨酶	NH_4^+、CO_2
L-天冬氨酸	天冬酰胺酶	NH_4^+
L-赖氨酸	赖氨酸脱羧酶	CO_2
青霉素	青霉素酶	pH
苦杏仁苷	苦杏仁苷酶	CN^-
硝基化合物	硝基还原酶-亚硝基还原酶	NH_4^+
亚硝基化合物	亚硝基还原酶	NH_3

在酶电极传感器中，酶氧化还原活性中心与电极表面之间的电子传递起着关键性的作用。对分子质量较大的酶，由于其氧化还原活性中心被一层很厚的绝缘蛋白包围，所以酶活性中心与电极表面间的直接电子传递难以发生。各种电子传递介体的使用，使得电流型酶传感器的响应速度和检测灵敏度都得到了很大的提高。电子介体是指酶反应过程中产生的电子从酶反应中心转移到电极表面，使电极产生相应电流的分子导电体。目前，常用的电子介体为有机低分子介体和高分子介体两类。有机低分子介体主要是二茂铁及其衍生物、有机染

料、醌及其衍生物、四硫富瓦烯等；高分子介体主要包括变价过渡金属离子型和有机氧化还原型等氧化还原聚合物。高分子介体化合物通常是由低分子介体化合物与高分子链所带的活性基团进行反应固载生成的。由于高分子链间的相互缠结和交联，能够从根本上消除介体的扩

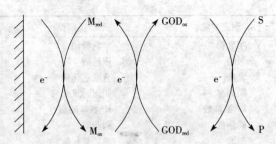

图9-10 介体酶电极的反应过程

M_{red}. 还原型介体　M_{ox}. 氧化型介体　GOD_{red}. GOD还原态
M_{ox}. GOD氧化态　S. 酶底物　P. 酶催化产物

散流失问题，保证酶传感器具有稳定的响应。图9-10是介体酶电极的反应过程示意图，在电极对葡萄糖的响应过程中，二茂铁离子作为葡萄糖氧化酶（GOD）的氧化剂，并在酶反应与电极之间迅速传递电子。

可采用化学修饰的方法将电子介体引入酶传感器中，如利用双异硫氰酸酯与酶分子共聚交替形成酶膜，然后再将带有羧基的二茂铁衍生物通过与酶分子上的氨基反应键合到酶分子上去，起电子介体的作用。这样就使酶和介体的固定量得到极大的提高。目前，高分子介体取代低分子介体应用于酶电极中，使介体型生物传感器的稳定性和抗干扰能力得到很大提高，有力推动了这类生物传感器的研究。

目前，大多数酶电极分析仪只能测定一个参数，但生物学过程受多种因素影响，在许多场合下希望能了解多种感兴趣物质的存在状态，因此多功能酶电极应运而生。多功能酶电极分为两种类型，一种是以获得综合性指标为目的，将相关的能测定不同对象的传感器组合到一个传感系统中，用数学方法处理测试数据，得出综合指标；第二种类型是用一个传感器同时测定多种参数。

（二）FET-酶传感器

场效应晶体管酶传感器（FET-酶传感器）是将固定化酶与场效应晶体管（field-effect transistor，FET）结合，在进行测量时由于酶的催化作用使待测的有机分子反应生成了场效应晶体管能够响应的离子。由于场效应晶体管栅极效应对表面电荷非常敏感，由此引起栅极的电位变化，这样就可对漏极电流进行调制，通过漏极电流的变化，获得所需信号。由于氢电子敏的FET器件最为成熟，与H^+变化有关的生化反应自然首先被用到FET-酶传感器方面，随后出现FET-免疫传感器和FET-细菌传感器。

图9-11是FET-脲酶传感器的结构示意图，其原理是利用FET检测脲酶水解尿素溶液时溶液pH发生的变化，基片是用电阻率为$3\sim 7\Omega\cdot cm$的P型

硅片。图中斜线部分是源极和漏极的扩散区，芯片顶部的源极和漏极间形成沟道。此沟道上的绝缘物形成栅极，对溶液中氢离子产生响应。沟道宽 30 μm，沟道长 1.2 mm，沟外部分有 P^+ 形成沟道截断环，防止漏极电流流通。栅极的绝缘物由 100 nm 的 SiO_2 层和在其上用 CVD 法形成 100 nm 厚的 Si_3N_4 层所形成。在源极上与漏极上焊上导线后，用树脂封装起 FET 时露出前端，用浸渍涂敷在其上形成有机薄膜，并把脲酶固定在膜表面上。由于栅极

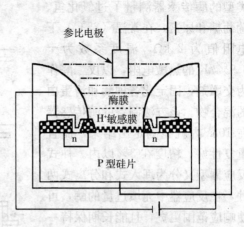

图 9-11 FET-脲酶传感器的结构

是氢离子敏的，脲酶水解尿素时膜内 pH 发生变化引起栅极的电位变化，这样可对漏极电流进行调制，漏极电流的变化就是所需信号。

基于同样原理，FET-葡萄糖、FET-青霉素、FET-L-谷氨酶传感器等也已研制成功，它们都是依据酶促反应 pH 变化，通过场效应晶体管转换成电信号进行检测。

（三）热敏电阻酶传感器

热敏电阻酶传感器由固定化酶和热敏电阻组合而成。酶反应的焓变化量在 5~100 kJ/mol 范围内，由于浓度常在毫摩每升级或更低，因此要求量热元件检测温度水平为 10^{-4}，并有 1‰ 的精密度。在各种热敏元件中，只有热敏电阻可以达到这样的要求。热敏电阻具有热容量小、响应快、稳定性好、使用方便、价格便宜的特点。用酶热敏电阻测定待测物的含量是依据酶促反应产生热量的多少来进行的，若反应体系是绝热体系，则酶促反应产生的热使体系温度升高，借测量体系的温度变化可推知待测物的含量。因此该类传感器具有广泛的适用性，其测定对象可涉及医学、环境、食品诸多方面。

热敏电阻酶传感器对酶的载体有特殊要求：①热容性小，不随温度变化而膨胀和收缩；②机械强度高，耐压性好，适合于流动装置用；③化学和生物稳定性好；④比表面积大，能有效固定生物量。目前，载体除玻璃以外，还有使用多糖类凝胶或尼龙制的毛细管等。

热敏电阻酶传感器主要有密接型和柱式反应器型两类。热敏电阻酶传感器可直接把酶固定在热敏电阻上或者将固定化物质膜装在热敏电阻上，这种密接型酶传感器具有响应快、灵敏度高、压耗小的特点。Tran-Minh 等使用这种

类型的酶传感器测量了过氧化氢、葡萄糖和尿素,在常温(25℃)下电阻值为 2 kΩ,温度系数为 -3.9%/K 的热敏电阻,以戊二醛作为交联剂,固定化各种酶和清蛋白的混合物。该方法制备的酶传感器在 10 s 内就能测定出结果,而且重复性好,精度在 3% 以内。柱式反应器型又分为埋入式和分离式两种,在反应器中充填过量的酶,可使响应范围更宽,且能长期保持一定水平生物活性。利用热敏电阻酶传感器测定温度变化的方式有简单型、差动型和分流型(图9-12)。

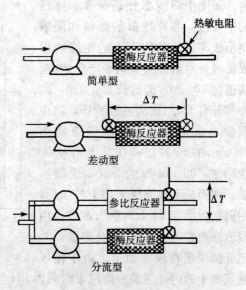

图 9-12 热敏电阻酶传感器测定酶反应温度变化的方式

热敏电阻酶传感器工作系统一般由进样装置、反应装置和检测器 3 部分组成,以双柱式反应器型为例,工作系统如图 9-13 所示。

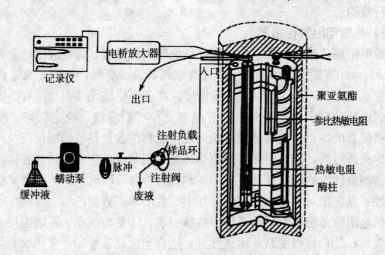

图 9-13 热敏电阻酶传感器工作系统示意图

(四)光纤光学型酶传感器

光纤光学型酶传感器是由光导纤维及其检测器与酶作为生物分子识别元件的生物传感器,工作原理如图 9-14。光导纤维简称光纤,由超纯玻璃或其他材料制成。光纤光学型酶传感器利用酶的高选择性,待测物质(相应酶的底物）从样品中扩散到生物催化层，在固定化酶的催化下生成一种待测的物质；当底物扩散速度与催化物生成速度达成平衡时，即可得到一个稳定的光信号，信号大小与底物浓度成正比。

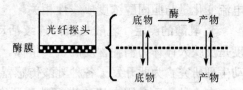

图9-14 光纤光学型酶传感器工作原理

三、酶传感器的应用

酶传感器最重要的服务对象包括临床、食品分析、发酵工业控制、环境监测等领域。例如在发酵工业的氨基酸工业、抗生素工业、酒类工业、酶制剂工业、淀粉糖工业、生物细胞培养、微生物脱硫细胞培养监控、维生素C的生产、发酵甘油的生产等。

（一）在临床生化分析上的应用

1. 葡萄糖的测定 血液葡萄糖的测定为临床生化分析的一项重要指标。在发达国家，糖尿病的成人发病率约5%，在各种血糖测定方法中，酶电极法以其准确快速和最低的测定成本而具竞争性。

葡萄糖氧化酶电极是研究最早的、最成熟的酶电极。它是由葡萄糖氧化酶膜和电化学电极组成的。当葡萄糖溶液与酶膜接触时，葡萄糖经葡萄糖氧化酶氧化生成过氧化氢和葡萄糖酸。

$$C_6H_{12}O_6 + 2H_2O + O_2 \xrightarrow{\text{葡萄糖氧化酶}} C_6H_{12}O_7 + 2H_2O_2$$

因此，依据反应中消耗的氧、生成的葡萄糖酸内酯或过氧化氢量，可用氧电极、pH电极或过氧化氢电极来测定葡萄糖的含量。pH电极主要用于测定酶促反应所产生葡萄糖酸的量来计算样品中葡萄糖的含量，最低检出限为 10^{-3} mol/L，灵敏度较低；Clark氧电极用于测定酶促反应中氧的消耗量来计算样品中葡萄糖的含量，最低检测限为 10^{-4} mol/L。

2. 胆固醇的测定 胆固醇电极是一种能够应用于临床测定血清胆固醇含量的电流型酶传感器。血液中胆固醇约有2/3以酯型存在，1/3以游离型存在，在胆固醇酯酶和胆固醇氧化酶作用下产生下列酶促反应。

$$\text{胆固醇酯} + H_2O \xrightarrow{\text{胆固醇酯酶}} \text{游离胆固醇} + RCOOH$$

$$\text{游离胆固醇} + O_2 \xrightarrow{\text{胆固醇氧化酶}} \text{胆甾烯醇} + H_2O_2$$

根据反应中氧的消耗，将胆固醇氧化酶膜和胆固醇酯酶/胆固醇氧化酶复合酶酶膜的氧电极分别置于反应池中，测定氧电流的下降值，在一定条件下，电流变化量与胆固醇浓度成线性相关。

3. 乳酸的测定　乳酸是肌肉连续活动的代谢产物,因而血液中的乳酸浓度是反映人体体力消耗程度的重要指标。乳酸的测定有利于基础代谢研究和运动生理研究,为此开发了各种乳酸传感器。

有4种酶适合用电流法进行乳酸测定:乳酸脱氢酶、细胞色素 b_2、乳酸氧化酶和乳酸单加氧酶。乳酸氧化酶的固定方法和葡萄糖氧化酶基本相同,若与氧电极结合,可以定量测定 $0.5\times10^{-4}\sim0.8\times10^{-4}$ g/mL 范围的乳酸。

4. 尿素的测定　尿素电极是一种基于水解酶体系的酶电极。临床检查上,定量分析患者的血清和体液中的尿素含量对肾功能评价是很重要的。另外,对慢性肾功能衰竭的患者的人工透析时,在确定人工透析次数和透析时间时,尿素的定量分析也是必不可少的。

尿素在脲酶作用下发生水解反应,反应式为

$$(NH_2)_2CO + H_2O \xrightarrow{脲酶} 2NH_3 + CO_2$$

产生的 NH_3 在水中进一步转化成 NH_4^+,使溶液的 pH 上升,可以选用氨敏电极、二氧化碳电极或 pH 电极作为基础电极测定尿素的含量,因此尿素电极大多数属于电位型的。常用氨敏电极,其灵敏度高,线性范围较宽。尿素电极已商业化和仪器化,用于临床全血、血清、尿液含量的测定及尿素生产线监测分析。

5. 谷氨酸丙酮酸转氨酶(GTP)的测定　血清转氨酶活力是诊断肝炎的一个重要指标,目前医院所用的方法耗时较长,不能及时取得测定数据。GTP 催化酮戊二酸和丙氨酸反应生成谷氨酸和丙酮酸,反应式为

$$\alpha\text{-酮戊二酸} + L\text{-丙氨酸} \xrightarrow{GPT} L\text{-谷氨酸} + 丙酮酸$$

生成的丙酮酸在丙酮酸氧化酶的作用下进一步反应放出二氧化碳,反应式为

$$丙酮酸 + H_3PO_4 + O_2 \xrightarrow{丙酮酸氧化酶} 乙酰磷酸 + 乙酸 + CO_2 + H_2O_2$$

GTP 传感器就是利用丙酮酸氧化酶与氧电极组成的酶电极测定反应前后的丙酮酸含量,便能达到测定 GTP 的目的。

(二)在食品与发酵工业上的应用

1. 葡萄糖酶电极在酶法生产葡萄糖工业中的应用　在双酶法生产葡萄糖的工业中,多数是采用费林热滴定法测定还原糖的量来控制生产,该方法是以还原糖(葡萄糖及其他还原性糖)的量反映葡萄糖的含量,不能准确地反映糖化过程中葡萄糖含量的变化,而且操作费时,无法准确、及时地指导生产。葡萄糖生物传感分析仪具有葡萄糖氧化酶的底物专一性、固定化酶的连续稳定性

以及电化学的快速灵敏性等特性,应用于酶法生产葡萄糖过程中,可准确、快速、方便地测出水解液中的葡萄糖含量,及时了解双酶糖生产中淀粉的水解情况,准确判断水解终点,及时终止反应,提高葡萄糖的质量及产量。

2. 用葡萄糖酶电极法测定葡萄糖淀粉酶活性的研究 葡萄糖淀粉酶可连续地从淀粉和糖原的非还原末端除去葡萄糖单元,它水解淀粉得到的产物是 β-葡萄糖,β-葡萄糖是葡萄糖氧化酶的专一性底物。糖化酶的使用和生产过程的监控中都需要进行酶活力的测定。传统的糖化酶活力测定方法是把底物可溶性淀粉和酶在特定的条件下保温后,用氧化还原滴定法或比色法测定产生的还原糖量确定葡萄糖淀粉酶的活性单位,不仅烦琐、费时,而且是把还原糖的生成量按葡萄糖量计算,样品中的非葡萄糖还原性物质对测定结果有干扰,专一性差。而用葡萄糖酶电极可以测定糖化酶的活力,以已知浓度的葡萄糖为标准,通过测定酶反应在单位时间内产生的葡萄糖量,就可计算出糖化酶的活力单位。也可利用基于葡萄糖酶电极设计的生物传感分析仪,用已知酶活力的糖化酶作标准,在仪器上直接显示酶活性单位,实现糖化酶的快速测定。

3. 氨基酸类的分析 氨基酸生产在发酵工业中占有重要地位,用于食品、保健品和医药,世界年销售额达数十亿美元。氨基酸测定常采用瓦勃呼吸法、平板生长速率法、层析法、酶法等,这些方法或操作烦琐、费时,或精密度较差,而且不能满足在线分析的要求。目前至少有 8 种氨基酸能用酶电极来测定,如谷氨酸和精氨酸。

L-氨基酸能被 L-氨基酸氧化酶(L-AAO)氧化,生成氨和过氧化氢,所以测定氧、氨或过氧化氢都可能定量测定氨基酸。如 L-谷氨酸氧化酶能氧化谷氨酸生成 α-酮戊二酸,于是便有了电流型谷氨酸氧化酶电极。还可以利用谷氨酸脱羧酶对谷氨酸脱羧,用 CO_2 电极检测产生的 CO_2 定量谷氨酸。

4. 酒精的测定 发酵液的酒精含量测定常用比重计法,操作简单,但很粗糙;气相色谱法可以分析各种醇浓度,但成本过高,技术复杂。醇脱氢酶(ADH)和醇氧化酶能分别催化醇进行下述反应。

$$R—CH_2OH + NAD^+ \xrightarrow{\text{醇脱氢酶}} NADH + R—CHO$$

$$R—CH_2OH + O_2 \xrightarrow{\text{醇氧化酶}} R—COOH$$

由于 ADH 催化的反应需要辅酶参加,因而增加了酶电极研究的困难。而用醇氧化酶与氧电极做成的酶电极性能要优越得多,Guibault 等首先用这种酶电极测定酒精,与气相色谱法仅有 2.5% 的差异。

（三）在环境监测方面的应用

有机磷杀虫剂在农业中使用量非常大，快速测定有机磷杀虫剂的方法对于其有效应用和控制十分必要。

Manty 等设计了一种基于乙酰胆碱酯酶的电流型酶电极，基本原理如下。

$$乙酰胆碱 + H_2O \xrightarrow{乙酰胆碱酯酶} 胆碱 + 乙酸$$

$$胆碱 + O_2 \xrightarrow{胆碱氧化酶} 甜菜碱 + H_2O_2$$

H_2O_2 然后在阳极被氧化，反应式为

$$H_2O_2 + O_2 \longrightarrow O_2 + 2e^- + 2H^+$$

将两种酶共固定化在可见光交联聚合物上，氨基甲酸和有机磷农药加到系统中使乙酰胆碱酯酶失活，过氧化氢产生量减少，于是根据电流的降低能定量测定有机磷农药。

复习思考题

1. 酶反应器有哪些种类？各有什么特点？
2. 操作酶反应器应该注意哪些事项？
3. 酶传感器的原理是什么？
4. 举例说明酶传感器的应用。

主要参考文献

[1] 司士辉编著．生物传感器．北京：化学工业出版社，2003
[2] 张先恩编著．生物传感器．北京：化学工业出版社，2006
[3] 陈宁主编．酶工程．北京：中国轻工业出版社，2005
[4] 周晓云主编．酶学原理与酶工程．北京：中国轻工业出版社，2005
[5] 郭勇编著．酶工程．第二版．北京：科学出版社，2004
[6] 罗贵明主编．酶工程．北京：化学工业出版社，2002
[7] 曾文渊，张洪友，武瑞．生物传感器的研究进展．黑龙江畜牧兽医．2005，(6)：72~74
[8] 梅乐和，沛霖主编．现代酶工程．北京：化学工业出版社，2006
[9] 武宝利，张国梅，高春光，双少敏．生物传感器的应用研究进展．中国生物工程杂志．2004，24 (7)：65~69
[10] 姜忠义，陈洪钫．酶膜反应器研究进展．高分子材料科学与工程．2004，20 (1)：14~17

[11] 伍林，曹淑超，易德莲等．酶生物传感器的研究进展．传感技术．2005，24（7）：4～6
[12] 朱宏吉，胡金榜，王晓静等．动态膜分离式酶反应器连续操作运行方式评价与研究．化学工程．2004，32（3）：59～62
[13] Rios G M，Belleville M P，Paolucci D，Sanchez J. Progress in enzymatic membrane reactors—a review. Journal of Membrane Science. 2004（242）：189～196

第十章 酶的应用

生物中已发现的酶有 3 000 多种，能由工业生产的酶制剂仅 50 多种，大部分是由微生物工业生产的。由于酶具有高度专一性、高催化效率、反应条件温和三大优点。因此，酶制剂有广泛的应用领域。酶的应用也是酶工程的主要内容之一。随着酶的制备技术、酶和细胞固定化技术、酶分子修饰改造技术、酶反应器技术等技术的不断成熟和发展，酶在生物技术、食品工业、动物饲料、医疗保健、环境保护和轻化工中都有很好的应用。

第一节 酶在生物技术中的应用

生物技术是一门具有悠久历史，又含有现代科学和工程的科学技术。特别是从 20 世纪 60～70 年代起由于原生质体融合技术及 DNA 重组技术的发展，更赋予生物技术以崭新的内容而被列为当前高技术的领域。生物技术是应用自然科学及工程学的原理，依靠生物作用剂的作用将物料进行加工以提供产品或为社会服务的技术。这里所谓的生物作用剂可以是酶、整体细胞或多细胞生物体，一般也称为生物催化剂。当然，现代生物技术和传统生物技术之间既有共同之处，又有很大差异和各自的特点。

一、酶在去除细胞壁方面的应用

在原生质体融合技术的应用中，Weibull 等人于 1953 年用溶菌酶溶解细胞壁获得了原生质体。因溶菌酶能水解肽聚糖单体中双糖单位的 β-1,4 糖苷键而有去壁作用。Eddy、Emerson、Bachmann 等人用蜗牛酶配合其他条件分别从酵母菌或丝状真菌中释放原生质体。通常细菌、放线菌制备原生质体采用溶菌酶；酵母和霉菌则采用蜗牛酶、纤维素酶等；在植物原生质体制备中，采用纤维素酶、果胶酶、离析酶等混合酶液。

二、酶在生物大分子切割方面的应用

在这里主要阐述在基因工程中广泛应用的限制性核酸内切酶。它像一把锋

利的手术刀,在 DNA 体外重组技术中,不但可以用它切割人们感兴趣的核酸分子获得目的基因,也可以用它来切割载体分子,从而获得合适的载体。由于它的发现和应用,才使得基因工程技术成为可能。重组 DNA 操作中使用的限制性核酸内切酶是 II 型限制性核酸内切酶,它能够识别双链 DNA 分子中的特定序列,这些特定序列多数为反向重复序列,一般长度是 4~6 bp。双链 DNA 分子经限制性核酸内切酶切割后,通常产生两类末端:黏性末端和平末端。黏性末端的连接效果要显著优于平末端。

三、酶在分子拼接方面的应用

在基因工程操作中,要把目的基因和载体拼接起来,要用 DNA 连接酶。限制性核酸内切酶切割形成的 DNA 片段,重组连接时是由 DNA 连接酶催化进行的。目前使用的 DNA 连接酶有两种,一种是大肠杆菌 DNA 连接酶,另一种是 T_4 连接酶。前者以 NAD^+ 为辅助因子,能实现黏性末端连接;而后者以 ATP 为辅助因子,除实现黏性末端连接外,还可实现平末端连接。

第二节 酶在食品工业中的应用

据统计,酶在食品工业中的应用所占比重目前约为全部酶应用的 45%(其中包括淀粉加工占 11%)。国内外大规模工业生产的 α-淀粉酶、β-淀粉酶、葡萄糖淀粉酶、葡萄糖氧化酶、葡萄糖异构酶、异淀粉酶、糖化酶、酸性蛋白酶、中性蛋白酶、碱性蛋白酶、果胶酶、脂肪酶、纤维素酶、氨基酰化酶、凝乳酶、天冬氨酸酶、磷酸二酯酶、核苷酸磷酸化酶等,大部分都在食品工业中应用(表 10-1)。

表 10-1 酶在食品工业中的应用

酶的名称	酶的来源	主要用途
α-淀粉酶	米曲霉、黑曲霉、芽孢杆菌	淀粉液化、消化剂、果汁澄清等
β-淀粉酶	米曲霉、芽孢杆菌、麦芽	淀粉加工、制麦芽糖
葡萄糖淀粉酶	根霉、曲霉、拟内孢霉	制备葡萄糖、酿造业
异淀粉酶	产气杆菌、链球菌、假单胞菌	制备麦芽糖、麦芽三糖
酸性蛋白酶	曲霉、毛霉、芽孢菌	食品加工、软化剂
中性蛋白酶	曲霉、芽孢杆菌、嗜热芽孢杆菌	食品加工、二肽甜味素
碱性蛋白酶	曲霉、芽孢杆菌、链霉菌	洗涤、肉嫩化、脱胶、制革
果胶酶	曲霉、青霉、芽孢杆菌	澄清果汁、果酒过滤
脂肪酶	根霉、曲霉、假丝酵母	制甘油、低脂肪食品
纤维素酶	木霉、曲霉、青霉	饲料、白酒、蔬菜

(续)

酶的名称	酶的来源	主要用途
氨基酰化酶	霉菌、细菌	由 DL-氨基酸生产 L-氨基酸
柚苷酶	黑曲霉	水果加工、去除橙汁苦味
天冬氨酸酶	大肠杆菌、假单胞菌	由反丁烯二酸生产天冬氨酸
磷酸二酯酶	橘青霉、米曲霉	生产食品增味剂
核苷酸磷酸化酶	酵母	生产 ATP
葡萄糖氧化酶	青霉、曲霉、醋酸杆菌	蛋品、食品加工、医学检测
葡萄糖异构酶	假单胞菌、链霉菌、节杆菌	制备果糖、饮料

酶在食品工业中的应用主要是在食品保鲜、食品生产、食品质量控制以及改善食品风味和品质等方面。

一、酶在食品保鲜中的应用

食品保鲜是食品保藏的重要研究内容，主要是如何使食品在保质期内保持良好的口感，并使营养不损失或损失不大。酶在食品保鲜方面的应用是近期的事情，主要是防止空气中的氧和微生物对食品所造成的不良影响。

（一）酶法除氧保鲜

氧气的存在可以引起某些富含油脂的食品氧化，产生感官上不良的气味和味道，并且使其营养降低，产生有害的物质。除此之外，氧化作用还会在果蔬及肉制品加工中使其变色。葡萄糖氧化酶是一种很好的除氧保鲜酶。通过此酶的作用，可以达到食品除氧保鲜的目的。具体做法是将葡萄糖氧化酶、葡萄糖与被保鲜食品一起放置于密闭容器中，密闭容器中的氧气在酶的作用下与葡萄糖反应，由此去除容器中的氧，达到食品保鲜之目的。此酶还可直接加到果蔬等含葡萄糖的罐头中，可防止罐藏食品氧化变质。

（二）酶法脱糖保鲜

蛋类制品由于蛋白中含有少量葡萄糖，会与蛋白质反应生成小黑点，并影响其溶解性，从而影响产品质量。通过葡萄糖氧化酶的作用，使产品中所含葡萄糖完全氧化，因而可以保持蛋白制品的色泽和溶解性。

（三）酶法灭菌保鲜

如前所述，溶菌酶可使细菌胞壁组分肽聚糖单体中双糖单位的 β-1,4-糖苷键水解，因而可破坏细菌的细胞壁合成，使细菌死亡。在干酪、奶油、奶粉、鲜奶、生面条、啤酒等生产中，用溶菌酶处理，可以杀灭产品中的细菌，具有防腐保鲜的效果。

二、酶在食品生产中的应用

酶在食品生产中的应用十分广泛,已有几十种酶成功地用于食品生产。

淀粉可以在各种淀粉酶的作用下,水解生成低分子质量的各种物质,主要包括糊精、环糊精、低聚糖、麦芽糖、果葡糖浆、葡萄糖等。

1. 酶法生产葡萄糖 酶法生产葡萄糖的工艺是以淀粉为原料,先经 α-淀粉酶作用使淀粉液化成分子质量较小的糊精,再通过糖化酶的催化作用,生成单糖葡萄糖。所以,α-淀粉酶亦称液化酶,它是一种淀粉内切酶,随机地从淀粉内部切断 α-1,4 糖苷键,使淀粉水解为糊精。糖化酶又称葡萄糖淀粉酶,它作用于淀粉或糊精时,从它们分子的非还原端逐个水解 α-1,4 糖苷键,生成葡萄糖。在葡萄糖的工业生产过程中,先将原料淀粉配制成淀粉浆,然后加入适量的 α-淀粉酶,控制一定条件使淀粉液化成糊精,再加入适量的糖化酶,最终生成产品葡萄糖。工艺上要求加入的 α-淀粉酶的和糖化酶都必须具有一定的纯度。否则将影响产品质量和葡萄糖的收率。

2. 酶法生产果葡糖浆 全世界的淀粉糖产量已超过 1.0×10^7 t,其中 70% 为果葡糖浆。果葡糖浆是由葡萄糖异构酶催化葡萄糖异构化生成部分果糖而得到的葡萄糖与果糖的混合糖浆。葡萄糖的甜度只有蔗糖的 70%,而果糖的甜度是蔗糖的 1.5~1.7 倍,因此当糖浆中的果糖含量达 42% 时,其甜度与蔗糖相同。由于甜度提高了,糖使用量可减少,而且人摄取果糖后血糖不易升高,同时果糖还有滋润肌肤的作用,因此很受人们的欢迎而被广泛应用于饮料等食品中。1966 年,日本首先用游离葡萄糖异构酶工业化生产果葡糖浆。1973 年后,世界各国纷纷采用固定化葡萄糖异构酶进行连续化生产。果葡糖浆生产所用原料葡萄糖,一般是由原料淀粉经上述酶法生产的葡萄糖。但要求 DE 值大于 96。将精制的葡萄糖溶液的 pH 调成 6.5~7.0,加入 0.01 mol/L $MgSO_4$,在 60~70 ℃的条件下,由葡萄糖异构酶催化生成果葡糖浆。异构化率一般为 42%~45%。Ca^{2+} 对 α-淀粉酶有保护作用,在淀粉液化时需要添加,但它对葡萄糖异构酶却有抑制作用,所以葡萄糖溶液需用层析等方法精制,以除去其中所含的 Ca^{2+}。葡萄糖转化为果糖的异构化反应是吸热反应,随着反应温度的升高,反应平衡向有利于生成果糖的方向变化。异构化反应的温度越高,平衡时混合糖液中果糖含量也越高。但当温度超过 70 ℃时葡萄糖异构酶会变性失活。所以,异构化反应温度以 60~70 ℃为宜。在此温度下,异构化反应平衡时,果糖含量可达 53.5%~56.5%。异构化完成后,混合糖液经脱色、精制、浓缩,至可溶性固形物含量为 70% 左右,即为果葡糖浆。其中果糖占

42%左右,葡萄糖占52%左右,其余6%左右为低聚糖。若将异构化后混合糖液中的葡萄糖与果糖分离,并将分离出来的葡萄糖进行酶促异构化,如此多次进行,可使更多的葡萄糖转化为果糖。由此可得到果糖含量达90%甚至更高的果葡糖浆,称为高果糖浆。

3. 酶法生产饴糖、麦芽糖　饴糖在我国已有2 000多年的生产历史,是用米饭同谷芽一起加热保温做成。据测定,发芽的谷子内含有丰富的多种淀粉酶,大米淀粉在这些酶的作用下,被水解成糊精、低聚糖、麦芽糖等。近年来国内饴糖的生产已改用碎米粉等为原料,先用微生物生产的淀粉酶液化,再加少量麦芽浆糖化,这种新工艺使麦芽用量由10%减少到1%,而且生产也可以实现机械化和管道化,大大提高了生产效率,同时也节约了粮食。酶法生产的饴糖中,麦芽糖的含量可达60%~70%,可以从中分离得到麦芽糖。

4. 酶法生产糊精、麦芽糊精和环状糊精　糊精是淀粉低程度水解的产物,被广泛用做食品增稠剂、填充剂和吸收剂。其中,DE值为10~20的糊精称为麦芽糊精。淀粉在α-淀粉酶的作用下生成糊精。控制酶反应液的DE值,可以得到含有一定麦芽糖的麦芽糊精。环状糊精是由6~12个葡萄糖单位以α-1,4糖苷键连接而成的具有环状结构的一类化合物。能选择性地吸附各种小分子物质,在饮料等食品中起到稳定、乳化、缓释、提高溶解度和分散度等作用,在食品加工中有广泛用途。其中,应用最多的是:α-环状糊精(含6个葡萄糖单位),又称环己糊精;β-环状糊精(含7个葡萄糖单位),又称环庚糊精;γ-环状糊精(含8个葡萄糖单位),又称为环辛糊精。其中,α-环状糊精的溶解度大,制备较为困难;γ-环状糊精的生成量较少;所以,目前大量生产的是β-环状糊精。β-环状糊精通常以淀粉为原料,采用环糊精葡萄糖苷转移酶作为催化剂进行生产。由于反应液中还含有未转化的淀粉和界限糊精,需要加入α-淀粉酶进行液化,然后经过脱色、过滤、浓缩、结晶、离心分离、真空干燥等工序获得β-环状糊精产品。

三、酶制剂在果汁加工中的应用

在果汁生产过程中添加酶制剂,可以在取汁这个步骤之前或之后添加。在取汁之前使用者,通常称为果浆用酶,主要目的是使果肉浆化,提高鲜果及储存果的出汁率,并使超滤更简单,更经济,还会使压榨机的清洗更容易;在取汁之后使用者,通常称为果汁用酶,它可借降低果汁黏稠度而促进澄清化,提高浓缩效率,还具有去除苦味、增加香气及香气稳定性等效果。

最常被使用于果汁中的酶是果胶酶,如Dectinex 1×L是高活力的液体果胶酶,可以单独使用或与纤维素及半纤维素酶混合使用。市面常见者属半纯化型,常混有多种酶,如含有阿拉伯聚糖酶等。这类酶的主要作用是分解果胶、纤维素等对于果汁黏稠度有极大影响的高分子碳水化合物。另一类也能降低果汁黏稠度的酶是淀粉酶,如 Fungamyl 800 L 是一种高活力真菌 α-淀粉酶,可以使苹果、梨汁中的淀粉降解,使浓缩果汁稳定,但使用淀粉酶常需事先加热果汁以便淀粉糊化,因而有造成香气丧失的副作用。柑橘类果汁及由它们发酵而制成的柑橘酒,往往存在苦味问题,苦味物质主要是果皮及囊衣中的糖苷带入,添加柚苷酶等可分解其苦味物质,是提高其食品品质的一个有效办法。例如,有人曾将果浆用酶和果汁用酶用于柰李果汁制造中,出汁率提高至78%,得到的澄清的柰李汁可浓缩至70波美度以上。有人还研究了从黑曲霉诱导产柚苷酶用于去除橘子汁及橘子酒的苦味物质的问题,获初步结果。另一个例子是梅汁,其苦味可由梅子本身核仁所含葡萄糖苷酶分解。近年来有人使用脱氧酶去除溶解在果汁中的氧气以提高储藏期果汁的香气稳定性,取得一定成果。果汁经某些酶处理后,也可能分解果汁成分,产生香气物质而提高其品质。在健康食品日益风行的今天,也有厂家添加葡萄糖氧化酶来分解糖类,制出低热量的果汁来出售。

在果汁的制造中,在添加酶以前,需先确定所要添加酶的种类,并需事先确定该酶添加的时机、添加浓度、反应温度、反应时间等变数。选用适当种类的酶,于适当时机添加,既能发挥预期作用,而又不至于发生太大不良副作用。添加浓度的确定,与成本有很大关系,较高档的酶可以考虑先施以固定化处理,以减少消耗量。反应温度的高低与处理速度的快慢以及酶存活期的长短、香气的保存情况,都有关系;反应时间则影响到处理程度及产量。原料水果本性的变异,例如 pH 的升高或降低等,可能影响到上述变数的决定。因此资料库的建立、原料性质的掌握、果汁制造过程中品质数据的及时取得及操作变数的及时修正,也都是酶在果汁生产中成功应用所不可缺少的。

四、酶在食品质量控制中的应用

酶在食品质量控制中的应用主要体现在食品质量指标的酶法检测上,例如果汁、蔬菜汁等产品质量指标的酶法检测。当然,首先对这些产品的各项理化指标要根据大量的检测数据确定一个 RSK 值。RSK 值,源自德文,其原意是标准值、变化范围和平均值3组数值。它给一个特定的果蔬汁产品以数量指标的形式,对其质量加以规定。数值符合的,是真果蔬汁,数值不符合的是假产品,由此来控制食品质量。采用酶法食品成分分析,具有快速、准确、操作简单、不污染环境等优点,但需要有专供分析用的酶试剂盒,在德国,这种试剂盒已有专门公司生产,并推广到世界各国。

五、酶在改善食品品质、风味和颜色中的应用

使食品特别是饮料改善其品质、风味和颜色是食品工业的一个重要方面。酶在这些方面大有用场。风味酶的发现和应用,使食品风味再现,风味加强和改变成为可能。从牛奶凝集得到新鲜乳块主要含酪蛋白、脂肪、碳水化合物和矿物质,这些化合物味道很淡。奶酪的风味是在成熟过程中逐渐获得的。使用不同的微生物或其酶系可使奶酪逐渐成熟,得到风味不同的奶酪;使用蛋白酶则可加速奶酪的成熟。来自米氏毛霉的脂肪酶在意大利奶酪中,由于形成短链脂肪酸而促进辣味的产生,已成为替代从小动物中提取的粗制凝乳的安全生产技术。

啤酒发酵初期酵母产生的双乙酰使啤酒有一种类似乳酪的味道。当啤酒中双乙酰含量下降到某一水平(大约 0.07 mg/L)时,则标志着啤酒的成熟。发酵早期加入 α-乙酰乳酸脱羧酶可促进双乙酰分解,缩短啤酒发酵时间并确保良好的风味。

早在 19 世纪,人们就用麦芽作为酶的来源添加在面团中,以降低面团黏度,提高发酵率。现在,工业化的焙烤用酶被制备成可自由流动的与面粉颗粒大小相同的制剂,使用也很安全,它可改善面团的韧性、体积结构,并延长货架期。可口的面包具有光亮的色泽、良好的弹性、松软的质地和芳香的口味。真菌 α-淀粉酶和糖化酶通过将其淀粉及糊精分解成葡萄糖,提供酵母发酵用养料,从而增大面包体积,改善面包的色泽,还能使面团易揉制。

在含有蔗糖的糕点、饮料等的生产过程中,添加适量的蔗糖酶,可以催化蔗糖水解生成葡萄糖和果糖。果糖具有类似蜜糖的风味,从而使产品风味大为改善,同时还可以防止蔗糖析出结晶。

在可溶性鱼蛋白水解物(如鱼饮料)的生产过程中,往往会产生苦味肽,使产品带有苦味。为了去除或减轻产品的苦味,可以添加适量的羧肽酶或者氨肽酶,催化苦味肽水解成氨基酸,从而改善鱼蛋白水解物的风味。

在酱油或豆酱的生产中,利用蛋白酶催化大豆蛋白水解,可以大大缩短生产周期,提高蛋白质的利用率。还可以生产出优质低盐酱油或无盐酱油,酱油的风味得到很好的改善。

酶法提取色素的研究目前受到很大重视。如利用纤维素酶和果胶酶处理果皮以提取色素。纤维素酶能加快水果的色素抽提和植物组织的液化过程。如红

醋栗的色素是很有价值的成分，但它位于表皮细胞中，很难与富含果汁的成分分离。色素抽提受细胞壁和质膜的难溶性所阻碍。若用纤维素酶在 60 ℃左右来改变质膜的通透性，则色素容易被抽提出来。

第三节 酶在动物饲料中的应用

据商业信息公司调查统计，1998 年世界工业酶制剂市场销售额 15.6 亿美元。饲料用酶销售额在 1994—1998 年 5 年的年平均增长率为 11%，比同期工业酶制剂总体增长率（5%）高 1 倍以上。

一、酶在农副产品和饲料加工中的应用

饲料用酶是 20 世纪 70 年代研制开发的饲料添加剂，近几年在我国开始开发并用于生产。饲料用酶是一类生物化学反应的催化剂，用蛋白酶及碳水化合物酶加工的大豆蛋白、菜子蛋白、谷类蛋白可制成小猪、小牛的母乳替代品，具有与母乳同样的功能和营养，且价格低廉。酶能有效降解饲料中的非淀粉多糖，降低食糜黏度，提高养分吸收，提高饲料利用率。猪和家禽饲料中的磷有 50%～80%以六磷酸肌醇（植酸）的形式存在。多数单胃动物体内没有可消化植酸的酶，因而会排出有害于环境的含磷粪便。全世界的牲畜每年排出的含磷粪便多达 8×10^6 t，如果饲料中添加植酸酶，一方面通过释放被结合的磷提高营养价值，另外可使排出的磷减少 30%。

二、饲料用酶的种类和来源

饲料用酶目前有 20 多种，根据酶的作用及动物体能否分泌饲料用酶可分为内源性消化酶类和外源性分解酶类两大类。

（一）内源性消化酶类

这类酶畜禽体内可以合成，能将饲料中淀粉、蛋白质、脂肪等营养物质分解成畜禽可以吸收的小分子物质。为了补充和强化这类酶的作用，需要添加内源性消化酶类，主要有淀粉酶、蛋白酶等。

1. 淀粉酶 淀粉酶是能分解淀粉糖苷键的一类酶的总称，包括 α-淀粉酶、β-淀粉酶、糖化酶、异淀粉酶等。在饲料中起主要作用的是 α-淀粉酶和糖化酶。

2. 蛋白酶 蛋白酶是能分解蛋白质肽键的一类酶的总称，有酸性、中性、

碱性之分。酸性蛋白酶的性质与动物胃蛋白酶相近，最适 pH 为 2~5，主要来源于黑曲霉、根霉和青霉。中性蛋白酶来源于芽孢杆菌、曲霉、灰色链霉菌、微白色链霉菌等，最适 pH 为 7~8。碱性蛋白酶来源于芽孢杆菌、链霉菌等，最适 pH 为 9~11。由于动物胃肠环境多呈酸性至中性，所以在饲料中使用的多为酸性蛋白酶和中性蛋白酶。

3. 脂肪酶 这类酶能将脂肪分解成脂肪酸、甘油和磷脂酸。它们主要来源于黑曲霉、根霉和酵母。

（二）外源性分解酶类

外源性分解酶类是指动物体内不能够分泌的一类酶。这类酶由于动物自身不能分泌，在内源性消化酶充足时，对进一步提高饲料的消化利用率往往起很大作用。目前常见的外源性分解酶类有下述几种。

1. 纤维素酶 纤维素酶是能够水解纤维素 β-1,4 葡萄糖苷键的酶，是 C_1 酶、C_X 酶、β-1,4 葡萄糖苷酶等几种酶的混合物。对纤维素的水解可破坏植物细胞的细胞壁，使细胞内部和纤维素组织中的淀粉颗粒充分暴露出来，从而提高饲料利用率。此类酶主要来源于黑曲霉、绿色木霉、根霉、青霉等。

2. 半纤维素酶 这类酶包括木聚糖酶、甘露聚糖酶、阿拉伯聚糖酶、聚半乳糖酶等，可将植物细胞中的半纤维素降解为五碳糖。半纤维素酶与纤维素酶具有协同作用，可破坏植物细胞壁，提高饲料利用率。半纤维素酶主要来源于黑曲霉、木霉等。

3. 果胶酶 果胶酶是一种分解果胶的酶，包括果胶脂酶（PE 酶）和聚半乳糖醛酸酶（PG 酶）。植物饲料均含果胶，它是由许多半乳糖醛酸分子通过 α-1,4 糖苷键连接成的直链状天然高分子化合物，在果胶酶的作用下可分解成乳糖醛酸及其低聚物。

4. 植酸酶 酸植酸酶是降解植酸及其盐类的酶。子实饲料及其副产品中含有大量的植酸磷（六磷酸肌醇），一般占总磷的 50%~70%。由于单胃动物消化道缺乏植酸酶，因而不能吸收利用其中的磷。微生物植酸酶可以提高单胃动物饲料磷的利用率，减少饲料中矿物磷的添加量。同时，添加外源性植酸酶还可以消除植酸的抗营养作用。微生物的植酸酶的最佳 pH 一般在 2.5~6.0 之间，通常猪和家禽胃的 pH 为 1.5~3.5，小肠前端的 pH 约为 5~7，因此，植酸酶在消化道内能够被激活，具有很强的催化作用。产植酸酶菌株主要有米曲霉、黑曲霉、酵母等。

5. β-葡聚糖酶 β-葡聚糖酶能够水解 β-葡聚糖之类大分子，与纤维素酶协同作用，将底物水解成葡萄糖及少许低聚合度的物质，可有效地降低肠道中物质的黏度，促进营养物质的吸收。

三、饲用酶制剂的种类、特性和要求

饲用酶制剂的种类分为复合酶制剂和单一酶制剂两大类。复合酶是指包含有两种或两种以上酶类的复合产品，其主要的酶种类为纤维素酶、淀粉酶、蛋白酶、β-葡聚糖酶、植酸酶等。理论和实践说明，复合酶的效果比单酶好，复合酶系的酶种比单一酶系酶种的效果好。复合酶制剂按日粮分类，又分为小麦型、大麦型和玉米-豆粕型日粮等酶制剂。按畜禽种类或生长阶段分类，则有肉鸡用、蛋鸡用、肉鸭用、蛋鸭用、仔猪用、生长肥育猪用、反刍动物用、水产用等酶制剂。

饲用酶制剂一般都是由微生物发酵生产，这种生产方式价廉物美。微生物发酵酶制剂的方式一般有两种：固体发酵法和液体发酵法。故饲用酶制剂按其生产方式不同分为液体发酵型和固体发酵型。固体发酵生产方式的优点是投资少，成本低，对环境污染少，其发酵酶活力高、酶系全，缺点是劳动强度大，不易自动化。液体发酵生产酶制剂的主要优点是劳动强度小，可自动化和大规模生产，但缺点是一次性投资大、成本高、技术要求高、产生大量废水易污染环境。目前，欧美以液体发酵为主，国内也由固体发酵法为主逐步向液体发酵转化。粉状的固体酶易吸湿结块，不易保存。一般将其制成颗粒状，颗粒大小为 500～600 μm。

四、合理使用酶饲料添加剂

酶应用于饲料，主要为补充畜禽内源酶的不足。所以，要根据具体情况合理使用酶作为饲料添加剂。

（一）复合酶制剂的配方设计

除植酸酶外，几乎所有的饲用酶制剂都是复合酶制剂。复合酶制剂和预混料一样，都存在一个配方设计合理性的问题。复合酶制剂配方设计包括两方面的含义：①对应于某种日粮、动物和生长阶段而言，复合酶制剂的各种单酶的选择和活力的设定；②日粮中复合酶制剂的合理添加剂量。复合酶制剂的配方设计要做到合理，先要有正确的理论作指导，然后要在饲养实践中受到检验，才能不断完善。

（二）注意酶制剂的耐热性能

我国工业饲料当前是以单胃动物饲料为主。目前我国大部分肉鸡饲料、部分猪饲料均采用制粒工艺。一般酶制剂在 75 ℃制粒温度时，酶活损失很小。

但我国很多饲料厂饲料制粒温度超过75 ℃，甚至达90 ℃以上。因此，我国市场对酶制剂产品的耐热性能的要求比国外要高得多。能否提高酶制剂的耐热性能，是我国饲料用酶制剂能否进一步推广的关键之一。以下因素可能影响酶制剂的耐热性能：①菌种，不同的菌种发酵生产的酶耐热性能不同；②包被技术和颗粒化生产工艺，采用合适的包被技术和改进颗粒化生产工艺可提高酶的耐热性能；③载体，酶制剂的不同载体可对酶的耐热性有影响。但不管采用什么菌种、工艺，酶制剂对高温的耐受性都有一定的限度。对待高温制粒的配合饲料产品，可采用制粒后喷洒技术。采用制粒后喷洒技术，制粒温度再高对酶的活性都不会造成影响。国外虽然制粒温度不高，现在也广泛采用制粒后喷洒技术，原因是制粒后喷洒技术除避免酶活性降低外，还避免了制粒前工艺过程中酶制剂的粉尘危害工人健康。

（三）降低植酸酶的生产成本和价格

我国植酸酶产品的酶活，仅为500 IU/g，而国外通过基因工程菌种发酵生产的植酸酶产品的酶活可达到40 000 IU/g，有的甚至可达4 000 000 IU/g以上。产品酶活大幅度的提高，必将大幅度降低植酸酶的生产成本。在当前畜禽养殖场排泄物含磷量尚未出台有关法规加以限制的情况下，只有进一步降低植酸酶的成本和价格，使之显著低于无机磷源的价格，植酸才能在我国得到大规模的推广应用。

（四）使酶活检测方法和酶制剂饲养试验方法标准化

饲用酶制剂的各种酶活力是饲用酶制剂产品性能的重要指标。统一合理的标准化检测方法可用于检测不同厂家生产的酶制剂产品的各种酶活。用户可根据酶活测定结果，对市场各种酶制剂进行横向比较和选择。合理的检测方法指检测条件应尽可能地接近畜禽体内正常的生理生化环境，如温度39～40 ℃、pH6～7等。酶制剂的优劣最后要看饲养试验对生产性能的测试结果。但目前酶制剂饲养试验尚无合理的标准化方法，造成众多的酶制剂产品性能的研究报告无可比性。由于酶制剂饲养试验测试方法不规范，测试结果不足以说明问题，消费者往往得到的只是一些误导的信息。

第四节 酶在医疗保健方面的应用

人体是一个复杂的生物反应器，代谢反应有数千种之多，而发生的每一个反应，几乎都是在酶的催化下才能进行。疾病与体内某些酶有直接或间接的关系。因此酶制剂作为药物可以治疗许多疾病，它具有疗效显著和副作用小的特点。此外，酶应用的另一个重要方面是用于各种疾病的诊断。

一、酶在疾病诊断中的应用

疾病治疗效果的好坏，在很大程度上决定于诊断的准确性。疾病诊断的方法很多，其中酶学诊断发展迅速。酶是生物催化剂，催化底物的反应具有专一性强和高效率的特点，利用某种酶制剂作为分析试剂，测定体内与疾病有关的代谢物质的浓度变化，利用该物质浓度的变化程度作为诊断某种疾病及其确定病情严重程度的重要指标。现在常用的是利用酶试剂盒来诊断某些疾病。酶学诊断疾病的方法具有准确、快捷和简便的特点，在临床诊断中已被广泛应用。

例如，利用高纯度的葡萄氧化酶制剂测定人体血清中的葡萄糖浓度（血糖浓度）。空腹血糖浓度高于 7.22～7.78 mmol/L，即为高血糖。当血糖浓度高于 8.89～10.00 mmol/L 时，即超过了肾小管的重吸收能力，即可诊断患了糖尿病。血糖浓度愈大，表示病情愈严重。

利用尿酸酶测定血液中的尿酸含量可诊断痛风病。固定化尿酸酶已在临床诊断中使用。利用胆碱酯酶或胆固醇氧化酶测定血液中胆固醇含量可诊断心血管疾病或高血压。这两种酶都经固定化后制成了酶电极使用。表 10-2 表示了一部分诊断用酶及其用途。

表 10-2 诊断用酶及其用途

酶名称	酶来源	用途
脲酶	刀豆	测定血、尿中尿素含量
尿酸酶	牛肾	测定血、尿中尿酸含量
3-磷酸甘油脱氢酶	兔肌	测定血中甘油三酯含量
肌酸激酶	兔肌	测定肌苷或肌酸含量
葡萄糖氧化酶	*Aspergillus niger*	测定血清、尿中葡萄糖含量
胆固醇氧化酶	*Norcardia erythropotis*	测血清胆固醇含量
乙醇氧化酶	*Candida boidinlii*	测定体内乙醇浓度
磷酸甘油醛脱氢酶	兔肌	测定体内 ATP 含量

诊断用酶的产品必须达到一定的纯度。粗酶制剂混杂了许多杂酶，其中有些杂酶可能影响检测结果。例如，脱氢酶制剂中不能混有 NADH 氧化酶，因为它会影响 NADH 的紫外吸收读数。表 10-3 列出少数诊断用酶的杂酶含量限度。

表 10-3　诊断用酶的纯度要求

酶　名	比活力	杂质含量限度
乳酸脱氢酶	550 IU/mg（蛋白）	PK 和醛缩酶均<0.001%谷丙转氨酶、谷草转氨酶、苹果酸脱氢酶均<0.01%
甘油激酶	85 IU/mg（蛋白）	HK 和 NADH 氧化酶均<0.01%肌激酶<0.02%醛缩酶、3-磷酸甘油醛脱氢酶均<0.01%LDH 和 TIM 均<0.01%
3-磷酸甘油脱氢酶	170 IU/mg（蛋白）	
丙酮酸激酶	200 IU/mg（蛋白）	GK<0.001%，烯醇化酶、LDH 和肌激酶均<0.01%HK、NADH 氧化酶和 ATP 酶均<0.002%

二、酶在疾病治疗中的应用

由于酶具有催化底物的高度专一性和极高效率的特点，所以酶在治疗疾病中具有治疗疾病的种类多、酶用量少、效果好的特点。下面简单介绍主要的治疗用酶（表 10-4）。

表 10-4　主要的治疗用酶

酶	来　源	用　途
淀粉酶	胰脏、麦芽、微生物	治疗消化不良、食欲不振
蛋白酶	胰脏、胃、植物、微生物	治疗消化不良、食欲不振，消炎、消肿，降压，促进创伤愈合
脂肪酶	胰脏、微生物	治疗消化不良、食欲不振
纤维素酶	霉菌	治疗消化不良、食欲不振
溶菌酶	蛋清、细菌	治疗手术性出血，消炎，止血，治疗外伤性浮肿
尿激酶	人尿	治疗心肌梗死、肺血栓、脑血栓、四肢动脉血栓等
链激酶	链球菌	治疗血栓性静脉炎、咳痰、血肿、骨折
青霉素酶	蜡状芽孢杆菌	治疗青霉素引起的变态反应
L-天冬酰胺酶	大肠杆菌	治疗白血病
超氧化物歧化酶	微生物、血液、肝脏	治疗红斑狼疮、皮炎、结肠炎、氧中毒
凝血酶	蛇、细菌、酵母	治疗各种出血
胶原酶	细菌	分解胶原，消炎，化脓，脱痂，治疗溃疡
溶纤酶	蚯蚓	溶血栓
右旋糖酐酶	微生物	预防龋齿，制造右旋糖酐用做代血浆
弹性蛋白酶	胰脏	治疗动脉硬化，降血脂
核糖核酸酶	胰脏	抗感染，去痰，治疗肝癌
L-精氨酸酶	微生物	抗癌
L-组氨酸酶	微生物	抗癌
L-蛋氨酸酶	微生物	抗癌
谷氨酰胺酶	微生物	抗癌
α-半乳糖苷酶	牛肝、人胎盘	治疗遗传缺陷病（弗勃莱症）
木瓜凝乳蛋白酶	番木瓜	治疗腰椎间盘突出，肿瘤辅助治疗

（一）蛋白酶

蛋白酶是一类能够催化蛋白质水解的酶类。蛋白酶可用于治疗多种疾病，是临床上使用最早、用途最广的治疗用酶之一。目前临床上使用的蛋白酶大部分来自动物和植物，如胰蛋白酶、胃蛋白酶、菠萝蛋白酶等。

蛋白酶可作为消化剂，用于治疗消化不良和食欲不振。使用时可与淀粉酶、脂肪酶等制成复合制剂，以增加疗效。例如，胰酶就是一种由胰蛋白酶、胰脂肪酶和胰淀粉酶等组成的复合酶制剂。作为消化剂使用时，蛋白酶一般制成片剂，以口服方式给药。

由金霉素链球菌 K1 株生产的数种蛋白酶混合物，含有中性蛋白酶、碱性蛋白酶、氨肽酶、羧肽酶等，可用于手术后和外伤的消炎，效果甚佳，还可以治疗副鼻腔炎、咳痰困难等。蛋白酶之所以有消炎作用，是因为它能分解一些蛋白质和多肽，使炎症部位的坏死组织溶解，增加组织通透性，抑制浮肿，促进病灶附近组织积液的排出并抑制肉芽的形成。给药方式可以口服、局部外敷、肌肉注射等。

东菱克栓酶的主要成分是巴曲酶。后者为巴西蝮蛇毒液中的一种成分。但是，东菱克栓酶已是通过基因工程合成的、单一成分的丝氨酸蛋白酶制剂，是由 231 个氨基酸组成的多肽，相对分子质量为 26 000。近年的临床应用和研究证实，其具有以下生理作用：减少内皮素生成，从而减轻血管收缩所致的血管内皮损伤；通过增加血管壁 L-精氨酸的转运和激活一氧化氮合成酶，使一氧化氮生成增加，从而扩张血管，抑制平滑肌细胞增殖，抑制血小板聚集；增加纤溶酶原激活物的释放，分解血液中的纤维蛋白原，从而降低血黏度和血管阻力，以改善微循环。近年来，随着临床对该药物的大量应用，人们对其作用和机理有了越来越深入的了解。

（二）溶菌酶

溶菌酶是一种应用广泛的治疗用酶，它具有抗菌、消炎、镇痛等作用，用于治疗手术性出血、咯血、鼻出血、外伤性浮肿，增强放射线治疗的效果等。

溶菌酶作用于细菌的细胞壁，可使病原菌、腐败性细菌等因其胞壁溶解而死亡，而且它对抗生素有耐药性的细菌同样可起溶菌作用，因而具有疗效显著而副作用小的特点，是一种较为理想的治疗用酶。溶菌酶与抗生素联合使用，可显著提高抗生素的疗效。

溶菌酶可以与带负电荷的病毒蛋白、脱辅基蛋白、DNA、RNA 等形成复合物，所以还具有抗病毒作用，被用于带状疱疹、腮腺炎、水痘、肝炎、流感等病毒引起的疾病治疗。

(三) 超氧化物歧化酶

超氧化物歧化酶（SOD）催化超氧负离子（O_2^-）进行氧化还原反应，生成氧和双氧水，使肌体免遭 O_2^- 的损害。因此，SOD 具有抗辐射作用，并对红斑狼疮、皮炎、结肠炎及氧中毒等疾病有显著疗效。SOD 可以通过注射、口服、外涂等方式给药。不管是何种给药方式，SOD 均未发现有明显的副作用，抗原性也很低。所以，SOD 是一种多功效低毒性的药用酶。SOD 的主要缺点是它在体内的稳定性差，在血浆中半衰期只有 6~10 min。通过酶分子修饰作用可大大增强其稳定性，增大其临床使用效果。

(四) L-天冬酰胺酶

L-天冬酰胺酶是第一种用于治疗癌症的酶，特别是对治疗白血病有显著疗效。L-天冬酰胺酶催化天冬酰胺水解生成 L-天冬氨酸和氨。

当 L-天冬酰胺酶注射进入人体后，人体的正常细胞内由于有天冬酰胺合成酶，可以催化在天冬氨酸的 β-羧基上转移一个谷氨酰胺的酰胺基而成。这样使其蛋白质合成不受影响。而对于缺乏天冬酰胺合成酶的癌细胞来说，由于细胞本身不能合成 L-天冬酰胺，外来的天冬酰胺又被 L-天冬酰胺酶分解掉，因此癌细胞由于缺乏天冬酰胺而蛋白质合成受阻，从而导致癌细胞死亡。

注射天冬酰胺酶时，可能出现过敏反应，偶尔还会出现过敏性休克。但停药后，这些不良反应会消失。故此，在注射该酶之前，应做皮下试验。在一般情况下，注射该酶可能出现发热、恶心、呕吐、体重下降等不良反应。但比起可怕的白血病来，这些不良反应只是轻微的痛苦，在未找到其他更好的治疗方法之前，此方法是可以接受的。

(五) 尿激酶

尿激酶具有溶解血纤维蛋白及溶解血栓的活性，也可用于溶解血块。日本和美国等国家已经广泛应用该酶。尿激酶是从人尿中提取的，存在于人尿中的尿激酶比微生物来源的尿激酶的使用安全性高。应用细胞培养方法，可以从培养的肾脏细胞得到大量的尿激酶。另外，有人从人类的肝细胞培养物中也得到了尿激酶。点滴注射尿激酶可治疗脑血栓、心肌梗死、肺血栓、末梢动静脉闭塞症、眼内出血等疾病。日本已应用基因工程技术生产出了治疗用尿激酶和尿激酶原。基因工程技术的应用使酶的生产成本大大降低。

(六) 其他治疗用酶

细胞色素 c 氧化酶是生物体内细胞呼吸的重要酶。在电子传递和产能反应中起作用。该酶的获得最初是从酵母抽提液中，现在可从哺乳动物牛或猪心脏中得到。该酶用于治疗脑出血、脑软化症、脑血管障碍、窄心症、心肌梗死、头部外伤后遗症、一氧化碳中毒症、安眠药中毒症等。

近年来，利用基因工程技术开发治疗用酶制剂，已取得可喜成果。1994年，美国 FDA 认真对待 Genzyme 公司利用基因工程方法生产的葡萄糖脑苷酯酶。该酶可治疗葡萄糖脑苷酯酶缺乏症。之前该酶是从人的肝脏获得，来源困难，售价很高，很多患者承担不起治疗费用。1998 年新的基因工程药物葡萄糖脑苷酯酶的上市，大大促进了对该疾病的治疗。

治疗囊泡性肺纤维病药物是美国 Genentech 公司开发的 DNA 分解酶 Pulmozyme，在欧美、新西兰、阿根廷等国，该酶作为药物已有出售。它可以去除呼吸道分泌物，达到去痰的作用，解决了囊泡性肺纤维病患者呼吸困难的问题。该药对吸烟引起的慢性支气管炎的临床治疗效果已引起人们的注意。

由于大气臭氧层的破坏，紫外线照射强度增强，长时间的日光照射会导致皮肤癌和鳞状细胞癌。这种病已为美国耶鲁大学医学院证明为 p53 基因突变所引起。因而能使发生变化的 DNA 分子恢复正常的 DNA 内切酶备受关注。美国 Applied Genetics 公司等应用基因工程技术生产了一类特殊的 DNA 内切酶，用脂质体使之胶囊化后可以用来治疗导致皮肤癌的色素性干皮症。

随着对疾病病因的深入解析，将会产生新的酶类药物。基因工程技术的应用使酶的生产成本降低，但是在精制的酶制剂中，含有病毒及其他病原体的可能性还不能排除。因此在使这类药物时还需做认真的安全检查。

三、酶在制药中的应用

酶在药物制造方面的应用是利用酶的催化作用将药物前体物质转化为药物。这方面的应用不断增多。已有不少药物（包括一些贵重药物）都可以用酶法生产。表 10-5 列举了一些酶法生产药物的例子。

表 10-5 酶法生产药物

酶	主要来源	用途
青霉素酰化酶	微生物	制造半合成青霉素和头孢霉素
11-β-羟化酶	霉菌	制造氢化可的松
L-酪氨酸转氨酶	细菌	制造多巴
β-酪氨酸酶	植物	制造多巴
α-甘露糖苷酶	链霉菌	制造高效链霉素
核苷磷酸化酶	微生物	生产阿拉伯糖腺嘌呤核苷
核糖核酸酶	微生物	生产核苷酸类物质
多核苷酸磷酸化酶	微生物	生产聚肌苷酸、聚胞苷酸

(续)

酶	主要来源	用　途
蛋白酶和羧肽酶	动物、微生物	将猪胰岛素转化为人胰岛素
蛋白酶	动物、植物、微生物	生产各种氨基酸和蛋白质水解液
β-葡萄糖苷酶	黑曲霉等	生产人参皂苷-Rh_2
5′-磷酸二酯酶	橘青霉等	生产各种核苷酸

（一）青霉素酰化酶

自从1928年弗莱明发现青霉素以来，医学临床应用抗生素已有60多年历史，由于抗生素的应用，使千百万患者的生命得以拯救。但是，长期大量使用抗生素造成细菌产生了耐药性，使天然青霉素的疗效下降。改造青霉素的原有结构，可解决细菌耐药性的问题。青霉素酰化酶是在半合成抗生素的生产上有重要作用的一种酶。它既可以催化青霉素或头孢霉素水解生成6-氨基青霉烷酸（6-APA）或7-氨基头孢霉烷酸（7-ACA），又可催化酰基化反应。由6-APA合成新型青霉素或由7-ACA合成新型头孢霉素。

青霉素和头孢霉素同属β-内酰胺抗生素，被认为是最有发展前途的抗生素。该类抗生素可以通过青霉素酰化酶的作用，改变其侧链基团而获得具有新的抗菌特性及有抗β-内酰胺酶能力的新型抗生素。工业上已用固定化酶生产。

不同来源的青霉素酰化酶对温度和pH的要求不同。同一来源的青霉素酰化酶在催化水解反应和催化合成反应时所要求的条件各不相同，尤其是pH条件相差较大，因此操作时要控制好条件。

（二）β-酪氨酸酶

左旋多巴是治疗帕金森病的有效药物，同时还可用于治疗腿多动综合征、肝昏迷、一氧化碳中毒、锰中毒、精神病、心力衰竭、溃疡病、脱毛症等，并具有调节人的性功能和抗衰老等功能，是一种在医药卫生、保健美容等诸方面具有显著功效的氨基酸衍生物。人们可利用β-酪氨酸酶将L-酪氨酸转化为L-多巴。L-多巴继续被β-酪氨酸酶转化可生成多巴醌。在酶转化L-酪氨酸反应起始时加入抗坏血酸，L-多巴将成为最终产物，而不被酶继续转化为多巴醌。利用β-酪氨酸酶还可以合成黑色素，用来治疗某些与黑色素缺乏有关的神经系统疾病，如着色性干皮病、老年痴呆症等。

（三）核苷磷酸化酶

核苷中的核糖被阿拉伯糖取代后形成阿糖苷。阿糖苷具有抗癌和抗病毒的作用，是很好的抗癌与抗病毒药物。在所有阿糖苷中，阿糖腺苷（阿拉伯糖腺嘌呤核苷）疗效显著。阿糖腺苷可由嘌呤核苷磷酸化酶催化阿糖尿苷转化而成。由阿糖尿苷生成阿糖腺苷的反应分两步完成，首先阿糖尿苷在尿苷磷酸化酶的作用下生成 1-磷酸阿拉伯糖和尿嘧啶；然后 1-磷酸阿拉伯糖再在嘌呤核苷磷酸化酶的作用下生成阿糖腺苷。

（四）无色杆菌蛋白酶

人胰岛素与猪胰岛素只在 B 链第 30 位的氨基酸不同。无色杆菌蛋白酶可特异性地催化胰岛素 B 链羧基末端（第 30 位）上的氨基酸置换反应，由猪胰岛素 Ala_{30} 转变为人胰岛素 Thr_{30}，以增加疗效。具体过程为：在无色杆菌蛋白酶作用下，猪胰岛素 Ala_{30} 被水解掉，同一酶又能催化去 Ala 的猪胰岛素与苏氨酸丁酯的偶联反应，生成带苏氨酸丁酯的去 Ala 猪胰岛素。然后用三氟乙酸和苯甲醚除去丁醇，即得人胰岛素。

第五节 酶在环境保护中的应用

人与自然之间的关系是人类生存与发展的最基本的关系之一。人类赖以生存的环境由于受到各方面因素的影响，正在不断恶化，已经成为举世瞩目的重大问题。酶在环境保护中的应用包括在环境监测中的应用、在废水处理中的应用以及在可生物降解材料开发的应用等几个方面。

一、酶在环境监测中的应用

环境保护重在预防，只有从源头阻断污染源才会从根本上解决问题。因此环境监测是环境保护的一个重要而又必需的手段。酶在这方面作用突出。

早在 20 世纪 50 年代末，Weiss 等用鱼脑乙酰胆碱酯酶活力受抑制的程度来监测水中极低浓度的有机磷农药。因为这些有机磷化合物能强烈抑制含有丝氨酸残基的乙酰胆碱酯酶的酶活性中心的活性。

20 世纪 80 年代初杨瑞等以四大家鱼的血清乳酸脱氢（SLDH）同工酶谱带及活力成功地检测了农药厂废物污染的危害情况，如低剂量 Cd、Pb 可使 SLDH 同工酶中的 $SLDH_5$ 活性升高，低剂量的汞使 $SLDH_1$ 活性升高，低剂量的铜使 $SLDH_4$ 活性降低。

新近的研究发现，以蛋白磷酸酶活力来检测微囊藻毒素量，最低检出限量可达 0.01 mg/L，灵敏度极高；可用来监测水体的富营养化。

利用固定化酶技术将某种酶固定化后可以检测有机磷、有机氯农药和其他痕量的环境污染物，具有灵敏度高、性能稳定、可连续测定等优点。例如，利用固定化的胆碱酯酶，能够检测空气或水中的微量酶抑制剂（如有机磷农药），灵敏度可达 0.1 mg/L。由淀粉凝胶-胆碱酯酶和尼龙管-胆碱酯酶组成的毒物警报器已经投入实际应用。由固定化酶和电位滴定法或连续的荧光测定法相结合,可以用来测定空气和水中可能存在的有机磷杀虫剂的毒害。固定化硫氰酸酶可用于检测氰化物的存在。

酶传感器在环境监测中也已取得诱人的成就,并将继续扩大其应用范围。已发表的酶传感器已有多种,如利用多酚氧化酶制成的固定化酶柱,将其与氧电极检测器结合,可以检测水中痕量的酚。将亚硝酸还原酶膜与氧电极偶联,可成功地用来静态测定水中亚硝酸盐浓度。

近年来,日本、英国、美国等都在研究通过 β-葡聚糖苷酸酶监测饮用水和食品是否遭受大肠杆菌污染。做法是以 4-甲基香豆素基-β-D-葡聚糖苷酸为荧光底物掺入到选择性培养基中,样品液中如有大肠杆菌,此培养基中的 4-甲基香豆素基-β-D-葡聚糖苷酸将被分解产生甲基香豆素,甲基香豆素在紫外光中发出荧光,由此可以监测被检样是否被大肠杆菌污染。

二、酶在废水处理中的应用

水与人类的生活息息相关,没有干净的可供利用的水,人类将难以生存和发展,因此在全球范围内的水污染与治理问题是人类最关心的环保问题之一。

早在 20 世纪 70 年代,固定化酶就已被用于水和空气的净化。在这期间,法国工业研究所积极开展利用固定化酶处理工业废水的研究,将能处理废水的酶制成固定化酶,其形式有酶布、酶片、酶粒、酶柱等。处理静止废水时,可以直接用酶布或酶片。处理流动废水时,可以根据废水所含的污物种类和数量,确定玻璃酶柱或塑料酶柱的高度和内径。根据所处理的物质不同,选用不同的固定化酶。也可以装成多酶酶柱,以弥补单一酶的局限性。例如,可以将分解氰化物的固定化酶和除去酚类物质的固定化酶同时装入一个柱内,既能除去氰化物,又能除去酚类物质。如果某些酶不能并存,就各自单独装柱。

在造纸和纸浆工业的污染处理上,应用酶法也是很有效的。造纸工序之一是纸浆漂白,传统的化学漂白法是采用氯和氯化物对纸浆漂白,含氯漂白废液中含有很多有毒的氯化有机物(如三氯甲烷、各种氯代酚、二噁英等)。在使用化学漂白剂前用木聚糖酶来处理,可以减少氯和氯化物及其他化学漂白剂的用量,并提高纸浆的白度。木聚糖酶的作用是通过水解半纤维素以增加木素的溶出,要从根本上除去纸浆中残留的木素,消除有毒含氯漂白废液污染,必须利用能够直接进攻木素的 3 种主要氧化酶:木素过氧化物酶、锰过氧化物酶和漆酶,漆酶被认为是最有应用前景的酶。利用木聚糖酶和漆酶的共同作用有望完全降解掉纸浆中残留的木素,实现真正意义上的生物漂白。此外,造纸厂废水中,含有大量的淀粉和白土混悬的胶状物,用固定化α-淀粉酶,可以连续水解这种废水中的胶状悬浮淀粉,使原先悬浮着的纤维很容易沉淀下来,以便分离除去。

极端酶是由在极端环境下生存的嗜极菌分泌或与极端环境下生存有密切关系的酶,如嗜热酶、嗜碱酶、耐有机溶剂酶等。在100℃甚至更高温度下生长的嗜热菌已发现有20多种,它们中的蛋白酶、淀粉酶和DNA聚合酶等在100℃甚至140℃的情况下仍能保持活力。许多排放的工业废水温度较高,可利用嗜热菌产生的嗜热酶处理焦化厂排放的废水,对废水中的酚、氰等污染物去除率较高。而洗涤剂工业、印染工业和造纸工业产生的是大量碱性废水,可用嗜碱菌和嗜碱酶对这些废水进行生物处理。工业用途上可用做去污剂的添加成分嗜碱枯草芽孢杆菌的耐碱蛋白酶已投入商品化生产。非水相催化作用的发现,使得酶在有机溶剂中的作用成为可能,这些酶在有机溶剂中能起催化硝基转移、硝化、硫代硝基转移、酚类的选择性氧化和醇类的氧化作用。

三、酶在可生物降解材料开发的应用

当前在各个领域中使用的各种高分子材料,绝大多数都是非生物降解或不完全生物降解的材料,这些材料已经成为人们生活的必需品。但是它们被使用后给人们的日常生活及社会环境带来了污染。据统计,全世界每年有2.5×10^7t这样的材料用后被丢弃,严重污染了环境。为了解决这个问题,世界各国特别是工业发达国家十分重视研究与开发可生物降解的高分子材料,这也是21世纪环境保护的重大课题。酶法合成可生物降解高分子材料兼有化学法和微生物法的优点,它是以酶代替化学催化剂,高效率、高专一性地催化某一化学反应,所要求的反应条件温和。酶法还克服了微生物法代谢产物复杂、产物分离困难的缺点。

可生物降解高分子材料,简单地说是指在一定条件下,能被生物体侵蚀或代谢而降解的材料。用酶法合成可生物降解高分子材料,实际上得益于非水酶学的发展。利用在有机介质中的催化作用合成的可生物降解材料主要有:利用脂肪酶在有机介质中催化合成聚酯类物质、聚糖酯类物质;利用蛋白酶或脂肪酶合成多肽类或聚酰胺类物质等。

可生物降解高分子材料的开发由于它重要的社会意义,越来越得到世界各国的重视。利用酶法合成可生物降解的高分子材料,是开发可生物降解高分子材料的重要途径之一。

第六节 酶在轻化工中的应用

轻化工业产品与人们日常生活息息相关。酶在轻化工业方面的广泛应用，促进了这一领域内新产品、新工艺和新技术的发展。由于酶具有高效性、专一性、催化反应条件温和等特点，所以它的应用还可以提高产品质量、降低原料消耗、改善工人的劳动条件和减轻劳动强度等，具有良好的经济效益和社会效益。

酶在轻化工业中的应用，主要有以下3方面：在原料处理方面的应用、在产品制造方面的应用以及在增强产品效能方面的应用。

一、酶在原料处理方面的应用

许多轻化工业原料在应用或加工之前都必须经过原料处理。用酶处理原料可以缩短原料处理时间，提高处理效率，提高产品质量。

（一）发酵原料的处理

酒精、酒类、乳酸等发酵所使用的酵母菌、细菌等微生物，不能直接利用淀粉或纤维素进行发酵，对含淀粉的发酵原料先利用α-淀粉酶液化和利用糖化酶糖化，对含纤维素的发酵原料先经纤维素酶水解转化，可分别将它们转变为可发酵葡萄糖。若纤维素酶应用于白酒酿造中，可提高3％～5％的出酒率，且酒体口味纯正，淀粉和纤维素利用率高达90％。纤维素酶用于固态无盐酱油发酵中，能将包裹蛋白质的纤维素分解，便于蛋白酶分解蛋白质，可提高酱油得率，加快发酵速度，改善酱油风味和质量。

（二）纺织原料的处理

在纺织工业中，为了增强纤维的强度和光滑性，便于纺织，需要先行上浆。将淀粉用α-淀粉酶处理一段时间，使黏度达到一定程度就可用做上浆的浆料。纺织品在漂白、印染之前，还须将附着在其上的浆料除去，利用α-淀粉酶使浆料水解，就可以使浆料去尽，这称为退浆。有些纺织品上浆是以动物胶作胶浆，可用蛋白酶使之退浆。

针织产品常出现纺织物表面起球及绒毛等现象，麻纱线纺纱由于纱线的茸毛易暴露于表面而产生明显的刺痒感。应用酸性纤维素酶能够使织物表面或伸出织物表面的茸毛状短小纤维降解为葡萄糖单体，使织物表面绒毛减少，起球趋势降低，手感、悬垂性、吸水性和舒适性能得到改善。纤维素酶用量在0.5％～3％，可达到满意的整理效果。

传统的牛仔裤加工是用浸渍过次氯酸钠和高锰酸钾的浮石对织物进行"石磨",使得厚重的棉斜纹牛仔裤色泽变得蓝白相间,但这种加工工艺对牛仔裤的强度损伤太大,使用寿命缩短,并且加工过程也污染环境。在预水洗和退浆后,再用中性纤维素酶洗,效果好,对设备磨损小,节约用水,也有利于环境保护。

(三) 生丝脱胶和羊毛除垢

以蚕丝做原料织成的绸缎中,因蚕丝丝心蛋白表面有一层主要由球蛋白组成的丝胶包裹,必须去除才能露出有光泽的丝纤维。胰蛋白酶、木瓜蛋白酶和微生物蛋白酶被用于降解球状蛋白质,而丝纤维是纤维状蛋白质,分子间结合力强,结构稳定,对蛋白酶有较强的抵抗力。此外,还可用蛋白酶去除羊毛表面的鳞垢,提高羊毛的着色率。酶加工工艺中常采用植物性蛋白酶,如菠萝蛋白酶、木瓜蛋白酶、黑曲霉酸性蛋白酶等。

(四) 酶法制革

猪皮、牛皮、羊皮制革时,首先要除去皮上的毛,然后才能进一步加工鞣制成革。过去脱毛工艺沿用石灰、硫化钠浸渍,不仅时间长,工序多,而且劳动强度大,污染环境。现在采用蛋白酶溶液对生皮脱毛。酶的品种有放线菌蛋白酶、霉菌蛋白酶、细菌中性和碱性蛋白酶等。此外,原料皮的软化是制革工艺中的一个重要工序。采用酸性蛋白酶和少量脂肪酶进行皮革软化,可以很好地除去污垢,使皮质松软透气,提高皮革质量。

(五) 造纸原料的制浆

造纸原料的纤维中含有大量木质素,如不除去则会严重影响纸的质量。用木质素酶可以使木质素水解,这样可以提高纸的质量。

在制纸、纸浆产业中另一个主要问题是从木材屑或纸浆中除去沥青,即甘油三磷酸酯,这可用脂肪酶来处理。用脂肪酶处理纸浆,附加的热能降低。

纸浆改良要用半纤维素酶、纤维素酶、葡聚糖酶等。应用纤维素酶可以节省加热和机械制纸的时间和经费。

(六) 烟草的处理

微生物、酶在烟叶生长、调制、陈化、加工和储存期间起非常重要的作用。因此,自19世纪50年代中叶开始,人们就对微生物和酶在烟草中的作用进行研究,至今已取得了大量的研究成果,仍是一个热门的研究课题。烟草原料的处理主要有:用纤维素酶、半纤维素酶和果胶酶进行烟梗和烟末的处理,可以提高烟草质量,降低生产成本;用一定量的硝酸还原酶和蔗糖转化酶处理烟叶,可以增加香气;用一定量的 α-淀粉酶、蛋白酶等对烟叶进行处理,可以促进烟叶内部有机物质的分解与转化,使各组分的比例趋向协调和平衡,具有缩短发酵周期,协调烟草香气,减轻刺激性气味,改善烟叶、烟草薄片及烟梗的品质的作用。

二、酶在产品制造方面的应用

利用酶的催化作用可将原料转变为所需的轻化工产品,也可利用酶的催化作用除去某些不需要的物质而得到所需的产品。

(一) 酶法生产甜味剂

天冬氨酰苯丙氨酸甲酯(又名阿斯巴甜、蛋白糖、天冬甜二肽)是一种低热的新型二肽甜味剂。其甜度是蔗糖的 200 倍,特别适用于糖尿病人。以苄氧基羰基-L-天冬氨酸和 L-苯丙氨酸甲酯为原料,在有机溶剂中,利用固定化耐热中性蛋白酶催化合成反应,然后,用钯碳催化氢解反应,从而制成上述二肽甜味剂。

青橘柑中含有 10%～20% 的橙皮苷,经过抽提后,用黑曲霉橙皮苷酶水解,除去分子中的鼠李糖,在碱性溶液中水解还原,便制得一种比蔗糖甜 70～100 倍的橙皮素-β-葡萄糖苷二氢查耳酮,它是一种安全、低热的甜味剂。但是它的溶解度很低(仅 0.1%),没有实用价值。如果将此物与淀粉溶液混合,利用环糊精葡萄糖基转移酶的偶联反应使其葡萄糖分子 C_4 再接上两个葡萄糖分子,产生橙皮素二氢查耳酮-7-麦芽糖苷。该产物甜度不变,但溶解度提高了 10 倍。

(二) 酶法生产 L-氨基酸

L-氨基酸是生物体内蛋白质合成的原料,因而 L-氨基酸在医学、食品和饲料工业中具有很重要的意义。它可以增强病人的体质,增进食品和饲料的营养价值。用化学法合成氨基酸时,常常生成 DL 混合型氨基酸。因为酶分子具有极强的立体选择性,可以将各种底物转化为 L-氨基酸,或将 DL 混合氨基酸中的 D-氨基酸异构化成 L-氨基酸,因而酶法生产氨基酸得到广泛应用。已有多种酶用于氨基酸生产,其中有些已采用固定化酶进行连续生产。

如利用氨基酰化酶光学拆分 DL-酰基氨基酸生产 L-氨基酸,氨基酰化酶可以催化外消旋的 N-酰基-DL-氨基酸进行不对称水解,其中 L-酰基氨基酸被水解成 L-氨基酸,余下的 N-酰基-D-氨基酸经化学消旋再生成 DL-酰基氨基酸,可重新进行不对称水解。如此反复进行,可将通过化学合成方法得到的 DL-酰基氨基酸几乎都变成 L-氨基酸。

又如用天冬氨酸酶将延胡索酸氨基化生成 L-天冬氨酸。天冬氨酸酶是一种催化延胡索酸氨基化生成 L-天冬氨酸的裂合酶。工业上已用固定化大肠杆菌菌体的天冬氨酸酶连续生产 L-天冬氨酸。

此外，用固定化假单胞菌菌体的 L-天冬氨酸-4-脱羧酶将 L-天冬氨酸的 4 位羧基脱去，连续生产 L-天冬氨酸；可用己内酰胺水解酶生产 L-赖氨酸和用噻唑啉羧酸水解酶合成 L-半胱氨酸等。

（三）酶法生产核苷酸

核苷酸在食品和医药等方面有重要用途，可利用多种酶进行生产。例如，用橘青霉或产黄青霉产生的 $5'$-磷酸二酯酶水解核糖核酸，生产各种 $5'$-核苷酸。用腺苷酸脱氨酶水解 AMP 生成肌苷酸（IMP）。用核苷磷酸化酶，可催化肌苷进行磷酸化生成 $5'$-肌苷酸，催化鸟苷酸生成 $5'$-鸟苷酸等。用核苷酸磷酸化酶，催化 AMP 生成 ADP 和 ATP。

（四）酶法生产有机酸

酶法合成有机酸也是结合有机化学合成与生物化学合成的长处而构成的生产工艺，已经用于工业生产的有苹果酸、酒石酸和长链脂肪酸等，乳酸等也可用酶法合成。

1. 苹果酸的酶法合成　L-苹果酸是一种可用于食品工业的优良的酸味剂，它在化工、印染、医药品生产上也有不少用途。可用发酵法和酶法生产，工业上以延胡索酸为原料，通过微生物的延胡索酸酶合成。

1974 年，田边制药厂用聚丙烯酰胺包埋的产氨短杆菌转化延胡索酸生成 L-苹果酸；1977 年改用角叉菜胶包埋的黄色短杆菌生产，酶活力增加 9 倍；1982 年向固定化介质中添加乙烯亚胺，使酶的耐热性增强，可在 50℃ 操作而增加反应速度，产量增加 1.8 倍。协和发酵公司从温泉中又筛选到一株延胡索酸酶活性强的高温细菌 *Thermus rubens*，用乙酸丁酯纤维素包埋后，在 pH6.5，60℃ 反应，由 1 mol/L 延胡索酸可生成 0.7 mol/L L-苹果酸，活力为黄色短杆菌的 2 倍，可连续操作 30d。

2. 酒石酸的酶法合成　L（+）-酒石酸是一种食用酸，在医药化工等方面用途也很广，系从葡萄酒副产物酒石中提取，但产量有限；用化学合成法也可以制造酒石酸，但产物是 DL 型，水溶性较天然 L（+）型差，不利于应用。用酶法可以制造光学活性的酒石酸。酶法合成酒石酸首先以顺丁烯二酸在钨酸钠为催化剂下用过氧化氢反应生成环氧琥珀酸，再用微生物环氧琥珀酸水解酶开环而成为 L（+）-酒石酸。

微生物环氧琥珀酸水解酶是一种胞内诱导酶，因此培养基中需添加酶的诱导物环氧琥珀酸，转化反应可用菌体细胞也可使用固定化酶。生产这种酶的微生物有假单胞杆菌、产碱杆菌、无色杆菌、根瘤菌、土壤杆菌、诺卡菌等。

（五）酶法生产化工原料

化工原料的生产通常采用化学合成法，需要在高温高压条件下进行反应，对设备要求高，投资大，常常造成环境污染。如果采用酶催化，则可在常温常压下生产许多化工原料，可减少设备投资，降低成本。例如，用腈水合酶催化腈类化合物加水，合成丙烯酰胺、烟酰胺、5-腈基苯戊胺等重要的化工原料。又如，用葡萄糖做原料经酶催化合成邻苯二酚等。

三、酶在增强产品效能方面的应用

在某些轻工产品中添加一定量的某种酶，可以显著地增强某产品的使用效果。如加酶洗涤剂、加酶牙膏类、加酶护肤品等。

（一）加酶洗涤剂

洗涤剂借助于生物酶使其质量和性能获得了全面发展。在洗涤剂中添加适当的酶可以大大缩短洗涤时间，提高洗涤效果。根据洗涤对象的不同，所添加的酶也不完全一样。其中广泛使用的是碱性蛋白酶。蛋白酶可将蛋白质水解为易于溶解或分散于洗涤液中的肽链或氨基酸，用于洗涤剂配方中有助于去除如汗渍、血渍、青草汁、黏液、粪便以及各种食品的蛋白质污垢。

猪胰蛋白酶作为最早的洗涤剂用酶，于1913年在德国介绍给消费者。但因其在洗涤剂中的储存稳定性和洗涤效果均不理想，因当时洗涤剂用酶的概念并未被广大消费者所接受。

1963年，诺和诺德公司（现诺维信公司）发现了更适用于洗涤剂的碱性蛋白酶Alcalase，酶制剂被广泛地应用于洗涤剂产品中。

在随后的20年中，细菌类蛋白酶是惟一被应用于洗涤剂中的商品化酶制剂。随着科学技术的发展以及消费者的需求，淀粉酶、脂肪酶、纤维素酶等酶制剂陆续作为洗涤助剂被介绍给消费者，并被广泛接受。

目前，许多国际知名品牌的洗涤剂大多采用复合酶体系配方，这些酶制剂不仅有显著的去污功效，还可达到护理织物、增白增艳的独特功效。

（二）加酶牙膏、牙粉和漱口水

将适当的酶添加到牙膏、牙粉或漱口水中，可以利用酶的催化作用，增加洁齿效果，减少牙垢并能防止龋齿的发生。可添加到洁齿用品中的酶有蛋白酶、淀粉酶、脂肪酶和右旋糖酐酶等，其中右旋糖酐酶对预防龋齿有显著功效。

（三）加酶护肤用品

在各种护肤用品及化妆品中添加超氧化物歧化酶（SOD）、碱性磷酸酶、溶菌酶、尿酸酶、弹性蛋白酶等，可有效地提高护肤效果。超氧化物歧化酶有抗氧化、抗衰老、抗辐射等功效，它被加进各种护肤品中，涂布在皮肤表面，可以有效地防护紫外线对人体皮肤的伤害，消除自由基的影响，减少色素沉着。添加溶菌酶的护肤品，可以有效消除人体皮肤表面黏附的细菌，起杀菌消炎作用。添加到护肤品中的弹性蛋白酶，可以水解人体皮肤表面老化、死亡细胞的蛋白质，达到皮肤表面光洁、具有弹性的效果。

复 习 思 考 题

1. 酶在食品中应用应该注意什么？
2. 你认为酶在医药中应用时主要要注意和解决哪些问题？
3. 举一身边的例子说明酶工程与我们日常生活的关系。

主 要 参 考 文 献

[1] 周晓云主编. 酶学原理与酶工程. 北京：中国轻工业出版社，2005
[2] 郭勇编著. 酶工程. 第二版. 北京：科学出版社，2004
[3] 罗贵明主编. 酶工程. 北京：化学工业出版社，2002
[4] 袁勤生，赵健主编. 酶与酶工程. 上海：华东理工大学出版社，2005

图书在版编目（CIP）数据

酶工程/王金胜主编．—北京：中国农业出版社，
2007.8
全国高等农林院校"十一五"规划教材
ISBN 978-7-109-11937-6

Ⅰ.酶… Ⅱ.王… Ⅲ.酶-生物工程-高等学校-教材
Ⅳ.Q814

中国版本图书馆 CIP 数据核字（2007）第 132226 号

中国农业出版社出版
（北京市朝阳区农展馆北路 2 号）
（邮政编码 100125）
责任编辑　李国忠

北京市联华印刷厂印刷　新华书店北京发行所发行
2007 年 9 月第 1 版　2011 年 8 月北京第 2 次印刷

开本：720mm×960mm 1/16　印张：18.75
字数：327 千字
定价：24.50 元
（凡本版图书出现印刷、装订错误，请向出版社发行部调换）